EUROPA-FACHBUCHREIHE
für metalltechnische Berufe

Prüfungsvorbereitung aktuell
Abschlussprüfung Teil 1

Industriemechaniker/-in

1. Auflage

Bearbeitet von Lehrern an beruflichen Schulen

VERLAG EUROPA-LEHRMITTEL · Nourney, Vollmer GmbH & Co. KG
Düsselberger Straße 23 · 42781 Haan-Gruiten

Europa-Nr.: 12531

Autoren:

Liedl, Jakob	Oberstudienrat	Regensburg
Metz, Wilfried	Oberstudienrat	München
Pawlitschko, Rudi	Studiendirektor	Schrobenhausen

Leitung des Arbeitskreises und Lektorat:
Josef Dillinger

Bildbearbeitung:
Zeichenbüro des Verlags Europa-Lehrmittel, Nourney, Vollmer GmbH & Co. KG, 73760 Ostfildern

1. Auflage 2015, korrigierter Nachdruck 2023
Druck 5 4 *(keine Änderung seit der 3. Druckquote)*

Alle Drucke derselben Auflage sind parallel einsetzbar, da sie bis auf die Korrektur von Druckfehlern identisch sind.

ISBN 978-3-8085-1253-1

Satz:	Satz+Layout Werkstatt Kluth GmbH, 50374 Erftstadt
Umschlag:	braunwerbeagentur, 42477 Radevormwald
Umschlagfotos:	Bildmaterial des Autorenkreises
Druck:	Himmer GmbH, 86167 Augsburg

Vorwort

Das vorliegende Lehrmittel PRÜFUNGSVORBEREITUNG AKTUELL Industriemechaniker beinhaltet sechs gezielt auf die Lerninhalte der Facharbeiterprüfung Teil 1 abgestimmte Aufgaben.

Wie in der Prüfung wechseln sich offengestellte Fragen und Multiple-Choice-Aufgaben ab.

Die folgenden, jeweils farblich gekennzeichneten Themenbereiche werden an einem Handlungsträger abgefragt:

Fertigungstechnik

Verbindungstechnik

Maschinen- und Gerätetechnik

Auftrags- und Funktionsanalyse

Werkstofftechnik

Instandhaltung

Prüftechnik

Automatisierungstechnik

Elektrotechnik

Qualitätsmanagement

Handlungsträger sind

- Schaltvorrichtung
- Bohrvorrichtung
- Schiebevorrichtung Ventilkegel
- Exzenterkugelverteiler
- Kugelsortierer
- Schiebevorrichtung Schwalbenschwanz

Das vorliegende Buch soll jedoch nicht nur auf die Abschlussprüfung vorbereiten, sondern auch Hilfestellung bei Klassenarbeiten und anderen Prüfungen geben. Deshalb befindet sich zusätzlich zu den sechs Prüfungsaufgaben ein Pool von Multiple-Choice-Aufgaben, die zehn Themenbereiche abfragen.

Das Lösungsbuch zu diesem Prüfungsvorbereitungsbuch beinhaltet didaktische Hinweise und ausführliche Lösungen zu den Aufgabenstellungen.

Die Autoren wünschen dem Nutzer des Buches viel Erfolg bei seinen Prüfungen und sind für Kritik, Verbesserungen und Hinweise dankbar.

Die Autoren | Herbst 2015

Inhaltsverzeichnis

Schaltvorrichtung 5
Gesamtzeichnung 15
Stückliste 16
Einzelteilzeichnungen 17
Pneumatik-Schaltplan 20

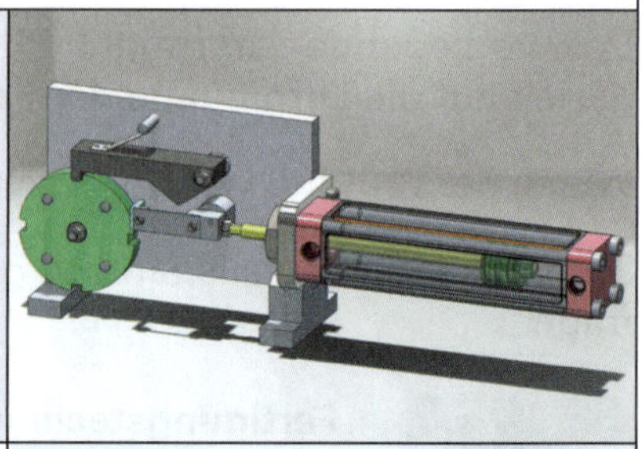

Bohrvorrichtung 21
Gesamtzeichnung 31
Stückliste 32
Einzelteilzeichnungen 33
Pneumatik-Schaltplan 36

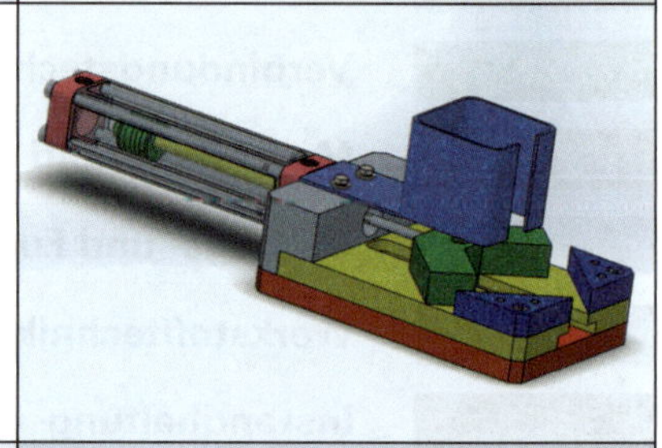

Schiebevorrichtung Ventilkegel 37
Grundplatte 45
Gesamtzeichnung mit Stückliste 46
Einzelteilzeichnungen 47
Elektro-Pneumatik-Schaltplan 50

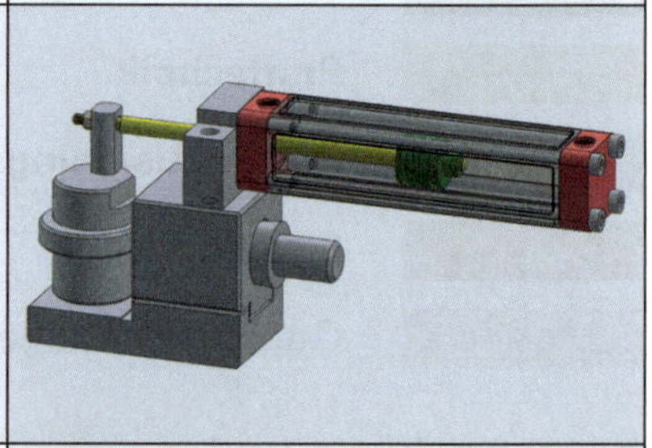

Exzenterkugelverteiler 51
Gesamtzeichnung 63
Stückliste 64
Einzelteilzeichnungen 65
Pneumatik-Schaltplan 68

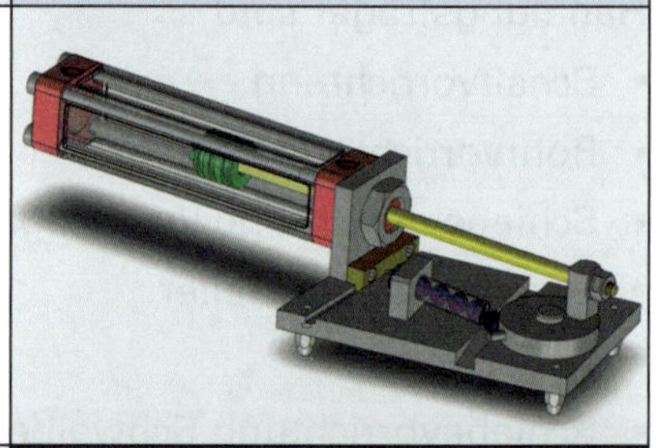

Kugelsortierer 69
Gesamtzeichnung 79
Stückliste 80
Einzelteilzeichnungen 81
Pneumatik-Schaltplan 84

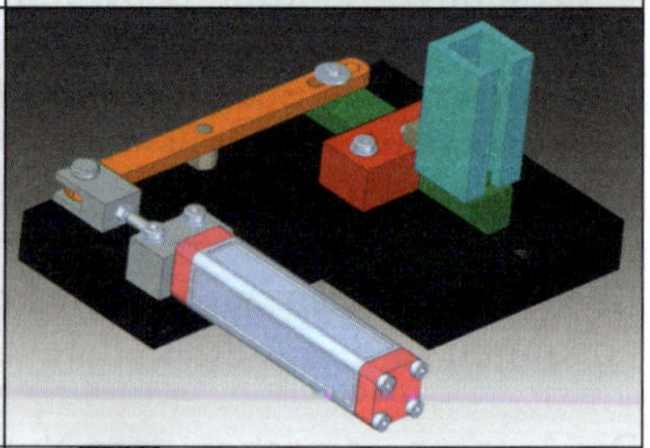

Schiebevorrichtung Schwalbenschwanz 85
Grundplatte 93
Gesamtzeichnung mit Stückliste 94
Einzelteilzeichnungen 95
Elektro-Pneumatik-Schaltplan 98

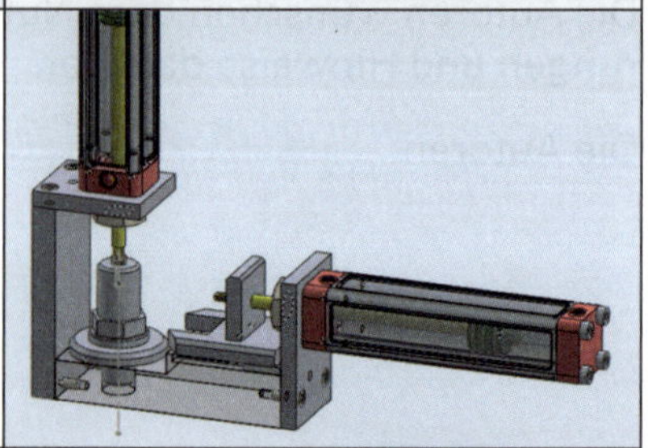

Multiple-Choice-Aufgaben 99
MC-Aufgaben

Schaltvorrichtung

Name: ______________________________ Datum: ______________

Zeit: 90 Minuten

Arbeitsmittel: Tabellenbuch, TR, Zeichengeräte

9 offene Aufgaben

21 gebundene Aufgaben (nur eine Lösung ist richtig)

Punkteschlüssel:

52	–	48	=	Note 1
47	–	42	=	Note 2
40	–	35	=	Note 3
34	–	26	=	Note 4
25	–	16	=	Note 5
15	–	0	=	Note 6

Die in der Gesamtzeichnung dargestellte Schaltvorrichtung mit steuerungstechnischer Funktion soll hergestellt werden.

Bearbeiten Sie die Aufgaben, die sich auf die Schaltvorrichtung beziehen, größtenteils in richtiger Reihenfolge. Beantworten Sie die offenen Fragen mit möglichst kurzen Sätzen.

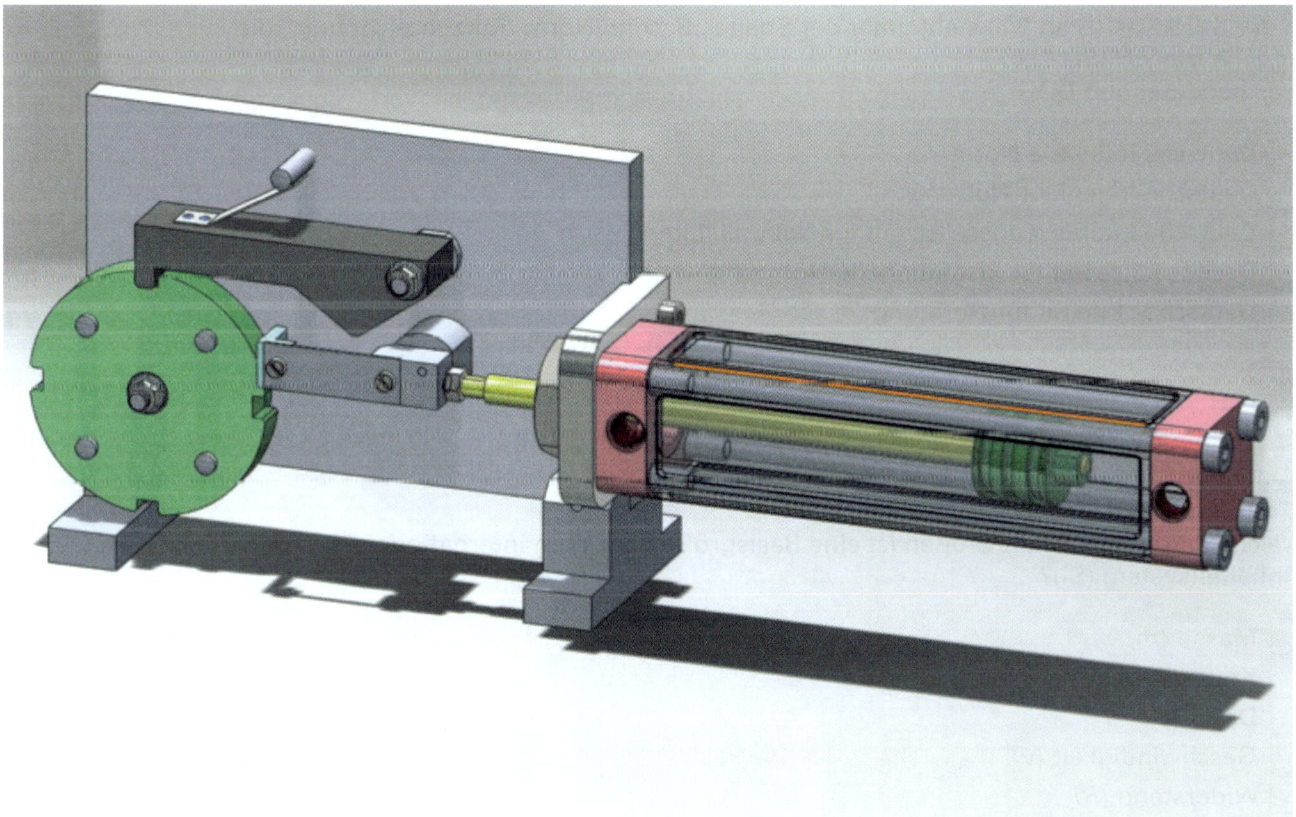

1. Aufgabe

Beschreiben Sie die Funktion der Baugruppe unter Angabe der Benennung und Positionsnummer.

Punkte /5

2. Aufgabe

Welche Bedeutung hat die Stückliste (Blatt 2/6)?

Punkte /2

3. Aufgabe

In der Stückliste (Blatt 2/6) steht unter der Spalte „Sachnr./Norm-/Kurzbezeichnung" die Angabe **DIN EN ISO 1207.**
Was bedeutet hier **DIN**?

- ☐ **D**eutsche **I**ndustrie **N**orm
- ☐ **D**eutsche **I**ngenieur **N**utzung
- ☐ **D**eutsche **I**nteressengesellschaft für **N**ationalitäten
- ☐ **D**achgesellschaft für **i**nstitutionelle **N**ormung
- ☐ **D**eutsches **I**nstitut für **N**ormung

Punkte /1

4. Aufgabe

Welche der aufgeführten Größen ist eine Basisgröße nach dem internationalen Einheitensystem (SI)?

- ☐ Masse *(m)*
- ☐ Kraft *(F)*
- ☐ Druck *(p)*
- ☐ Geschwindigkeit *(v)*
- ☐ Widerstand *(R)*

Punkte /1

Punkte 1 bis 4: /9

5. Aufgabe Punkte

Wie viele Ansichten werden zur Darstellung eines Werkstückes benötigt?

- [ ] Die Begrenzung liegt bei drei Ansichten.
- [ ] Es sind maximal sechs Ansichten zulässig.
- [ ] Bei prismatischen Körpern reichen zwei Ansichten.
- [ ] Es sind so viele Ansichten anzufertigen, wie zum endgültigen Erkennen und Bemaßen des Werkstückes notwendig sind.
- [ ] Die Anzahl der Ansichten hängt vom Blattmaßstab ab.

/1

6. Aufgabe Punkte

Sie sägen die Trägerplatte (Pos. 1) an einer Maschinenkreissäge. Warum haben Maschinenkreissägeblätter meist bogenförmige Zähne im Gegensatz zu Handsägeblättern?

____

____

____

____

/3

7. Aufgabe Punkte

Welches der aufgeführten Bauteile der mechanischen Baugruppe muss/sollte gehärtet sein?

- [ ] Trägerplatte (Pos. 1)
- [ ] Stützfuß vorne (Pos. 22)
- [ ] Zylinderstift (Pos. 5)
- [ ] Buchse (Pos. 8)
- [ ] Zylinderbefestigung (Pos. 2)

/1

8. Aufgabe Punkte

Der Bezug SW13 bei Pos. 7 kennzeichnet die/den:

- [ ] Sicherungsbereich 13 m einer Werkzeugmaschine
- [ ] Schlüsselweite 13 mm
- [ ] Schleifflächenweite 0,13 mm
- [ ] Strichmaßweite 13 mm
- [ ] Schraffurweite 0,13 mm

/1

Punkte 5 bis 8: /6

9. Aufgabe

Berechnen Sie die Masse m (in kg) der Trägerplatte (Pos. 1) vor der Bearbeitung!

Punkte

Geg.: l = 160 mm; b = 100 mm; h = 10 mm; $\rho_{\text{Stahl unlegiert}} = 7{,}85\ \frac{\text{g}}{\text{cm}^3}$

/3

10. Aufgabe

Das Zylindergehäuse (Pos. 24) aus EN-GJL 100 hat eine Masse von 2,27 kg.
Was würde dasselbe Gehäuse aus einer Aluminiumlegierung mit einer Dichte von ρ_{Al} = 2,7 kg/dm^3 wiegen?

Punkte

- ☐ 0,84 kg
- ☐ 1,1 kg
- ☐ 1,35 kg
- ☐ 1,5 kg
- ☐ Das Gewicht ändert sich nicht, da sich die Maße nicht ändern.

/1

11. Aufgabe

In die Trägerplatte (Pos. 1) soll ein M5-Gewinde geschnitten werden. Geben Sie die Werkzeuge zum Herstellen in der richtigen Reihenfolge an.

Punkte

- ☐ Bohrer ∅ 4,2, Vorschneider, Fertigschneider, Mittelschneider, Senker
- ☐ Bohrer ∅ 4,2, Senker, Vorschneider, Mittelschneider, Fertigschneider
- ☐ NC-Anbohrer, Bohrer ∅ 4,4, Vorschneider, Mittelschneider, Fertigschneider
- ☐ Vorschneider, Mittelschneider, Fertigschneider, Senker, Bohrer ∅ 4,2
- ☐ Bohrer ∅ 4,2, Vorschneider, Mittelschneider, Fertigschneider, Senker

/1

Punkte 9 bis 11: /5

12. Aufgabe

Punkte

Wie viel Aufmaß lassen Sie für die Herstellung einer Reibung ∅ 8H7 bei Pos. 8?
Begründen Sie Ihre Entscheidung!

____

____

____

____

/3

13. Aufgabe

Punkte

Welche Drehzahl n (in min^{-1}) ist für die Bohrung ∅ 5H7 bei einer Schnittgeschwindigkeit v_c von 30 m/min einzustellen?

- ☐ $n = 198\ \text{min}^{-1}$
- ☐ $n = 1098\ \text{min}^{-1}$
- ☐ $n = 1250\ \text{min}^{-1}$
- ☐ $n = 1989\ \text{min}^{-1}$
- ☐ $n = 3000\ \text{min}^{-1}$

/1

14. Aufgabe

Punkte

Bei welchem Keilwinkel ist die Standzeit eines Trennwerkzeuges am größten?

- ☐ 15°
- ☐ 30°
- ☐ 45°
- ☐ 60°
- ☐ Der Keilwinkel hat keinen Einfluss auf die Standzeit, sondern der Freiwinkel.

/1

15. Aufgabe

Punkte

Welches Bild zeigt eine normgerecht dargestellte Gewindedarstellung?

/1

Punkte 12 bis 15: /6

16. Aufgabe

Punkte

Wie bezeichnet man an einem Spiralbohrer den mit γ bezeichneten Winkel?

- ☐ Freiwinkel
- ☐ Spanwinkel
- ☐ Schnittwinkel
- ☐ Keilwinkel
- ☐ Spitzenwinkel

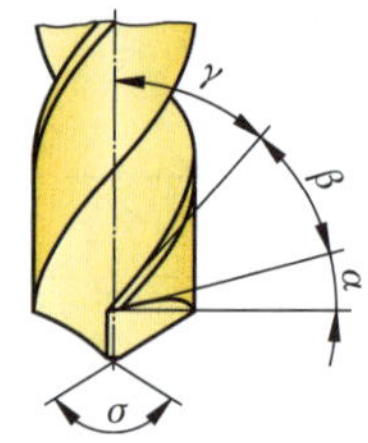

/1

17. Aufgabe

Punkte

Die Kolbenstange aus legiertem Stahl mit der Länge 150 mm erwärmt sich im Betrieb von 20 °C auf 45 °C. Mit wie viel Längenänderung müssen Sie rechnen?

/3

18. Aufgabe

Punkte

Bei der Überprüfung des Hebels (Pos. 8) liegen einige Messwerte vor.
Welcher Messwert liegt innerhalb der Toleranz?

☐ 5,80 mm ☐ 6,00 mm ☐ 6,05 mm ☐ 6,20 mm ☐ 6,50 mm

$6^{-0,1}_{-0,2}$

/1

19. Aufgabe

Punkte

Mit welchen Prüfmitteln lassen sich die angegebenen Maße prüfen?

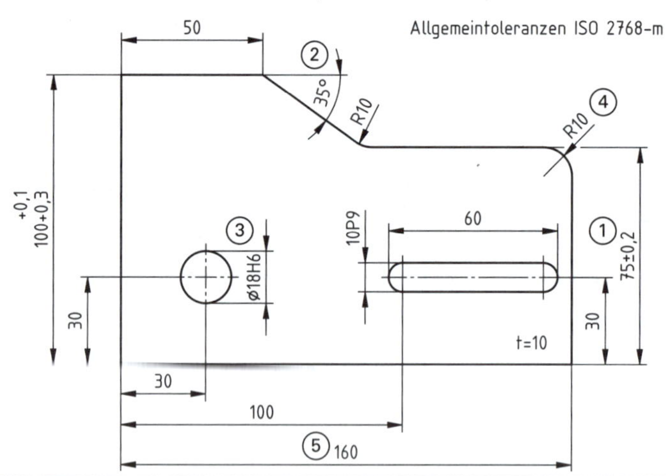

Lfd. Nr.	Prüfgröße/Maß	Prüfmittel
①		
②		
③		
④		
⑤		

/5

Punkte 16 bis 19: /10

20. Aufgabe — Punkte

Welche Bauteile der Schaltvorrichtung müssen unbedingt geschmiert werden?

- ☐ Zylinderstift (Pos. 4)
- ☐ Federblech (Pos. 11)
- ☐ Kippstück (Pos. 18)
- ☐ Mutter (Pos. 21)
- ☐ Buchse (Pos. 8)

/1

21. Aufgabe — Punkte

Die Zylinderschraube (Pos. 16) darf bei der Montage nicht überbelastet werden. Welche Länge l (in mm) darf der Sechskantwinkelschraubendreher bei den vorgegebenen Kräften haben?

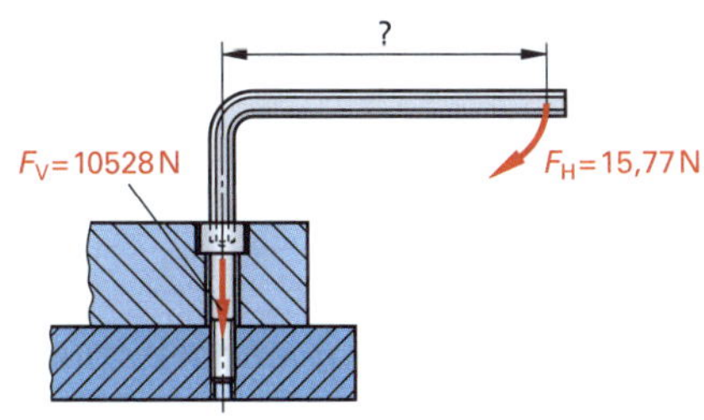

- ☐ 55 mm
- ☐ 65 mm
- ☐ 71,5 mm
- ☐ 74,4 mm
- ☐ 106 mm

/1

22. Aufgabe — Punkte

Der Werkstoff von Pos. 2 enthält im Werkstoffkurzzeichen das Zusatzsymbol +N. Welche Bedeutung hat das Symbol im Bezeichnungssystem?

- ☐ Es handelt sich um ein Blankerzeugnis.
- ☐ Es ist ein warmgewalzter, unlegierter Baustahl, der normalgeglüht wurde.
- ☐ Es ist der Kennbuchstabe für Stickstoff.
- ☐ Das +N gibt an, dass der Werkstoff mit Niedertemperatur nachgeglüht wurde.
- ☐ Es handelt sich um einen thermomechanisch, neutral gewalzten Maschinenbaustahl.

/1

23. Aufgabe — Punkte

Auf einem Kanister Kühlschmierstoff entdecken Sie das Gefahrstoffkennzeichen. Durch welche Maßnahme können Sie sich beim Umgang mit Kühlschmierstoffen vor Gesundheitsschäden schützen?

- ☐ Durch Desinfizieren der Hände nach Berührung.
- ☐ Durch gründliches Waschen der Hände nach Beendigung der Arbeit.
- ☐ Durch ständige pH-Wert-Kontrolle des Kühlschmierstoffes.
- ☐ Durch Tragen von Schutzhandschuhen.
- ☐ Durch Benutzen von Hautcreme vor Beginn der Arbeit.

/1

Punkte 20 bis 23: /4

24. Aufgabe

Welche Funktion hat das in dem Schaltplan mit –QM1 gekennzeichnete Bauelement?

☐ Es ist das Stellglied für das Bauteil –MM1.
☐ Es hat keine Funktion.
☐ Es reguliert den Überdruck im Bauteil –MM1.
☐ Es gibt einen Steuerimpuls an das Bauteil –SJ1.
☐ Es dient zur Entlüftung von Bauteil –MM1.

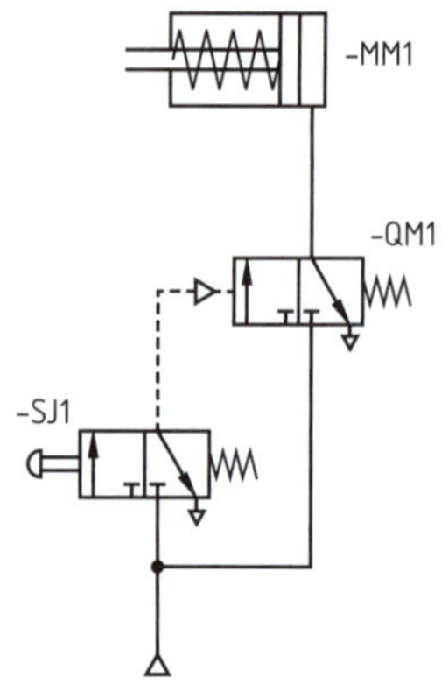

Punkte /1

25. Aufgabe

Welchen Widerstand hat eine Heizwendel in einem Glühofen, wenn sie an 400 V 5 A aufnimmt?

☐ $R_H = 0{,}8\ \Omega$
☐ $R_H = 8\ \Omega$
☐ $R_H = 80\ \Omega$
☐ $R_H = 800\ \Omega$
☐ $R_H = 8\ k\Omega$

Punkte /1

26. Aufgabe

Von wem oder was geht die Hauptgefährdung von Maschinen und Geräten aus?

☐ Von der Konstruktion der Maschine
☐ Vom Energiefluss
☐ Vom Bediener selbst
☐ Von der Umgebungstemperatur
☐ Vom Aufstellort der Maschine

Punkte /1

27. Aufgabe

Geben Sie mindestens drei Umweltschutzmaßnahmen an, die Sie im Umgang mit Altöl treffen müssen!

Punkte /3

Punkte 24 bis 27: /6

28. Aufgabe

Punkte

Die Werkshalle, in der die Schaltvorrichtungen montiert werden, wird in der warmen Jahreszeit von 10 Ventilatoren mit zusammen $P = 8$ kW Leistungsaufnahme belüftet. Die monatliche Betriebsdauer beträgt $t = 120$ h. Der Arbeitspreis wird mit 0,25 €/kWh kalkuliert.

a) Berechnen Sie die monatlich aufzuwendende elektrische Arbeit W in kWh.
b) Berechnen Sie die monatlich entstehenden Energiekosten K in €.

/4

29. Aufgabe

Punkte

Das Diagramm zeigt die Optimierung der Qualitätsgesamtkosten für das Bauteil Exzenterscheibe (Pos. 3). Welche Aussage ist richtig?

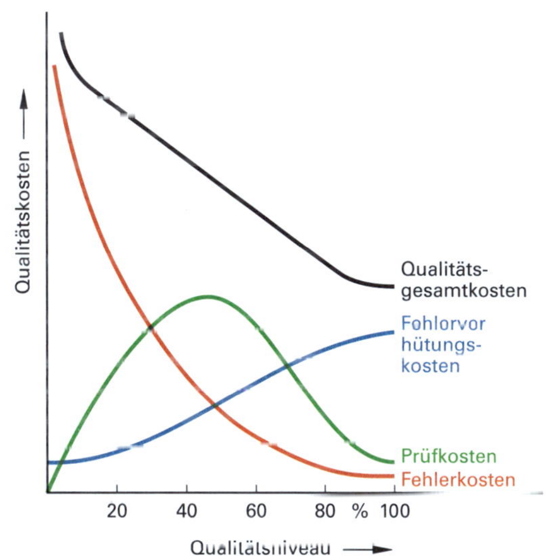

- ☐ Geringe Fehlerkosten führen zwangsläufig zu geringen Fehlerverhütungs- und Prüfkosten.
- ☐ Ein hohes Qualitätsniveau (Null-Fehler-Niveau) führt zwangsläufig zu hohen Qualitätskosten.
- ☐ Geringe Fehler- und Prüfkosten sowie hohe Fehlerverhütungskosten führen zu geringen Qualitätsgesamtkosten.
- ☐ Ein mittleres Qualitätsniveau führt zu optimalen Qualitätsgesamtkosten.
- ☐ Hohe Qualitätsgesamtkosten entstehen immer durch niedrige Fehlerkosten.

/1

Punkte 28 bis 29: /5

30. Aufgabe

Punkte

Ein Mitarbeiter hat bei einem Unfall eine blutende Wunde an der Hand. Sie sind als erster an der Unfallstelle. Was unternehmen Sie bis der Rettungsdienst eintrifft?

- [ ] Sie tun so, als ob nichts geschehen wäre.
- [ ] Sie holen sofort Bindemittel, um das Blut am Boden zu binden.
- [ ] Sie holen Verbandsmaterial und legen einen Druckverband an.
- [ ] Sie geben dem Verunglückten Schmerzmittel.
- [ ] Sie beten zu Gott um Hilfe.

/1

Notizen

Punkte 30: /1

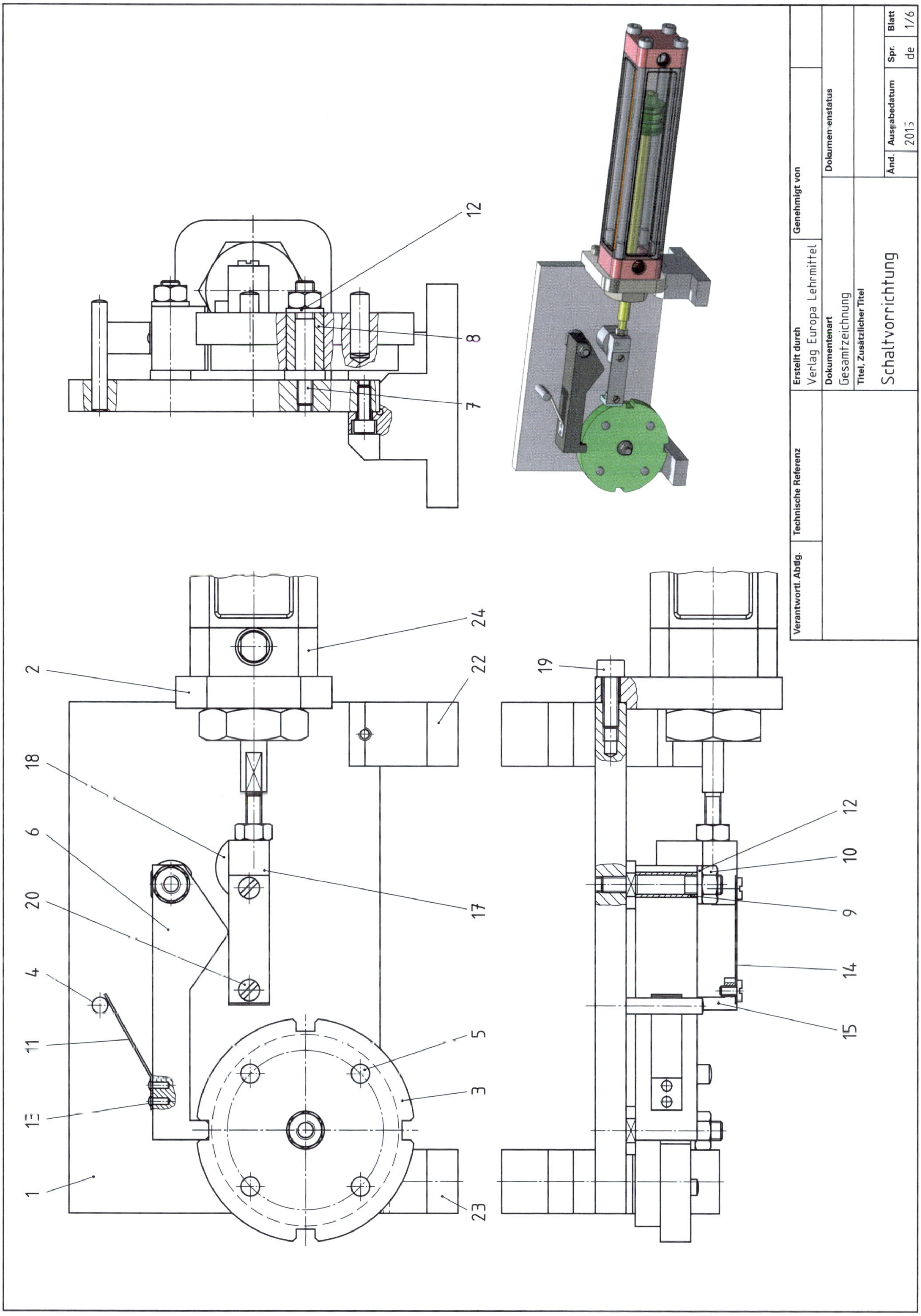
1
2
3
4
5
6
7
8
9
10
11
12
13
14
15
17
18
19
20
22
23
24
Verantwortl. Abtlg.
Technische Referenz
Erstellt durch
Verlag Europa Lehrmittel
Genehmigt von
Dokumentenart
Gesamtzeichnung
Dokumentenstatus
Titel, Zusätzlicher Titel
Schaltvorrichtung
Änd.
Ausgabedatum
2013
Spr.
de
Blatt
1/6

Pos.-Nr.	Stück	Benennung	Sachnr./Norm-/Kurzbezeichnung	Werkstoff	Bemerkung
24	1	Zylinder			
23	1	Stützfuß hinten		S235JR	
22	1	Stützfuß vorne		S235JR	
21	1	Mutter	ISO 8675 – M20x1,5 – 04		
20	2	Zylinderschraube	DIN EN ISO 1207 – M3x6 – 8.8		
19	2	Zylinderschraube	ISO 4762 – M5x20 – 8.8		
18	1	Kippstück		25CrMo4	gehärtet
17	1	Verbindungsstück		S235JR	
16	2	Zylinderschraube	ISO 4762 – M4x16 – 8.8		
15	1	Schieber		S235JR	
14	1	Distanzblech		FSt	
13	2	Halbrundkerbnagel	ISO 8764 – 2x4		
12	2	Scheibe	ISO 7090 – 6 – 200HV		
11	1	Federblech		FSt	
10	3	Mutter	ISO 4032 – M6 – 8		
9	1	Buchse		CuZn8	∅10x22
8	1	Buchse		CuZn8	∅14x20
7	2	Drehbolzen		9SMn8	∅15x40
6	1	Hebel		25CrMo4	einsatzgehärtet
5	4	Zylinderstift	ISO 2338 – 6m6x20 – St		
4	1	Zylinderstift	ISO 2338 – 5m6x35 – St		
3	1	Drehteller		C15E	
2	1	Zylinderbefestigung		S235JR+N	
1	1	Trägerplatte		S235JR	

Verantwortl. Abtlg.	Technische Referenz	Erstellt durch	Genehmigt von
		Verlag Europa Lehrmittel	
		Dokumentenart: Stückliste	Dokumentenstatus
		Titel, Zusätzlicher Titel: Schaltvorrichtung	Änd. / Ausgabedatum: 2015 / Spr.: de / Blatt: 2/6

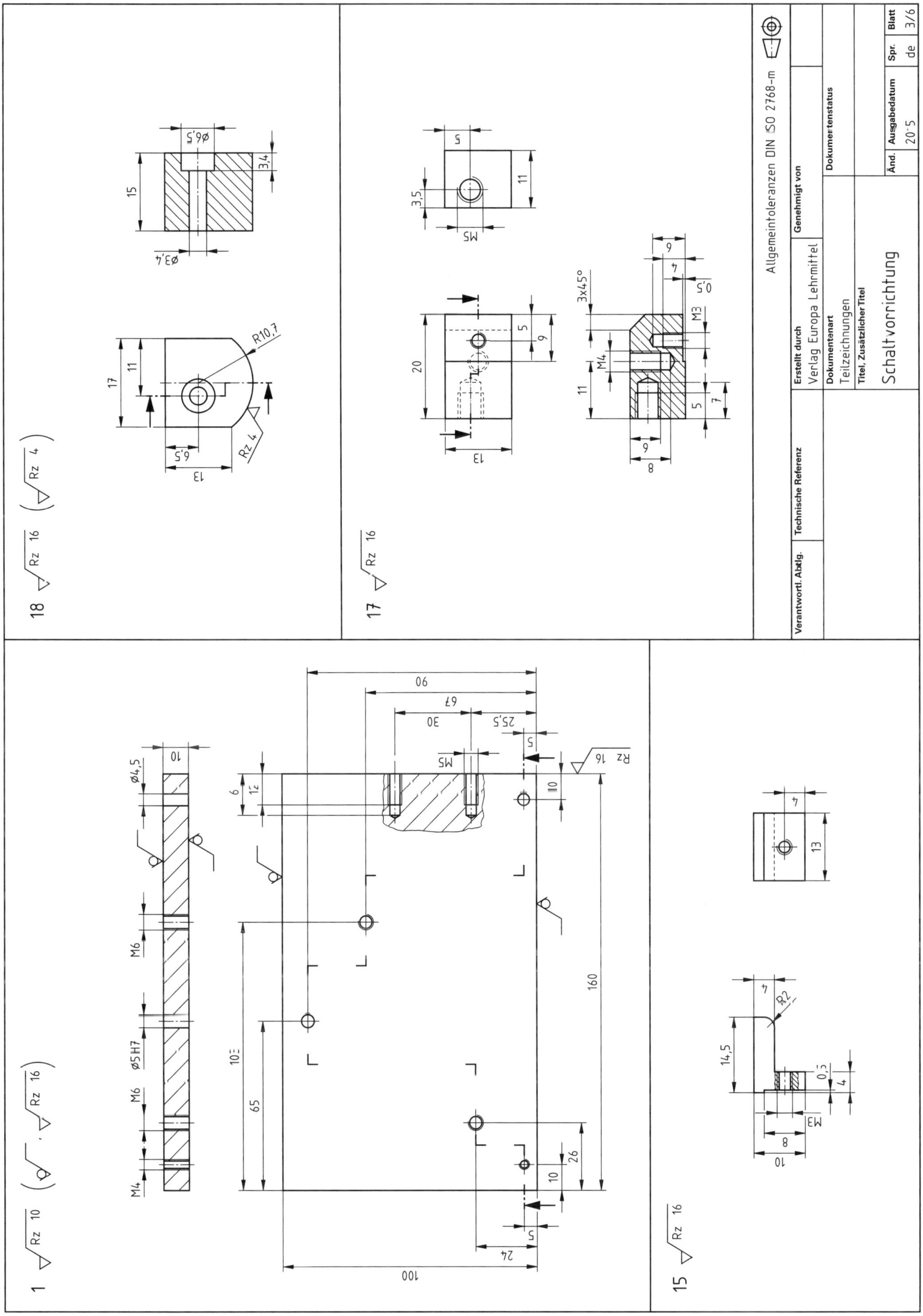
18
17
1
15
Allgemeintoleranzen DIN ISO 2768-m
Verantwortl. Abtlg.
Technische Referenz
Erstellt durch
Verlag Europa Lehrmittel
Genehmigt von
Dokumentenart
Teilzeichnungen
Dokumentenstatus
Titel, Zusätzlicher Titel
Schaltvorrichtung
Änd.
Ausgabedatum
20‥5
Spr.
de
Blatt
3/6

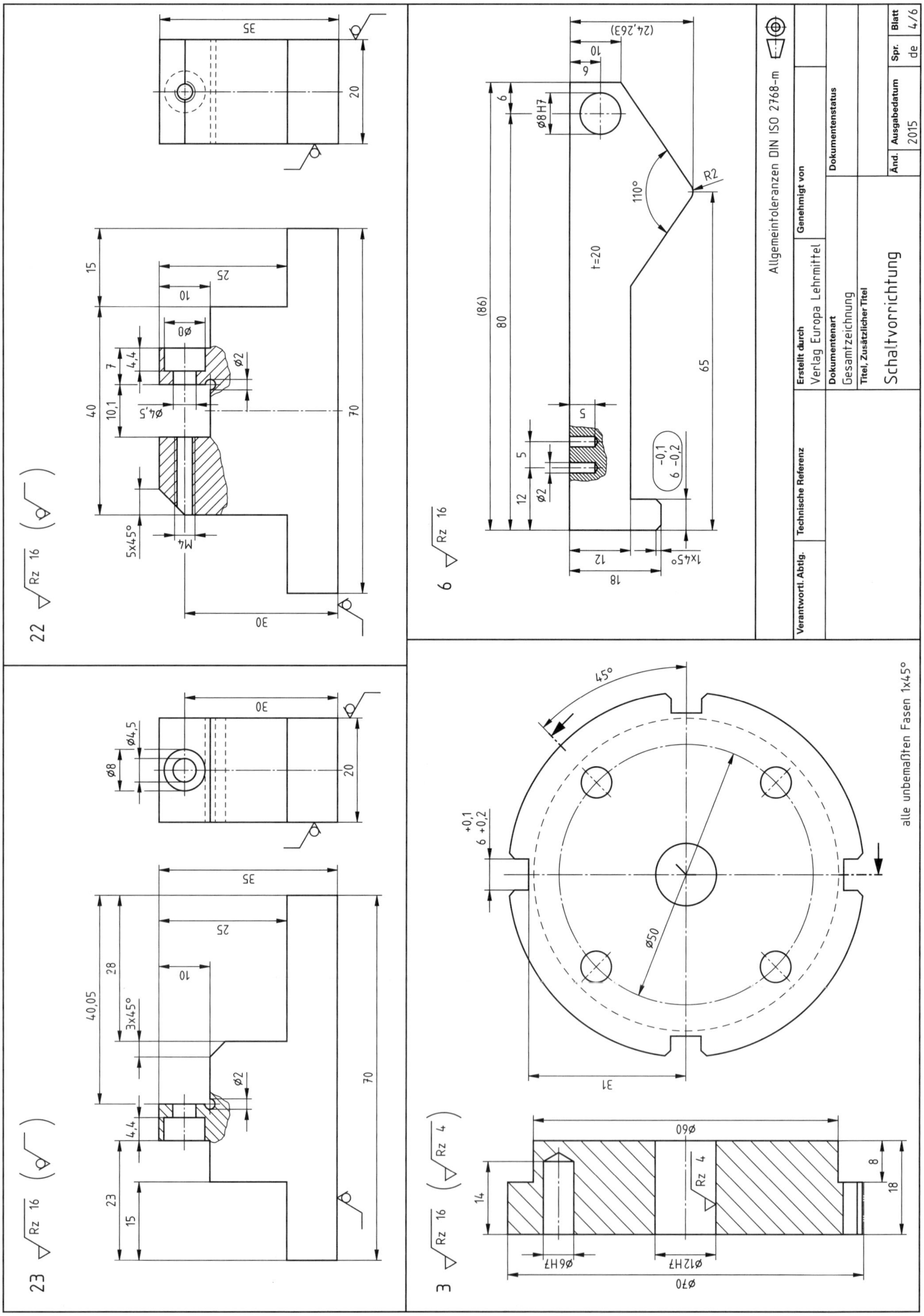
22
23
6
3
Allgemeintoleranzen DIN ISO 2768-m
Verantwortl. Abtlg.
Technische Referenz
Erstellt durch
Verlag Europa Lehrmittel
Genehmigt von
Dokumentenart
Gesamtzeichnung
Dokumentenstatus
Titel, Zusätzlicher Titel
Schaltvorrichtung
Änd.
Ausgabedatum
2015
Spr.
de
Blatt
4/6
alle unbemaßten Fasen 1x45°

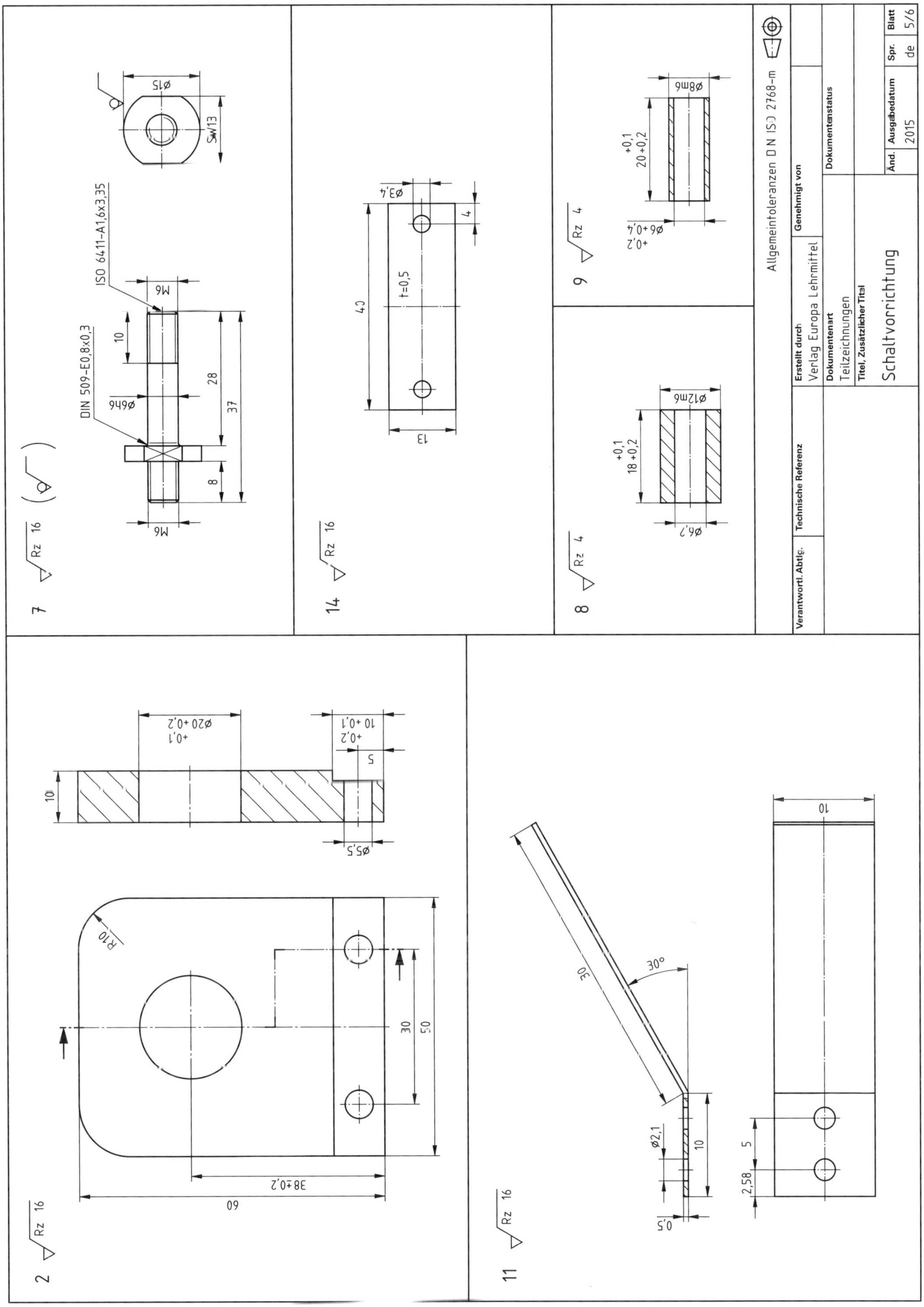
Allgemeintoleranzen DIN ISO 2768-m
Verantwortl. Abtlg.
Technische Referenz
Erstellt durch
Verlag Europa Lehrmittel
Genehmigt von
Dokumentenart
Teilzeichnungen
Dokumentenstatus
Titel, Zusätzlicher Titel
Schaltvorrichtung
Änd.
Ausgabedatum
2015
Spr.
de
Blatt
5/6
7
Rz 16
ISO 6411-A1,6x3,35
DIN 509-E0,8x0,3
M6
Ø6h6
SW13
Ø15
14
t=0,5
Ø3,4
13
9
Rz 4
Ø8m6
20 +0,2 +0,1
Ø6 +0,4 +0,2
8
Ø12m6
18 +0,2 +0,1
Ø6,7
2
Rz 16
R10
Ø20 +0,2 +0,1
10 +0,2 +0,1
Ø5,5
38±0,2
60
30
50
11
30°
Ø2,1
0,5
2,58

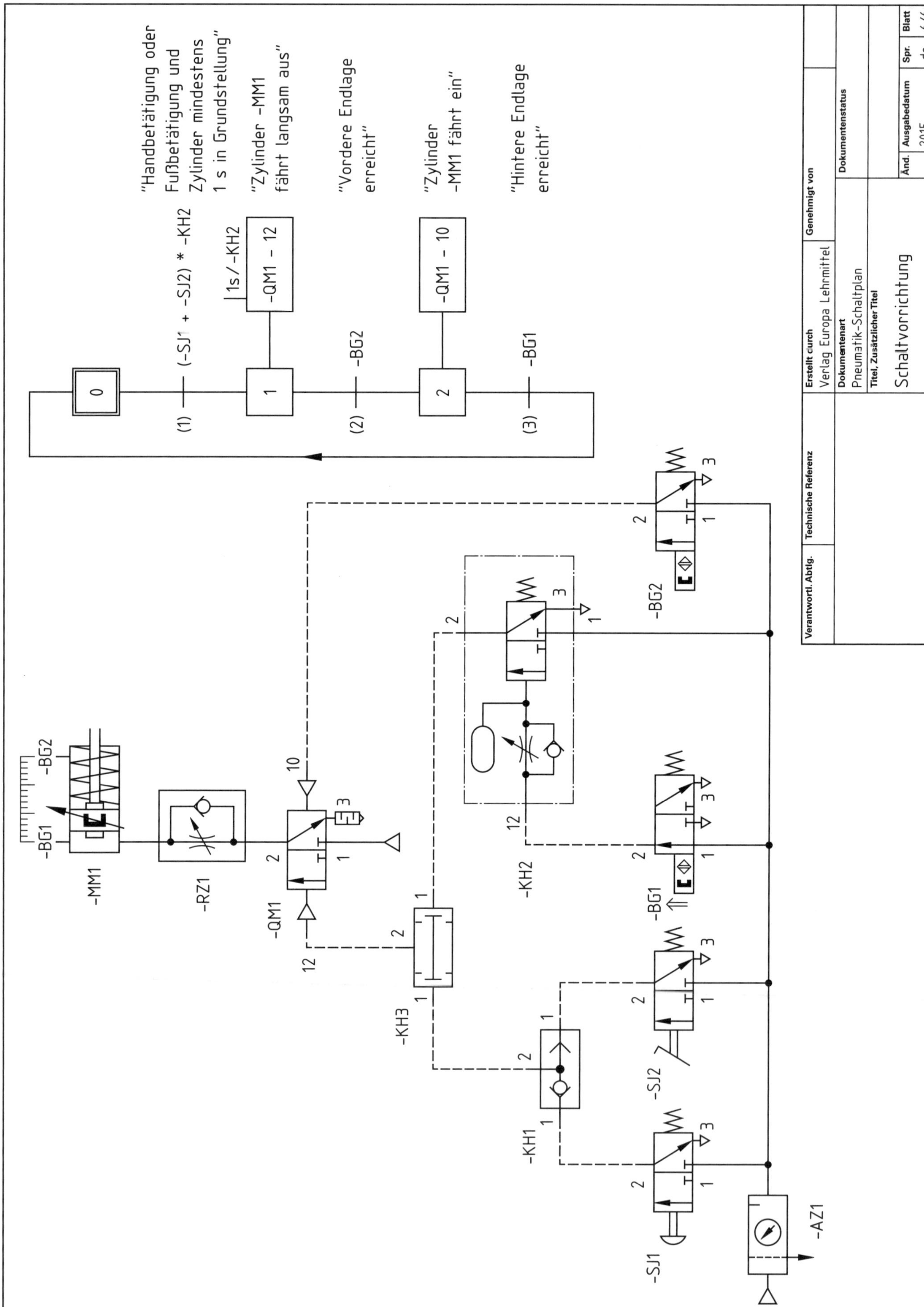
"Handbetätigung oder Fußbetätigung und Zylinder mindestens 1 s in Grundstellung"
"Zylinder -MM1 fährt langsam aus"
"Vordere Endlage erreicht"
"Zylinder -MM1 fährt ein"
"Hintere Endlage erreicht"
0
1
2
(1)
(-SJ1 + -SJ2) * -KH2
1s/-KH2
-QM1 - 12
(2)
-BG2
-QM1 - 10
(3)
-BG1
-MM1
-BG1
-BG2
-RZ1
-QM1
10
12
-KH3
-KH2
-KH1
-SJ1
-SJ2
-AZ1
Verantwortl. Abtlg.
Technische Referenz
Erstellt durch
Verlag Europa Lehrmittel
Genehmigt von
Dokumentenart
Pneumatik-Schaltplan
Dokumentenstatus
Titel, Zusätzlicher Titel
Schaltvorrichtung
Änd.
Ausgabedatum
2015
Spr.
de
Blatt
6/6

Bohrvorrichtung

Name: ______________________________ Datum: __________

Zeit: 90 Minuten

Arbeitsmittel: Tabellenbuch, TR, Zeichengeräte

9 offene Aufgaben

23 gebundene Aufgaben (nur eine Lösung ist richtig)

Punkteschlüssel:

58	–	50	=	Note 1
49	–	44	=	Note 2
43	–	37	=	Note 3
36	–	27	=	Note 4
26	–	16	=	Note 5
15	–	0	=	Note 6

Mit dieser Bohrvorrichtung können Bauteile halbautomatisiert bearbeitet werden.

Bearbeiten Sie die Aufgaben wenn möglich in der richtigen Reihenfolge und die offenen Fragen mit kurzen Sätzen.

Den Zeichensatz finden Sie im Anhang.

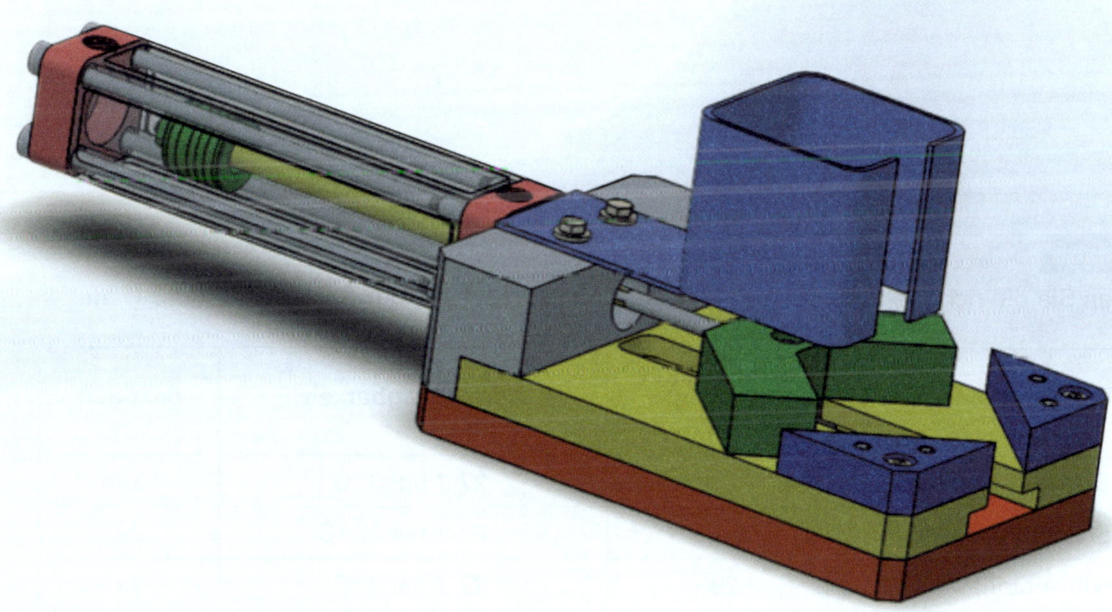

EUROPA LEHRMITTEL

1. Aufgabe

Punkte

Erklären Sie die Funktion der Baugruppe.

___

___

___

___

/3

2. Aufgabe

Punkte

Benennen Sie den kleinstmöglichen zylindrischen Durchmesser, der mit dieser Klemmvorrichtung gespannt werden kann.

___

___

/1

3. Aufgabe

Punkte

Der Kulissensteins (Pos. 4) soll gefertigt werden. Skizzieren Sie den Querschnitt durch den in der Zeichnung angegebenen Schnitt A – A. Maßstab: 2:1 mit Bemaßung.

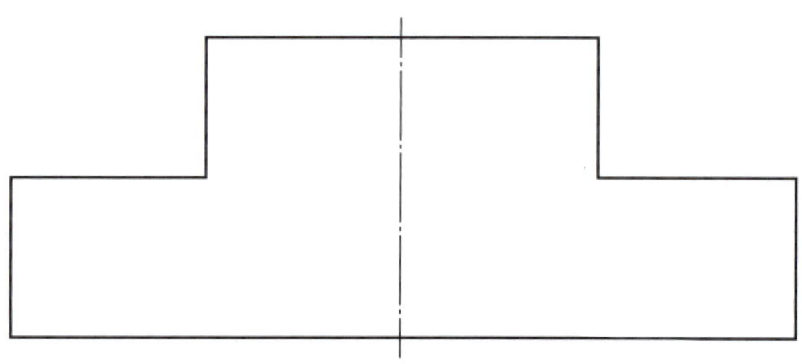

/3

4. Aufgabe

Punkte

Kreuzen Sie die richtige Bezeichnung für den Stahl S235JRC+C der Basisplatte (Pos. 1) an.

	Bezeichnung	**Streckgrenze R_e in $\frac{N}{mm^2}$**	**Kerbschlagbarkeit**	**gezogen**
☐	Stahl für Stahlbau	235	27 J bei 0 °C	Nein
☐	Schnellarbeitsstahl	23,5	27 J bei 20 °C	Ja
☐	Nitrierstahl	235	27 J bei 0 °C	Ja
☐	Stahl für Stahlbau	235	27 J bei 20 °C	Ja
☐	Stahl für Stahlbau	2,35	27 J bei 20 °C	Ja

/1

Punkte 1 bis 4: /8

5. Aufgabe Punkte

Welche Aussage über die für die Baugruppe verwendeten Stähle ist **falsch**?

☐ Bei hochlegierten Stählen ist der mittlere Gehalt eines Legierungselementes mindestens über 5 %.
☐ Das Zusatzsymbol +QT zeigt an, dass der Stahl nicht vergütet werden darf.
☐ Unlegierte Stähle mit einem Mn-Gehalt < 1 % werden mit dem Hauptsymbol „C“ gekennzeichnet.
☐ Schnellarbeitsstähle werden mit dem Hauptsymbol „HS“ gekennzeichnet.
☐ Unlegierte Stähle werden nach Verwendungszweck oder Chemischer Zusammensetzung bezeichnet.

/1

6. Aufgabe Punkte

Zu welcher Stahlsorte gehört der Werkstoff des Kulissensteins (Pos. 4)?

☐ Baustahl
☐ Federstahl
☐ Kaltarbeitsstahl
☐ Schnellarbeitsstahl
☐ Warmarbeitsstahl

/1

7. Aufgabe Punkte

Zur Fertigung dieser Baugruppe werden verschiedene trennende Verfahren eingesetzt. Welches Verfahren gehört **nicht** zu den trennenden Fertigungsverfahren?

☐ Schleifen
☐ Fräsen
☐ Schweißen
☐ Drehen
☐ Feilen

/1

8. Aufgabe Punkte

Zur Fertigung der Bauteile werden keilförmige Werkzeuge verwendet. Welche der Aussagen zu dem im nachfolgenden dargestellten Keil ist **richtig**?

☐ α bezeichnet den Keilwinkel.
☐ Für harte Werkstoffe wird ein großer Spanwinkel verwendet.
☐ β bezeichnet den Freiwinkel.
☐ Für weiche Werkstoffe wird ein kleiner Keilwinkel gewählt.
☐ Die Summe der Winkel $\alpha + \beta + \gamma$ ist immer größer 90°.

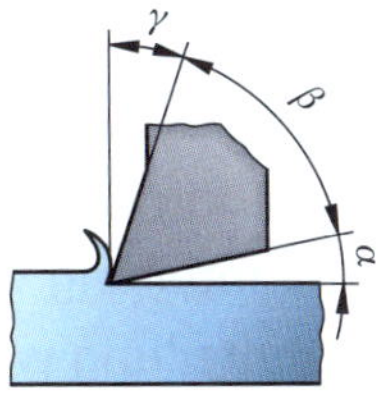

/1

Punkte 5 bis 8: /4

9. Aufgabe

Punkte

Der Kulissenstein (Pos. 4) muss neu gefertigt werden. Zum Ablängen des Rohbauteils muss das richtige Sägeblatt ausgewählt werden. Welche Zuordnung ist falsch?

- [ ] a) Sägeblatt
- [ ] b) Eingriffslänge
- [ ] c) Spanraum
- [ ] d) Schnittfuge
- [ ] e) Sägekeil

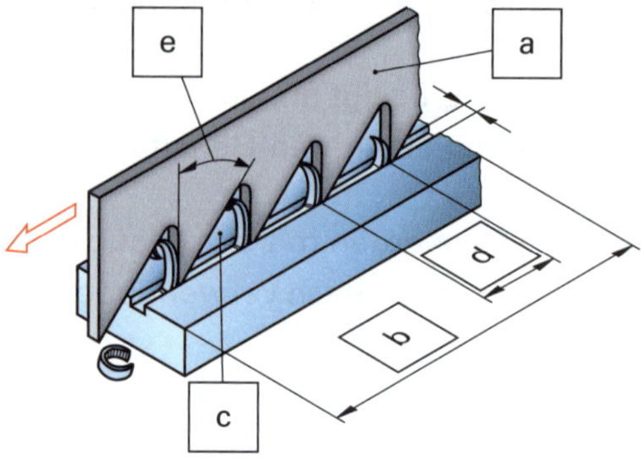

/1

10. Aufgabe

Punkte

Beim Fräsen der Bauteile werden Späne abgetrennt. Welche Spanart ist günstig?

- [ ] Fließspan
- [ ] Schubspan
- [ ] Scherspan
- [ ] Druckspan
- [ ] Reißspan

/1

11. Aufgabe

Punkte

Wodurch können Aufbauschneiden beim Fräsen **nicht** vermieden werden?

- [ ] Erhöhung der Schnittgeschwindigkeit
- [ ] Beschichtete Fräswerkzeuge
- [ ] Weicher Werkstoff des Werkstücks
- [ ] Glatte Spanflächen
- [ ] Große Mengen Kühlschmierstoff

/1

12. Aufgabe

Punkte

Zum Ablängen des Rohmaterials wird das nachfolgend dargestellte Sägeblatt verwendet. Welche Aussage bezüglich dieses Sägeblattes ist **falsch**?

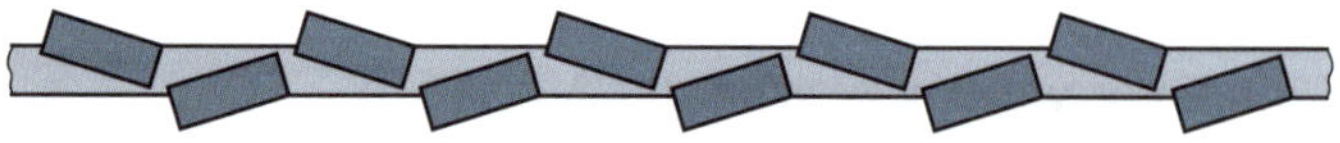

- [ ] Das Sägeblatt zeigt eine Rechts-Links-Schränkung.
- [ ] Die Schränkung ist wichtig, damit die Schnittflächen glatte Oberflächen erhalten.
- [ ] Die Schnittrichtung dieses Sägeblattes ist von rechts nach links.
- [ ] Eine grobe Zahnteilung wird für weiche Werkstoffe verwendet.
- [ ] Eine feine Zahnteilung wird für dünnwandige Bauteile benötigt.

/1

Punkte 9 bis 12: /4

13. Aufgabe

Punkte

Welchen Bohrerdurchmesser wählen Sie zur Herstellung des Gewindes M5 im Zylinderträger (Pos. 3)?

- ☐ d = 5 mm
- ☐ d = 4 mm
- ☐ d = 4,2 mm
- ☐ d = 4,9 mm
- ☐ d = 4,5 mm

/1

14. Aufgabe

Punkte

Welche Aussage über das Biegeumformen mit großen Biegeradien ist **falsch**?

- ☐ Bleche sollten möglichst senkrecht zur Walzrichtung gebogen werden.
- ☐ Bei einem gleich bleibendem Radius und einem kleiner werdenden Biegewinkel wird die gestreckte Länge größer.
- ☐ Die Außenseite eines Werkstücks wird gestreckt, die Innenseite gestaucht.
- ☐ In der neutralen Faser kommt es zu keiner Längenänderung.
- ☐ Bei einem gleich bleibendem Biegewinkel und einem größer werdenden Radius ist auch die gestreckte Länge größer.

/1

15. Aufgabe

Punkte

Die spanend hergestellte Oberfläche des Klemmarms (Pos. 5) soll eine gemittelte Rautiefe von 8 µm haben. Welche Angabe der Oberflächenbeschaffenheit ist richtig?

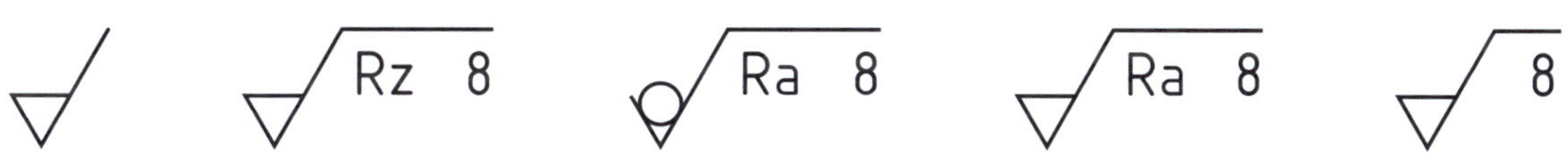

☐ ☐ ☐ ☐ ☐

/1

16. Aufgabe

Punkte

Ergänzen Sie den Montageplan für die Baugruppe mithilfe der nachfolgenden Tabelle.

Lfd. Nr.	Arbeitsschritte	Werkzeuge/Hilfsmittel
10	Führungsplatte (Pos. 2) auf die Basisplatte (Pos. 1) auflegen.	
20	______ ______ ______	Innensechskantschlüssel
30	Kulissenstein (Pos. 4) in die Führungsplatte (Pos. 2) einschieben und mit dem Klemmarm (Pos. 5) mithilfe der Zylinderschraube (Pos. 9) verbinden.	Innensechskantschlüssel
40	Klemmbacken (Pos. 6) mit den Zylinderstiften (Pos. 10) mit der Basisplatte (Pos. 1) und der Führungsplatte (Pos. 2) verbinden.	______ ______
50	______ ______	Innensechskantschlüssel
60	Magazin (Pos. 7) mit den Sechskantschrauben (Pos. 12) und den Scheiben (Pos. 13) auf dem Zylinderträger (Pos. 3) befestigen	______ ______

/9

17. Aufgabe

Punkte

Welche Streckgrenze haben die verwendeten Schrauben mit der Festigkeitsklasse 8.8?

- ☐ $R_e = 90 \frac{N}{mm^2}$
- ☐ $R_e = 800 \frac{N}{mm^2}$
- ☐ $R_e = 900 \frac{N}{mm^2}$
- ☐ $R_e = 80 \frac{N}{mm^2}$
- ☐ $R_e = 640 \frac{N}{mm^2}$

/1

18. Aufgabe

Punkte

Wozu dienen die vier Zylinderstifte (Pos. 10)?

- ☐ Zur Positionierung des Pneumatikzylinders.
- ☐ Zur Positionierung des Klemmarms (Pos. 5).
- ☐ Zur Positionierung der Führungsplatte (Pos. 2) auf der Basisplatte (Pos. 1).
- ☐ Zur Erzeugung der Klemmkraft auf das zu klemmende Werkstück.
- ☐ Sie haben keine Funktion.

/1

19. Aufgabe

Punkte

Bei der Baugruppe wird eine formschlüssige Verbindungsmöglichkeit verwendet. Was ist **keine** formschlüssige Verbindung?

- ☐ Passfeder
- ☐ Zylinderstift
- ☐ Passfeder Keil, Form A
- ☐ Keilwelle
- ☐ Pressverbindung

/1

20. Aufgabe

Punkte

In dieser Baugruppe wurde das Fügeverfahren Schraubenverbindung angewandt.
Welches der nachfolgenden Fügeverfahren ist auch lösbar?

- ☐ Schweißen
- ☐ Stiftverbindung
- ☐ Kleben
- ☐ Löten
- ☐ Reibschweißen

/1

Punkte 17 bis 20: /4

21. Aufgabe

Punkte

Welche Zeichnung stellt eine Senkschraube nach ISO 10642 dar?

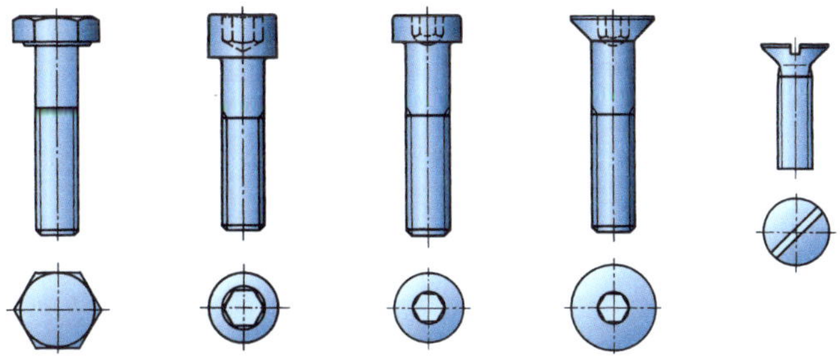

☐ ☐ ☐ ☐ ☐

/1

22. Aufgabe

Punkte

In der Baugruppe werden Zylinderschrauben ISO 4762 – M6x30 verwendet. Geben Sie an, welches Maß in der nachfolgenden Zeichnung durch die Zahl 30 gekennzeichnet wird.

- ☐ 1
- ☐ 2
- ☐ 3
- ☐ 4
- ☐ 5

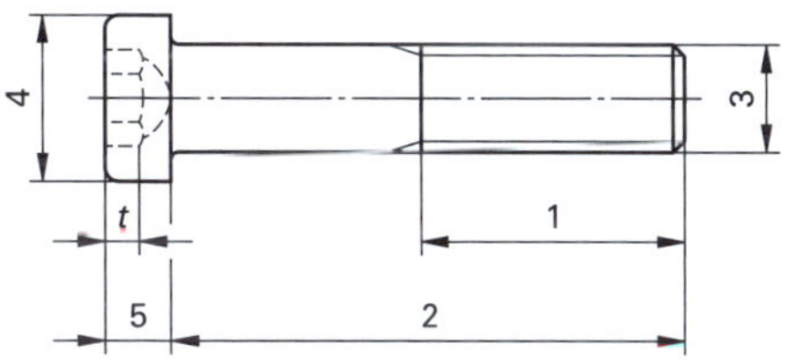

/1

23. Aufgabe

Punkte

Nach der Montage kann der Kulissenstein (Pos. 4) mit dem Klemmarm (Pos. 5) nicht ausfahren. Nennen Sie drei mögliche Fehlerursachen der Baugruppe.

/3

24. Aufgabe

Punkte

Wie wird die für die Verbindung des Zylinderstifts (Pos. 10) mit der Führungsplatte (Pos. 2) genutzte Passung H7/m6 benannt?

- ☐ Presspassung
- ☐ Übermaßpassung
- ☐ Spielpassung
- ☐ Übergangspassung
- ☐ Einheitspassung

/1

Punkte 21 bis 24: /6

25. Aufgabe

Punkte

Geben Sie das Höchstmaß G_{oB} des bei der Führungsplatte (Pos. 2) verwendeten Passmaßes 20H7 an.

- [ ] G_{oB} = 20 mm
- [ ] G_{oB} = 21 mm
- [ ] G_{oB} = 20,11 mm
- [ ] G_{oB} = 10 µm
- [ ] G_{oB} = 20,021 mm

Nebenrechnung:

/2

26. Aufgabe

Punkte

Welches pneumatische Bauteil ist dargestellt?

- [ ] Rückschlagventil
- [ ] Pneumatische Druckquelle
- [ ] Wasserabscheider
- [ ] Geräuschdämpfer
- [ ] Lufttrockner

/1

27. Aufgabe

Punkte

Auf die Klemmbacke soll durch die Zylinderstange eine Kraft F = 1100 N wirken.
Welcher Druck p in bar muss im Zylinder, der einen Kolbendurchmesser D = 50 mm hat, mindestens herrschen?

/4

28. Aufgabe

Punkte

Wie erfolgt die Rückstellung des Kolbens des in der Anlage verwendeten Pneumatik-Zylinders?

- [ ] Nicht festgelegt
- [ ] Per Hand
- [ ] Mit Druckluft
- [ ] Mit einer Feder
- [ ] Hydraulisch

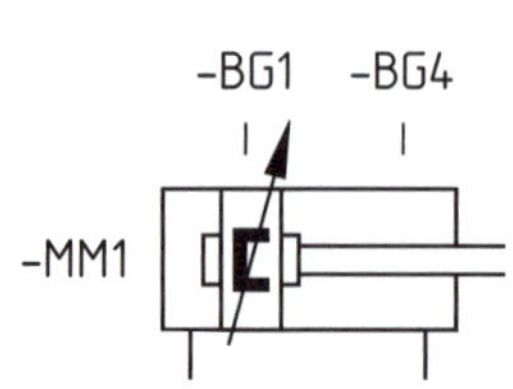

/1

Punkte 25 bis 28: /8

29. Aufgabe

Punkte

Ergänzen Sie den Ablauf des Spannvorgangs anhand der Pneumatik-Schaltung und des Graph-Set-Plans mit den korrekten Schaltzeichen.

Wird der Druckknopf des Ventils gedrückt und das Ventil durch die korrekte Kolbenposition des Kolbens betätigt, so schaltet das Zweidruckventil . Ist ein Bauteil eingelegt, so schaltet das Ventil und steuert somit das 5/2 Wegeventil –QM1 an. Dieses schaltet durch und lässt die Kolbenstange des Zylinders –MM1 ausfahren. Ist die Klemmbacke in der Position , so beginnt der Bohrvorgang. Nach Beendigung des Bohrvorgangs und Erreichen der Ursprungsposition wird das Ventil –QM1 angesteuert und die Kolbenstange fährt gedämpft in die Grundposition .

/4

30. Aufgabe

Punkte

Berechnen Sie die Masse des Kulissensteins (Pos. 4) ohne die Gewindebohrung in Gramm.

/3

31. Aufgabe

Punkte

Die Bauteile des Klemmhalters werden größtenteils gefräst. Welche UVV gilt **nicht** an der Fräsmaschine?

- ☐ Der Schlüssel der Fräsmaschine ist vor dem Start immer abzuziehen.
- ☐ Die Spannbacken dürfen nicht weit aus dem Futter herausragen.
- ☐ Bei spröden Werkstoffen soll eine Schutzbrille getragen werden.
- ☐ Späne sind nie mit der Hand zu entfernen.
- ☐ Beim Fräsen müssen Handschuhe getragen werden.

/1

32. Aufgabe

Punkte

Welche Kraft in N ist notwendig, damit sich der Klemmarm (Pos. 5) in Bewegung setzt? Die Masse der Klemmbacke beträgt $m = 560$ g, der Haftreibungskoeffizient zwischen Klemmbacke und Führungsplatte (Pos. 2) beträgt $\mu = 0{,}11$.

/4

Punkte 29 bis 32: /12

Notizen

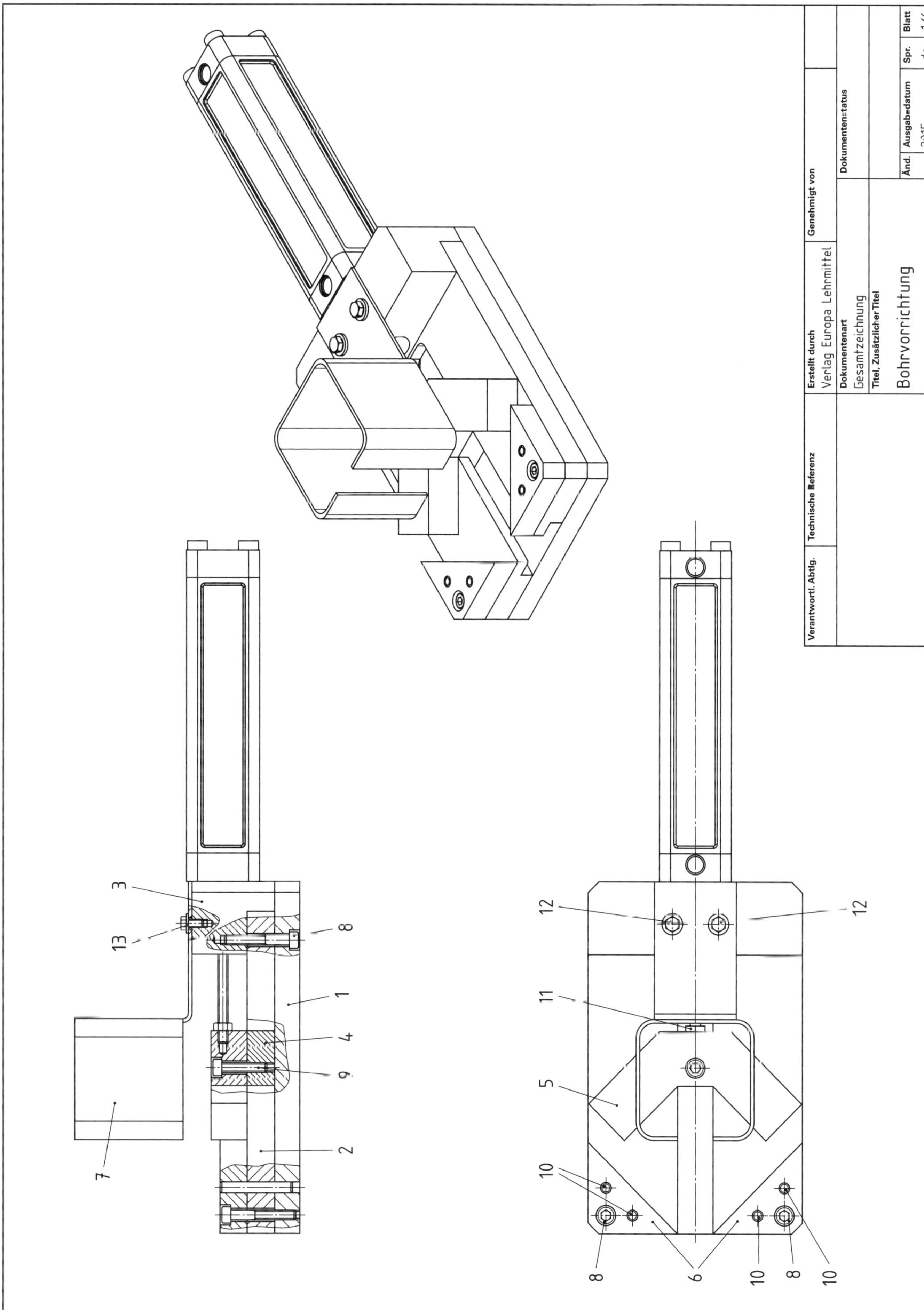
Verantwortl. Abtlg.
Technische Referenz
Erstellt durch
Verlag Europa Lehrmittel
Genehmigt von
Dokumentenart
Gesamtzeichnung
Dokumentenstatus
Titel, Zusätzlicher Titel
Bohrvorrichtung
Änd.
Ausgabedatum
2015
Spr.
de
Blatt
1/6
1
2
3
4
5
6
7
8
9
10
11
12
13

Pos.-Nr.	Stück	Benennung	Sachnr./Norm-/Kurzbezeichnung	Werkstoff	Bemerkung
13	2	Scheibe	ISO 7091-5-100HV		
12	2	Sechskantschraube	ISO 4017 – M5x10 – 8.8		
11	1	Mutter	ISO 4035 – M6 – A2-035		
10	4	Zylinderstift	ISO 8734 6x40 – St		
9	1	Zylinderschraube	DIN 7984 – M5x25 – 8.8		
8	4	Zylinderschraube	DIN 7984 – M5x35 – 8.8		
7	1	Magazin		S235JRC+QT	
6	2	Klemmbacken		E295	
5	1	Klemmarm		E295	
4	1	Kulissenstein		E295	
3	1	Zylinderträger		S235JRC+C	
2	1	Führungsplatte		E295	
1	1	Basisplatte		X1NiCrMoCu25-20-5	

Verantwortl. Abtlg.	Technische Referenz	Erstellt durch	Genehmigt von
		Verlag Europa Lehrmittel	
		Dokumentenart: Stückliste	Dokumentenstatus
		Titel, Zusätzlicher Titel: Bohrvorrichtung	Änd. / Ausgabedatum: 2015 / Spr.: de / Blatt: 2/6

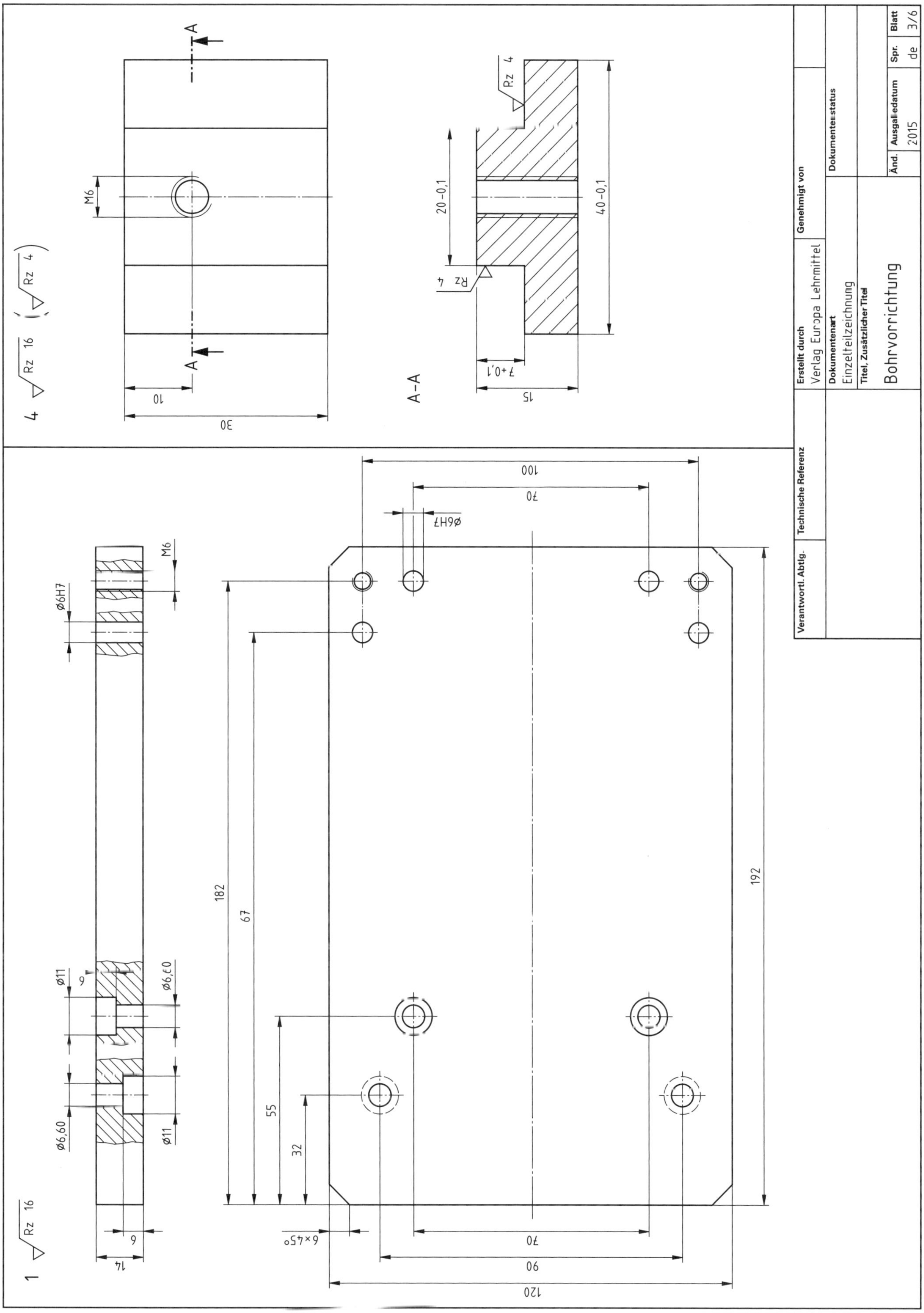
Verantwortl. Abtlg.
Technische Referenz
Erstellt durch
Verlag Europa Lehrmittel
Genehmigt von
Dokumentenart
Einzelteilzeichnung
Dokumentenstatus
Titel, Zusätzlicher Titel
Bohrvorrichtung
Änd.
Ausgabedatum
2015
Spr.
de
Blatt
3/6
A-A
M6
Ø6H7
Ø11
Ø6,60
Rz 16
Rz 4
20-0,1
40-0,1
7+0,1
6×45°
100
70
90
120
182
192
67
55
32
30
15
14
10
9
6
4
1

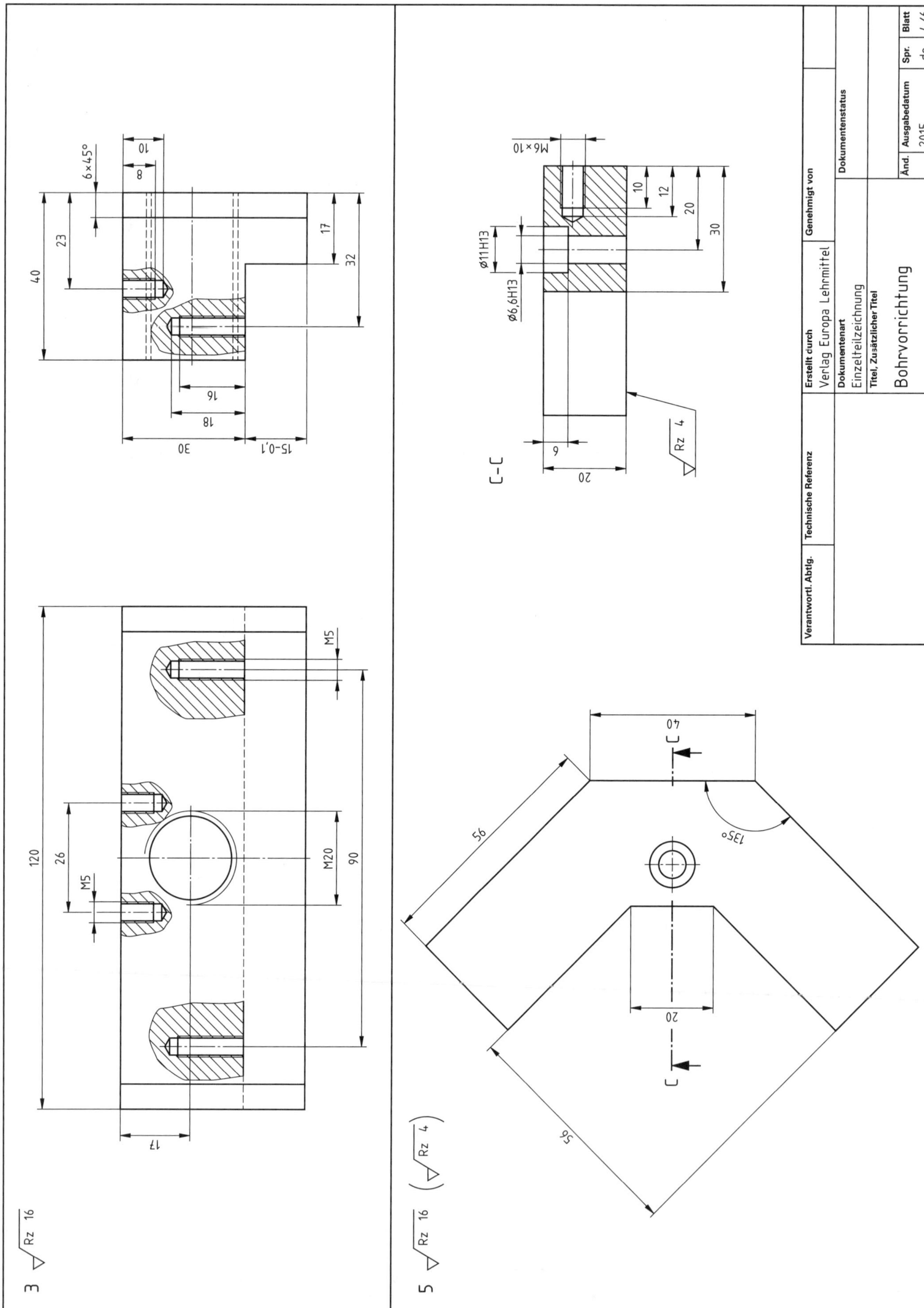

3 Rz 16
5 Rz 16 (Rz 4)
C–C
M6×10
Ø11H13
Ø6,6H13
Rz 4
6×45°
M5
M20
135°
Verantwortl. Abtlg.
Technische Referenz
Erstellt durch
Verlag Europa Lehrmittel
Genehmigt von
Dokumentenart
Einzelteilzeichnung
Dokumentenstatus
Titel, Zusätzlicher Titel
Bohrvorrichtung
Änd.
Ausgabedatum
2015
Spr.
de
Blatt
4/6

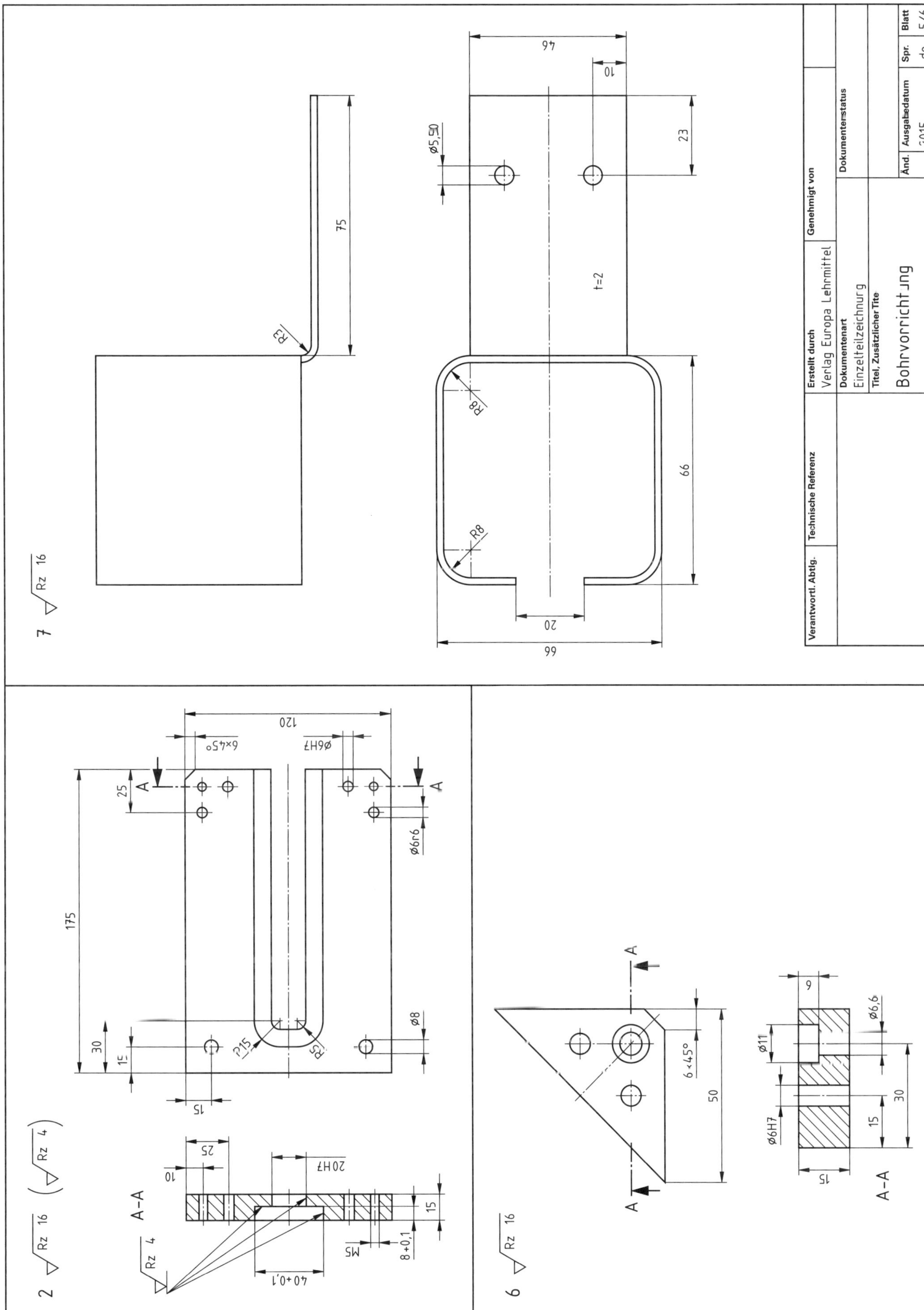
Verantwortl. Abtlg.
Technische Referenz
Erstellt durch
Verlag Europa Lehrmittel
Genehmigt von
Dokumentenart
Einzelteilzeichnung
Dokumentenstatus
Titel, Zusätzlicher Titel
Bohrvorrichtung
Änd.
Ausgabedatum
2015
Spr.
de
Blatt
5/6
7
Rz 16
t=2
46
10
23
75
66
99
20
R3
R8
Ø5,50
2
Rz 16
Rz 4
A–A
120
175
25
30
15
6×45°
Ø6H7
Ø6r6
Ø8
R15
R5
10
20H7
40+0,1
M5
8+0,1
6
A–A
9
Ø6,6
Ø11
Ø6H7
50
6×45°

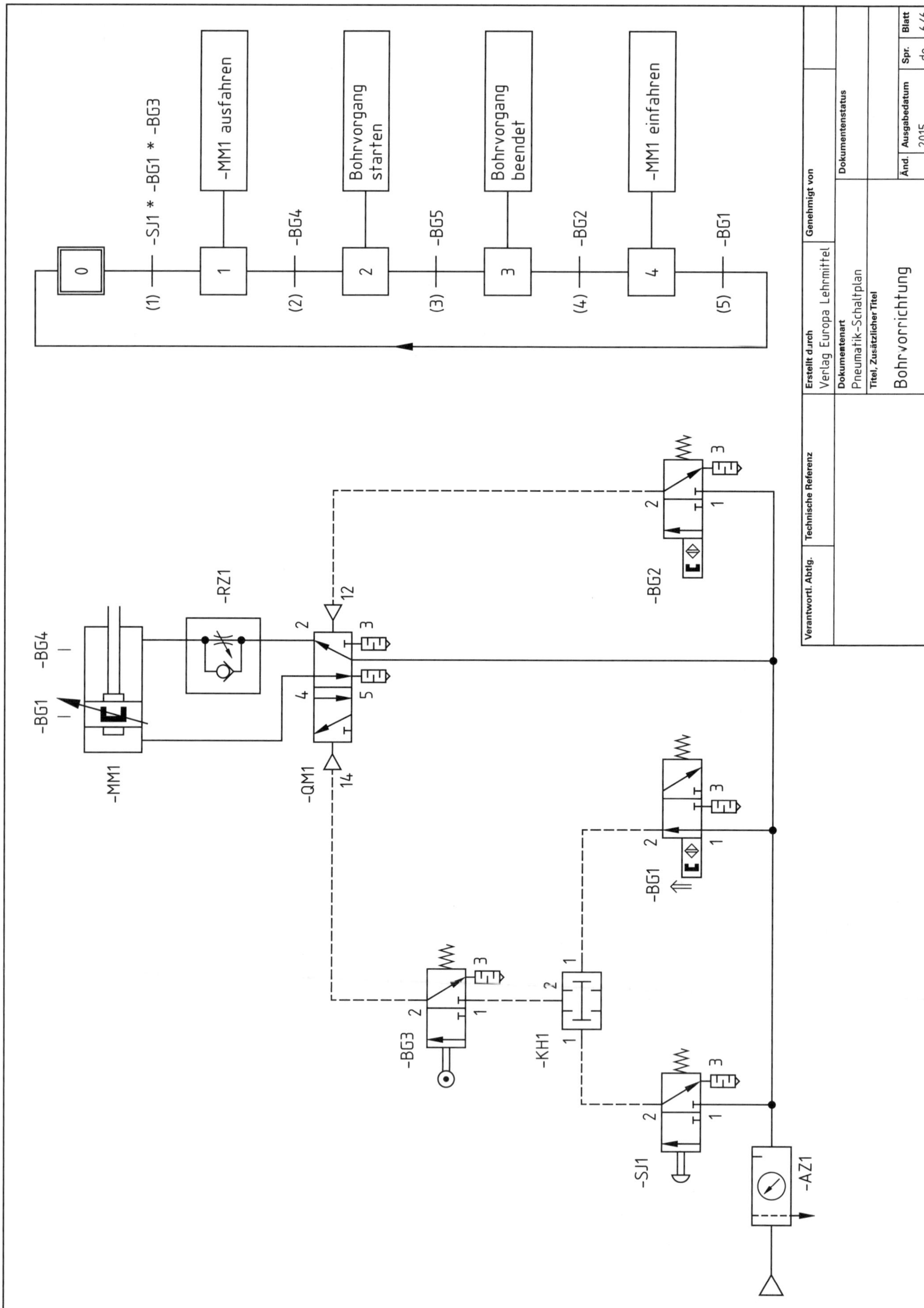

-MM1 ausfahren
Bohrvorgang starten
Bohrvorgang beendet
-MM1 einfahren
0
1
2
3
4
(1) -SJ1 * -BG1 * -BG3
(2) -BG4
(3) -BG5
(4) -BG2
(5) -BG1
-BG1
-BG4
-MM1
-RZ1
-QM1
12
14
-BG2
-BG1
-BG3
-KH1
-SJ1
-AZ1
Verantwortl. Abtlg.
Technische Referenz
Erstellt durch
Verlag Europa Lehrmittel
Genehmigt von
Dokumentenart
Pneumatik-Schaltplan
Dokumentenstatus
Titel, Zusätzlicher Titel
Bohrvorrichtung
Änd.
Ausgabedatum
2015
Spr.
de
Blatt
6/6

Schiebevorrichtung Ventilkegel

Name: ______________________ Datum: ____________

Zeit: 90 Minuten

Arbeitsmittel: Tabellenbuch, TR, Zeichengeräte

10 offene Aufgaben

22 gebundene Aufgaben (nur eine Lösung ist richtig)

Punkteschlüssel:

55	–	50	=	Note 1
49	–	44	=	Note 2
43	–	37	=	Note 3
36	–	27	=	Note 4
26	–	16	=	Note 5
15	–	0	=	Note 6

Die in der Gesamtzeichnung dargestellte Schiebevorrichtung Ventilkegel soll angefertigt, optimiert und betriebsbereit gemacht werden. Die nachfolgenden Aufgaben beziehen sich hauptsächlich auf diese Baugruppe.

Den Zeichensatz zur abgebildeten Schiebevorrichtung finden Sie im Anhang.

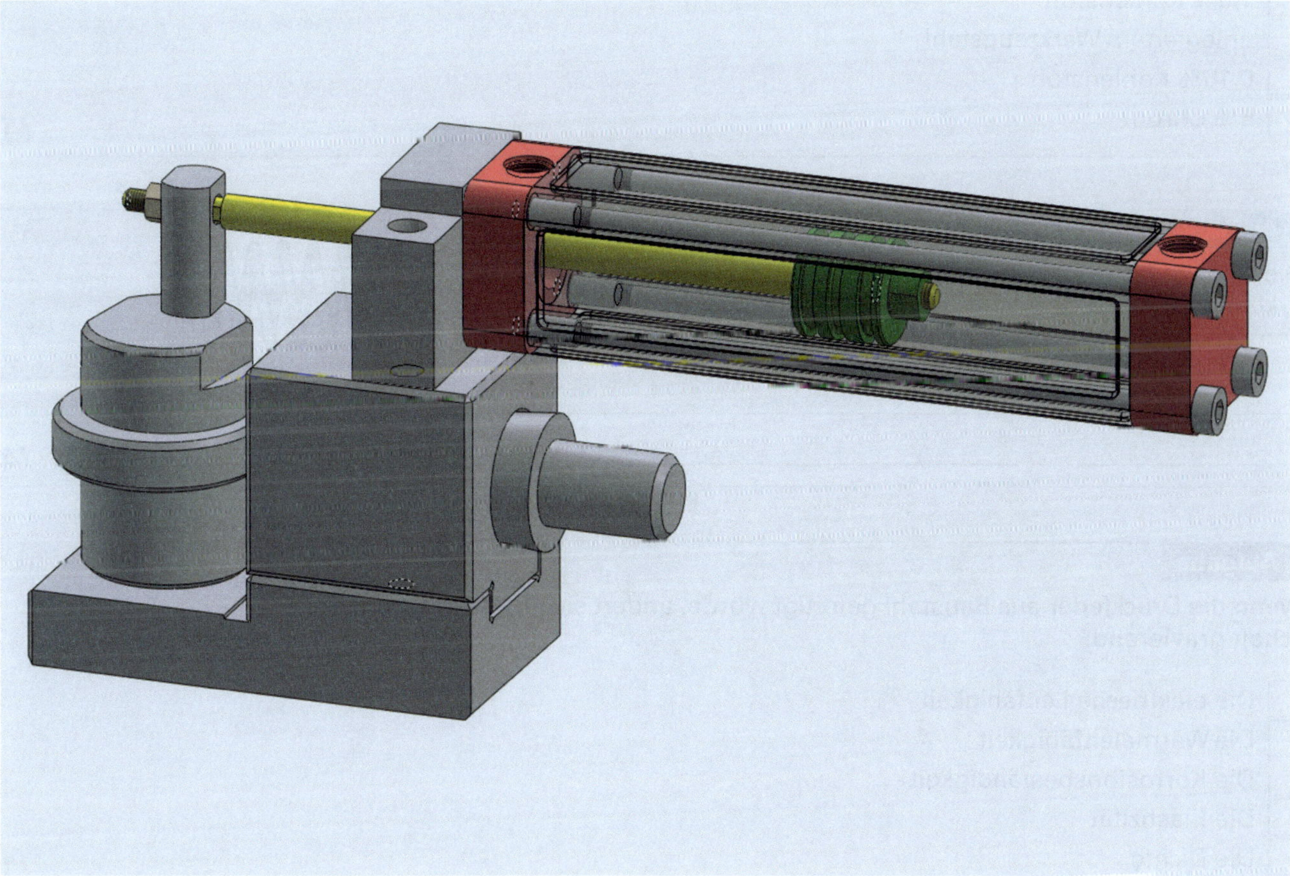

1. Aufgabe — Punkte

Beschreiben Sie die Funktion der Vorrichtung (Benennung der Bauteile inkl. Pos.).

____

____

____

____

______________________________ /6

2. Aufgabe — Punkte

Der Stahl des Ventilkegels (Pos. 3) gehört zur Gruppe der:

- ☐ Vergütungsstähle
- ☐ Nitrierstähle
- ☐ Manganstähle
- ☐ Automatenstähle
- ☐ Einsatzstähle

/1

3. Aufgabe — Punkte

Welche Aussage zur Materialangabe des Ventilbocks (Pos. 2) ist richtig?
Der Ventilbock besteht unter anderem aus

- ☐ 16% Mangan
- ☐ 1,6% Kohlenstoff
- ☐ unlegiertem Werkzeugstahl
- ☐ 0,16% Kohlenstoff
- ☐ 5% Chrom

/1

4. Aufgabe — Punkte

Die Druckfeder wurde aus Federstahl gefertigt.
Erklären Sie die besonderen Werkstoffeigenschaften von Federstahl.

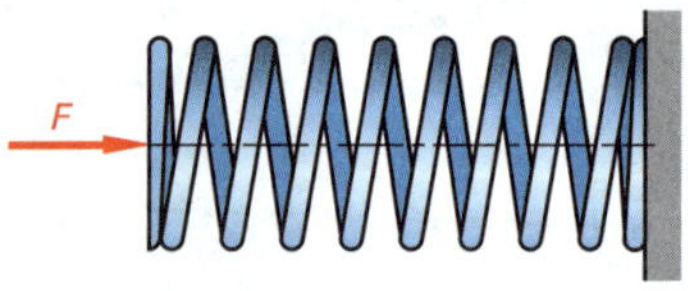

____

______________________________ /4

5. Aufgabe — Punkte

Wenn die Druckfeder aus Baustahl gefertigt würde, ändert sich folgende Werkstoffeigenschaft gravierend:

- ☐ Die elektrische Leitfähigkeit
- ☐ Die Wärmeleitfähigkeit
- ☐ Die Korrosionsbeständigkeit
- ☐ Die Elastizität
- ☐ Die Dichte

/1

Punkte 1 bis 5: /13

6. Aufgabe

Punkte

Welche Antwort zur Schraubenbezeichnung M6x20 – 8.8 DIN 912 ist richtig?
Die Schraube besitzt

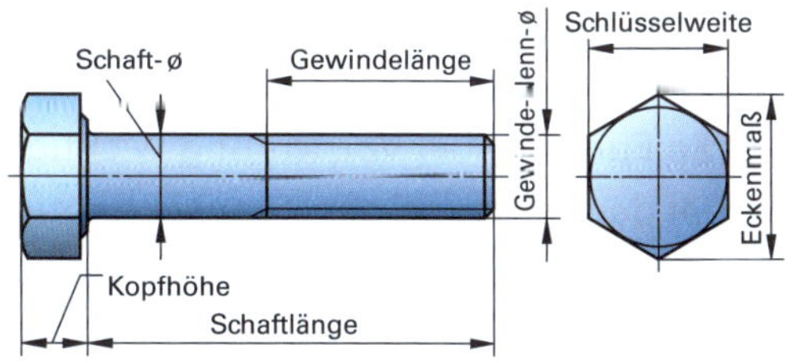

- ☐ 20 mm Kerndurchmesser
- ☐ 6 mm Kerndurchmesser
- ☐ 8,8 mm Bruchdehnung
- ☐ 6 mm Gewindeaußendurchmesser
- ☐ 640 N/mm² Mindestzugfestigkeit

/1

7. Aufgabe

Punkte

Nennen Sie ausschließlich Verfahren des Kegeldrehens?

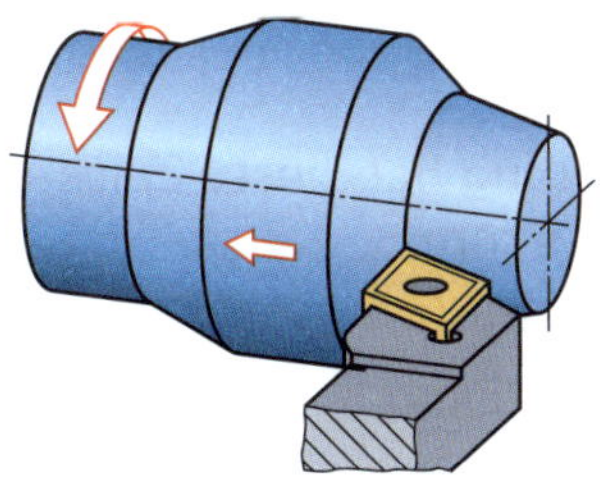

- ☐ CNC-Drehen, Drehherz, Reitstockverstellung
- ☐ Verstellung des Oberschlittens, Reitstockverstellung
- ☐ Zwischen Spitzen Drehen, Drehherz
- ☐ Karuselldrehen, Reitstockverstellung
- ☐ Karuselldrehen, CNC-Drehen

/1

8. Aufgabe

Punkte

Der Ventilkegel (Pos. 3) lässt sich nicht mehr bewegen. Erklären Sie eine mögliche Ursache.

____

____

/3

9. Aufgabe

Punkte

Die Bezeichnung SW32 am Exzenter (Pos. 4) hat folgende Bedeutung?

- ☐ Einstich mit 32 Mikrometern Tiefe
- ☐ Schlüsselweite 3,2 mm
- ☐ Schlüsselweite 32 mm
- ☐ Toleranzangabe
- ☐ Freistich mit 32 mm Weite

/1

10. Aufgabe

Punkte

Benennen Sie die

a) Art der Kraftübertragung zwischen Ventilkegel (Pos. 3) und Ventilbock (Pos. 2) und

b) erläutern Sie, welche Auswirkung eine flachere Kegelausführung auf die übertragbare Kraft hätte.

a) ____

____

b) ____

____

/4

Punkte 6 bis 10: /10

EUROPA LEHRMITTEL

11. Aufgabe

Punkte

Warum sind am Ventilkegel (Pos. 3) Prüfzylinder mit ∅ 10 mm dargestellt?

☐ Sie dienen zum Messen der Länge des Kegels.
☐ Sie dienen der Messung des Durchmessers des Kegels.
☐ Sie sind für die Funktion der Vorrichtung wichtig.
☐ Sie werden bei der Fertigung des Kegels benötigt.
☐ Sie müssen nach der Fertigung eingesetzt werden, um die Flächen vor Beschädigung zu schützen.

/1

12. Aufgabe

Punkte

Welche Bedeutung hat dieses Zeichen?

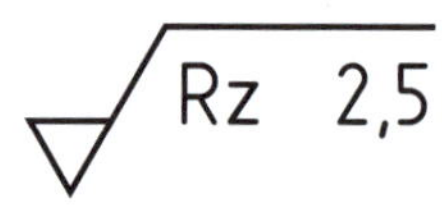

☐ Rautiefe 2,5 mm
☐ Rautiefe 25 mm
☐ Rautiefe 0,025 cm
☐ Rautiefe 0,25 mm
☐ Rautiefe 0,0025 mm

/1

13. Aufgabe

Punkte

Berechnen Sie eine geeignete Drehzahl für das Rundschleifen des kegeligen Durchmessers am Ventilkegel (Pos. 3).

Hinweise: ∅ Scheibe: 120 mm – Entnehmen Sie v_c aus dem Tabellenbuch.

/4

14. Aufgabe

Punkte

Die Bauteile Ventilbock und Ventilkegel (Pos. 2 und Pos. 3) werden einsatzgehärtet.
Welche Bedeutung hat die Angabe 65 HRC?

☐ Härtetemperatur 65 x 100 °C
☐ Härtehaltetemperatur 65 min
☐ Härteangabe nach Rockwell
☐ Abschreckzeit 6,5 min
☐ Allgemeine Härteangabe nach Brinell

/1

Punkte 11 bis 14: /7

15. Aufgabe

Punkte

In welcher Antwort stehen ausschließlich Verfahren des Abschreckens beim Härten?

- ☐ Abschrecken in Luft, Öl bzw. Benzin
- ☐ Abschrecken in Luft, Bohremulsion und Wasser
- ☐ Abschrecken in Luft, Wasser bzw. Öl
- ☐ Abschrecken im Stickstoff, Sauerstoff bzw. Luft
- ☐ Abschrecken in Stickstoff, Sauerstoff bzw. Öl

/1

16. Aufgabe

Punkte

Nennen Sie zwei geeignete Schleifmittel, die zum Rundschleifen des kegeligen Durchmessers am Ventilkegel (Pos. 3) geeignet sind.
Begründen Sie Ihre Entscheidung.

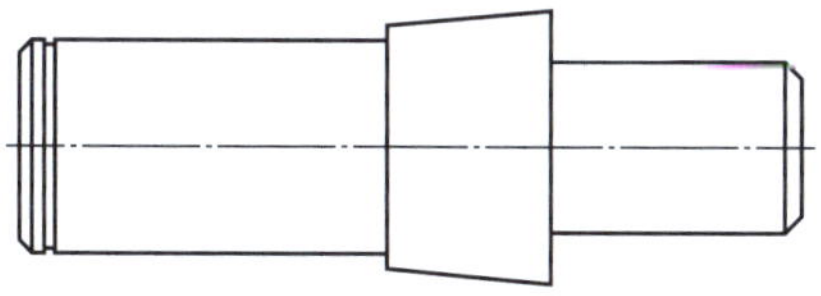

___

___

___

/4

17. Aufgabe

Punkte

Sie fertigen die Passung an der Grundplatte (Pos. 1) anhand der Einzelteilzeichnung.
Worauf nimmt die Toleranzangabe Bezug?

- ☐ Koaxialität
- ☐ Parallelität
- ☐ Symmetrie
- ☐ Mittigkeit
- ☐ Planlauf

/1

18. Aufgabe

Punkte

Welche Aufgabe erfüllt der Wellensicherungsring (Pos. 7).

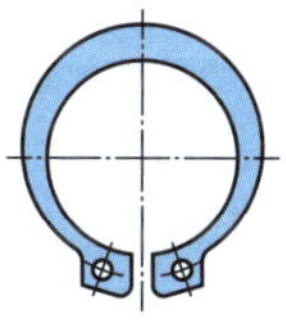

___

/1

19. Aufgabe

Punkte

Nennen Sie ein geeignetes Prüfmittel zum Ermitteln der Nutbreite (Nennmaß 30) an der Grundplatte (Pos. 1)?

- ☐ Messschieber
- ☐ Messuhr
- ☐ Innenbügelmessschraube
- ☐ Grenzrachenlehrer
- ☐ Feinzeiger

/1

20. Aufgabe

Punkte

Welche Passungsart entsteht zwischen dem Exzenter (Pos. 4) und der Grundplatte (Pos. 1)?

___

/1

Punkte 15 bis 20: /9

21. Aufgabe Punkte

Die Oberfläche des Konus am Ventilkegel (Pos. 3) muss exakt kontrolliert und dokumentiert werden?
Ein geeignetes Verfahren dazu ist:

- ☐ Das Röntgenverfahren
- ☐ Das Ultraschallverfahren
- ☐ Ein Vergleichsverfahren, wie z. B. die Nagelprobe
- ☐ Das Tastschnittverfahren
- ☐ Die Prüfung nach Vickers

/1

22. Aufgabe Punkte

Eine der Aussagen über das Tastschnittverfahren ist korrekt:

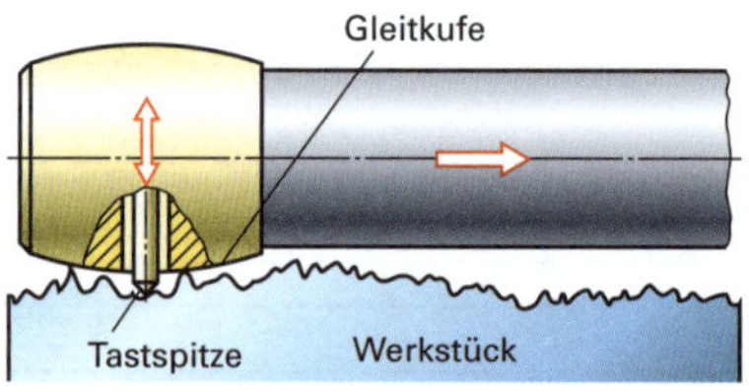

- ☐ Es gehört zu den zerstörenden Werkstoffprüfverfahren.
- ☐ Es unterteilt den Messbereich in der Regel in fünf Teilabschnitte.
- ☐ Es gibt eine genaue Angabe über die Werkstoffzusammensetzung.
- ☐ Es gibt Aufschluss über innere Werkstofffehler.
- ☐ Die Messergebnisse können direkt am Sensor abgelesen werden.

/1

23. Aufgabe Punkte

Die Ecken der Passungen (siehe z. B. Pos. 1 bzw. Pos. 2) sind ausgefräst?
Warum ist dies notwendig?

- ☐ Es ist nicht notwendig, da es an der Funktion nichts ändert.
- ☐ Passungen können durch Staub- und Schmutzpartikel verunreinigt sein. Die Ausfräsungen dienen dazu als Aufnahme.
- ☐ An den Passungsflächen setzt sich nicht so schnell Flugrost an.
- ☐ Um das Gesamtgewicht zu verringern.
- ☐ Um bei Wärmeausdehnung keine Verspannungen entstehen zu lassen.

/1

24. Aufgabe Punkte

Welche Aussage trifft auf das dargestellte Bauteil zu?
Das Ventil besitzt

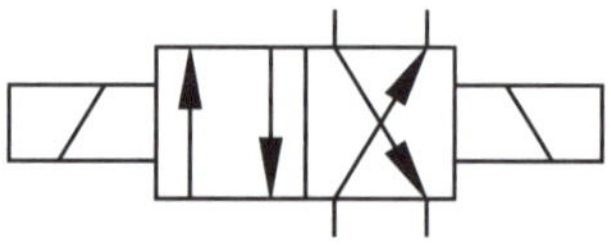
4/2-Wegeventil

- ☐ 2 Anschlüsse, 4 Schaltstellungen
- ☐ 4 Anschlüsse, 2 Schaltstellungen, nur per Hand zu schalten
- ☐ 4 Anschlüsse, 2 Schaltstellungen, nur elektrisch zu schalten
- ☐ 2 Anschlüsse, 4 Schaltstellungen, nur elektrisch zu schalten
- ☐ 4 Anschlüsse, 2 Schaltstellungen, kann Schaltstellung a und Schaltstellung b einnehmen

/1

Punkte 21 bis 24: /4

25. Aufgabe

Punkte

Was passiert, wenn das Drosselrückschlagventil zur Geschwindigkeitsregelung mit der Drosselfunktion zuluftseitig eingebaut wird?

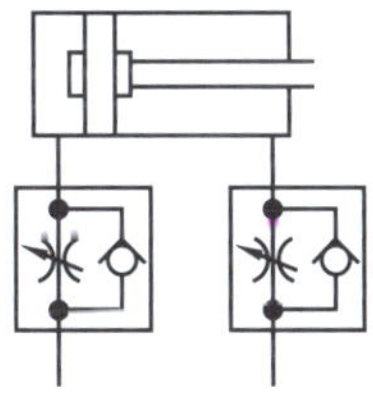

- [ ] Es ändert nichts an der Funktion.
- [ ] Der Zylinder fährt mit verringerter Kraft aus und es entsteht der sogenannte Stick-Slip-Effekt.
- [ ] Der Zylinder fährt schneller ein.
- [ ] Die benötigte Luftmenge vergrößert sich.
- [ ] Der Zylinder erwärmt sich stärker.

/1

26. Aufgabe

Punkte

Welches der genannten Eigenschaften ist ein Vorteil einer Pneumatikanlage?

- [ ] Luft ist kompressibel.
- [ ] Luftdruckanlagen sind relativ laut.
- [ ] Luftdruckanlagen sind äußerst wartungsarm.
- [ ] Luftdruckanlagen sind optimal für die Steuerung von Produktionslinien.
- [ ] keine der genannten Möglichkeiten.

/1

27. Aufgabe

Punkte

Erklären Sie das Grundprinzip der im Stromlaufplan dargestellten „Dominant EIN" – Schaltung.

____

____

/3

28. Aufgabe

Punkte

Das 5/2-Wegeventil soll elektrisch angesteuert werden. Wie kann hier elektropneumatisch eine UND-Schaltung realisiert werden?

- [ ] Parallelschaltung von zwei Signalgliedern
- [ ] Parallelschaltung von zwei Steuergliedern
- [ ] Reihenschaltung von zwei Steuergliedern
- [ ] Reihenschaltung von zwei Signalgliedern
- [ ] Selbsthalteschaltung, dominant ein

/1

29. Aufgabe

Punkte

Das 5/2-Wegeventil soll elektrisch angesteuert werden. Wie kann hier elektropneumatisch eine ODER-Schaltung realisiert werden?

- [ ] Parallelschaltung von zwei Signalgliedern
- [ ] Parallelschaltung von zwei Steuergliedern
- [ ] Reihenschaltung von zwei Steuergliedern
- [ ] Reihenschaltung von zwei Signalgliedern
- [ ] Selbsthalteschaltung, dominant aus

/1

Punkte 25 bis 29. /7

30. Aufgabe

Punkte

Eine pneumatische Wartungseinheit besteht aus folgenden Bauteilen:

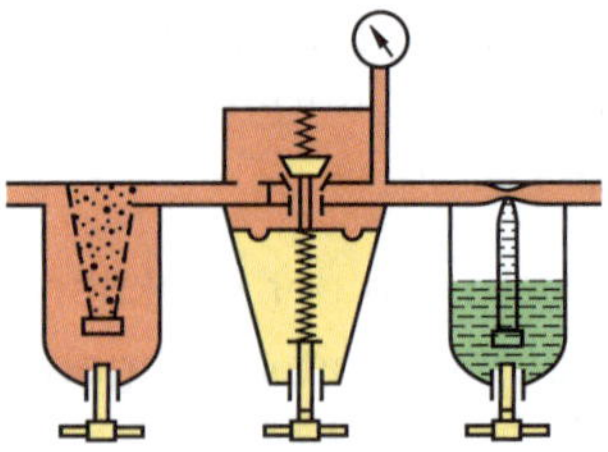

- [ ] 5/2-Wegeventil, Öler und Manometer
- [ ] 3/2-Wegeventil, Öler und Filter
- [ ] Öler, Filter und Drosselrückschlagsventil
- [ ] Öler, Filter und Manometer
- [ ] Filter, Manometer und Drosselrückschlagsventil

/1

31. Aufgabe

Punkte

Welche grundsätzlichen Sicherheitsvorschriften sind bei pneumatischen Anlagen zu beachten?

- [ ] Geölte Luft ist besonders gefährlich beim Einatmen – immer Mundschutz tragen.
- [ ] Bevor die Anlage unter Druck gesetzt wird, sind immer alle Leitungen auf festen Sitz zu prüfen.
- [ ] Gefahr durch austretende Öle.
- [ ] Keine besonderen Vorschriften, da es keine nennenswerten Gefahren gibt.
- [ ] Bevor die Anlage unter Druck gesetzt wird, ist immer die Funktion des Kompressors zu prüfen.

/1

32. Aufgabe

Punkte

Beschreiben Sie die Funktion des induktiven Sensors.

____

____

/3

Notizen

Punkte 30 bis 32: /5

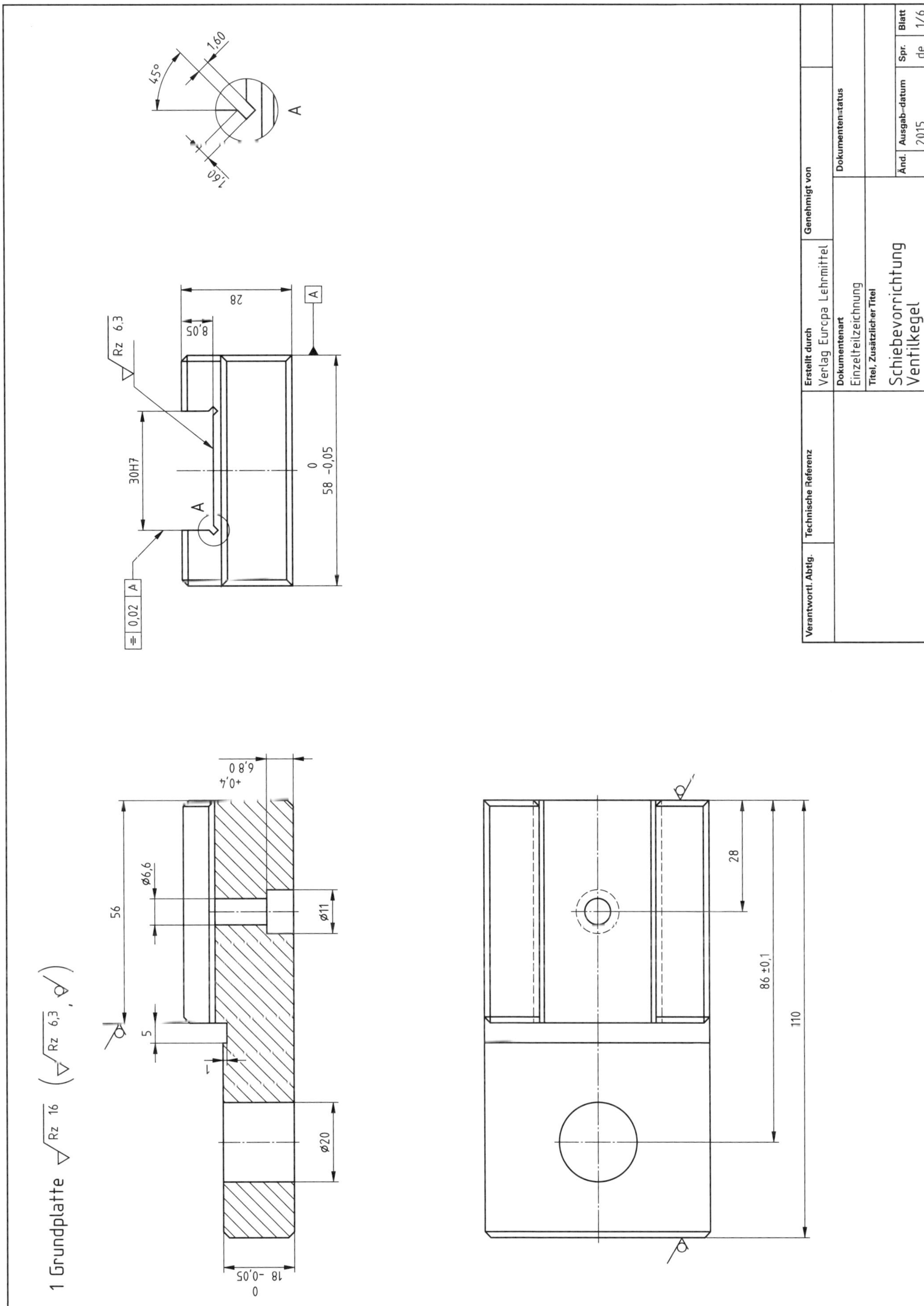
1 Grundplatte
Rz 16
Rz 6,3
45°
1,60
1,60
A
28
8,05
30H7
0
58 -0,05
0,02
A
6,8 0
+0,4
56
⌀6,6
⌀11
5
1
⌀20
0
18 -0,05
28
86 ±0,1
110
Verantwortl. Abtlg.
Technische Referenz
Erstellt durch
Verlag Europa Lehrmittel
Genehmigt von
Dokumentenart
Einzelteilzeichnung
Dokumentenstatus
Titel, Zusätzlicher Titel
Schiebevorrichtung
Ventilkegel
Änd.
Ausgab-datum
2015
Spr.
de
Blatt
1/6

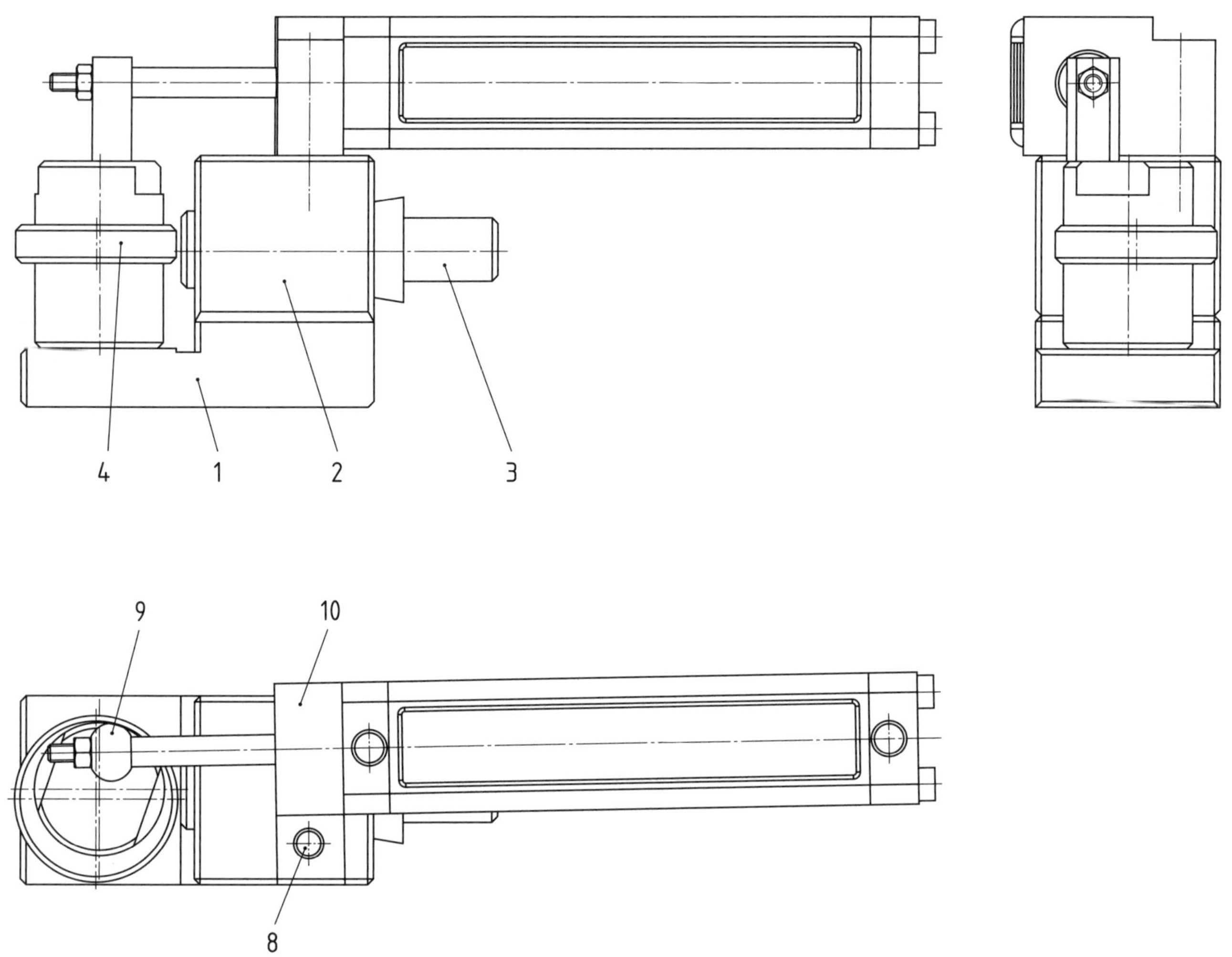

Pos.-Nr.	Stück	Benennung	Sachnr./Norm-/Kurzbezeichnung	Werkstoff	Bemerkung
10	1	Drehdurchführung		16MnCr5	
9	1	Exzenterstift		16MnCr5	
8	1	Zylinderstift		ISO 2338	
7	1	Sicherungsring		Federstahl	
6	1	Sicherungsring		Federstahl	
5	1	Druckfeder		Federstahl	
4	1	Exzenter		16MnCr5	
3	1	Ventilkegel		16MnCr5	
2	1	Ventilbock		16MnCr5	
1	1	Grundplatte		16MnCr5	

Verantwortl. Abtlg.	Technische Referenz	Erstellt durch	Genehmigt von
		Verlag Europa Lehrmittel	

Dokumentenart	Dokumentenstatus
Gesamtzeichnung	

Titel, Zusätzlicher Titel	Änd.	Ausgabedatum	Spr.	Blatt
Schiebevorrichtung Ventilkegel		2015	de	2/6

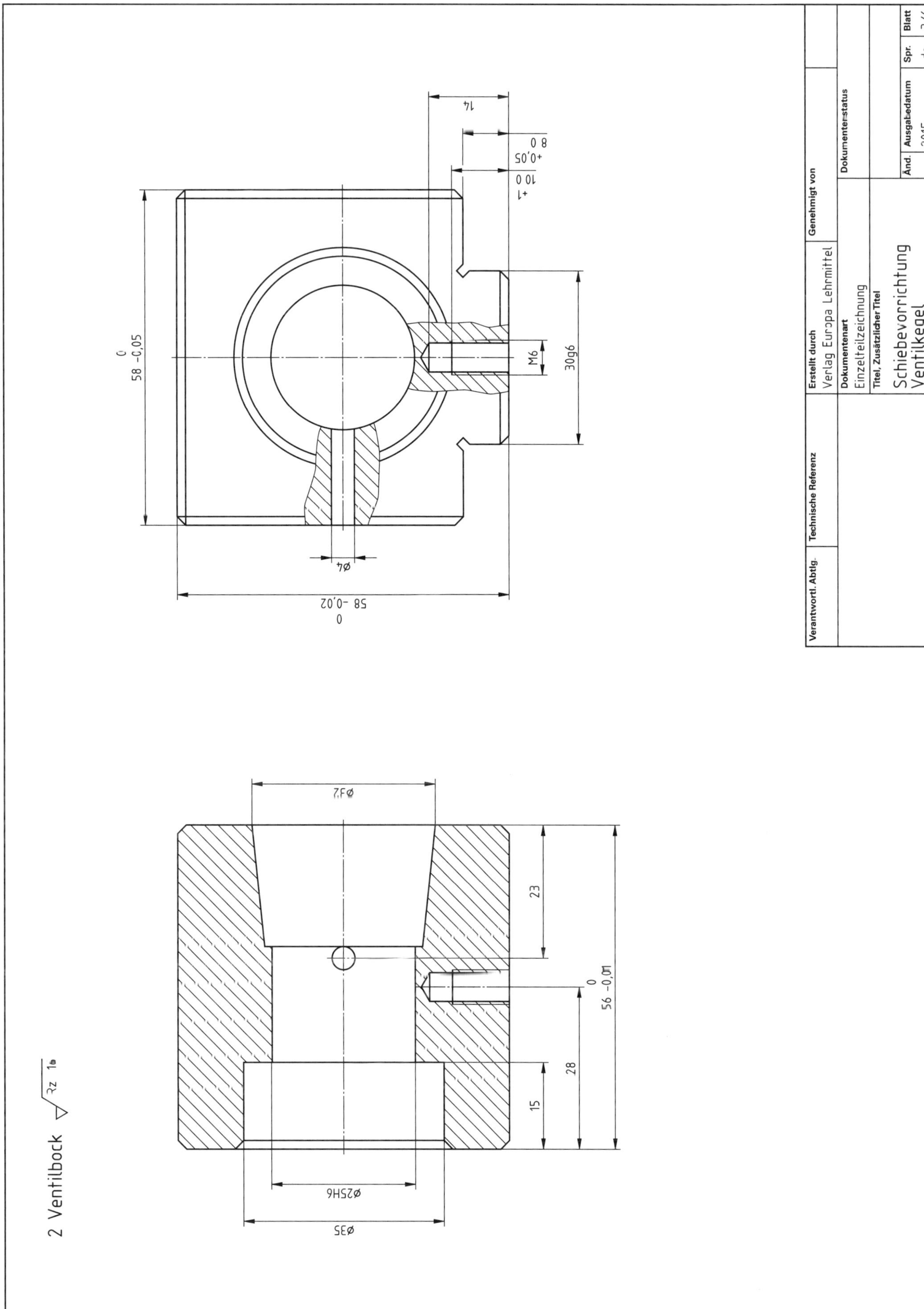
2 Ventilbock
Rz 1
14
8 +0,05 0
10 +1 0
58 -0,05 0
M6
30g6
Ø4
58 -0,02 0
Ø37
23
56 -0,01 0
28
15
Ø25H6
Ø35
Verantwortl. Abtlg.
Technische Referenz
Erstellt durch
Verlag Europa Lehrmittel
Genehmigt von
Dokumentenart
Einzelteilzeichnung
Dokumentenstatus
Titel, Zusätzlicher Titel
Schiebevorrichtung
Ventilkegel
Änd.
Ausgabedatum
2015
Spr.
de
Blatt
3/6

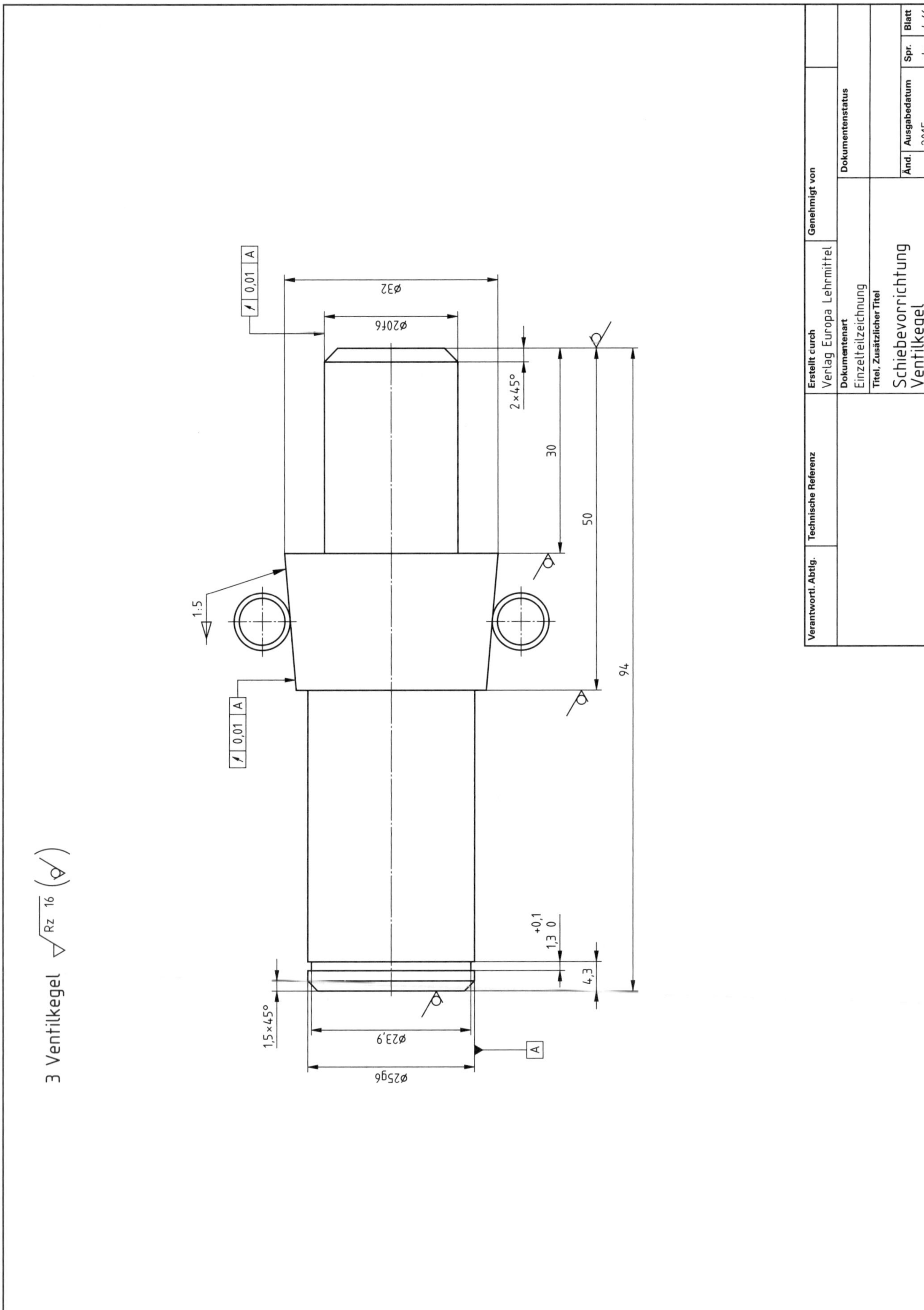

3 Ventilkegel
Rz 16
ø32
ø20f6
0,01 A
2×45°
30
50
94
1:5
0,01 A
+0,1
1,3 0
4,3
1,5×45°
ø23,9
ø25g6
A
Verantwortl. Abtlg.
Technische Referenz
Erstellt curch
Verlag Europa Lehrmittel
Genehmigt von
Dokumentenart
Einzelteilzeichnung
Dokumentenstatus
Titel, Zusätzlicher Titel
Schiebevorrichtung
Ventilkegel
Änd.
Ausgabedatum
2015
Spr.
de
Blatt
4/6

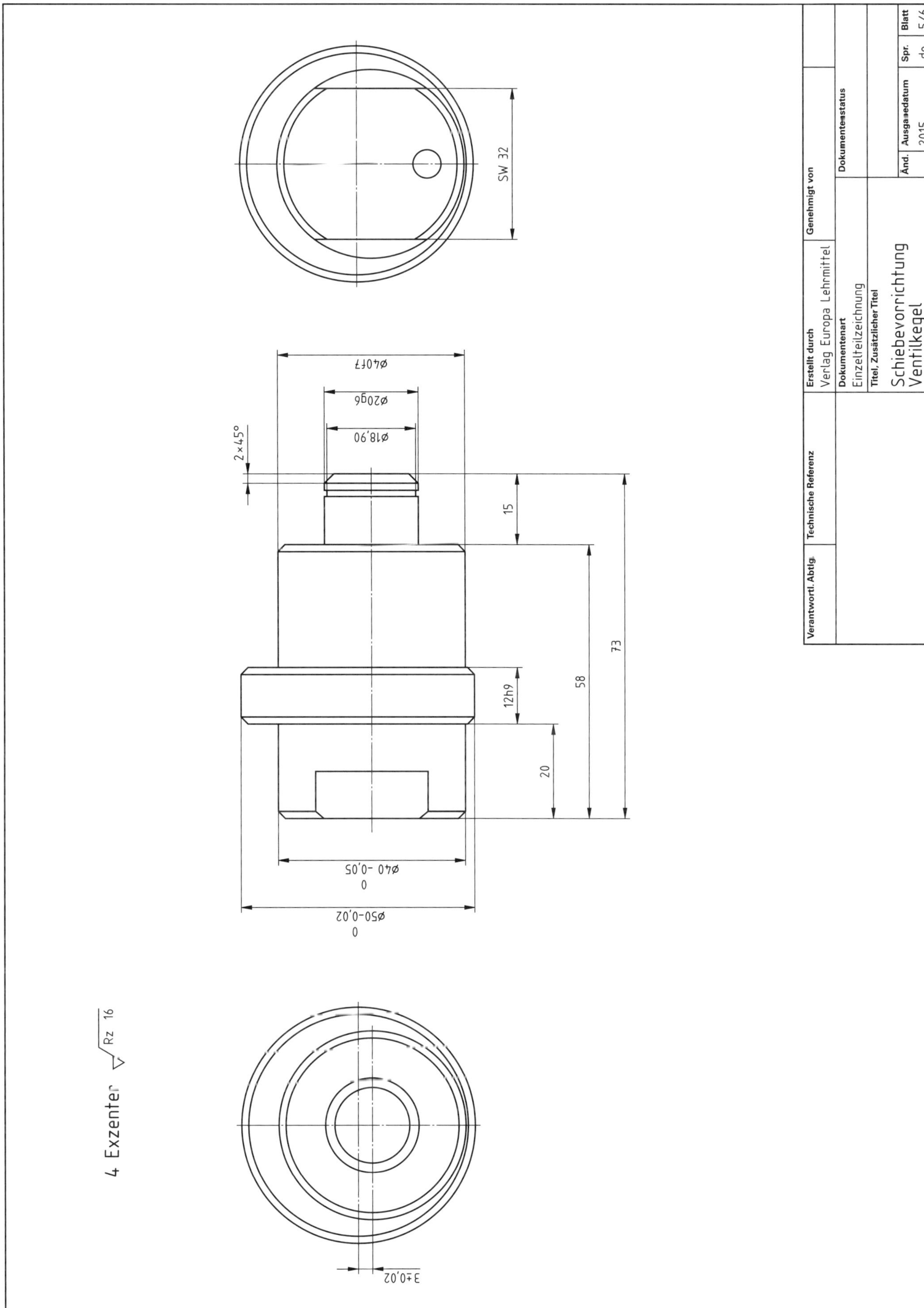
4 Exzenter
Rz 16
SW 32
⌀40f7
⌀20g6
⌀18,90
2×45°
15
73
58
12h9
20
⌀40 -0,05 0
⌀50-0,02 0
3±0,02
Verantwortl. Abtlg.
Technische Referenz
Erstellt durch
Verlag Europa Lehrmittel
Genehmigt von
Dokumentenart
Einzelteilzeichnung
Dokumentenstatus
Titel, Zusätzlicher Titel
Schiebevorrichtung
Ventilkegel
Änd.
Ausgabedatum
2015
Spr.
de
Blatt
5/6

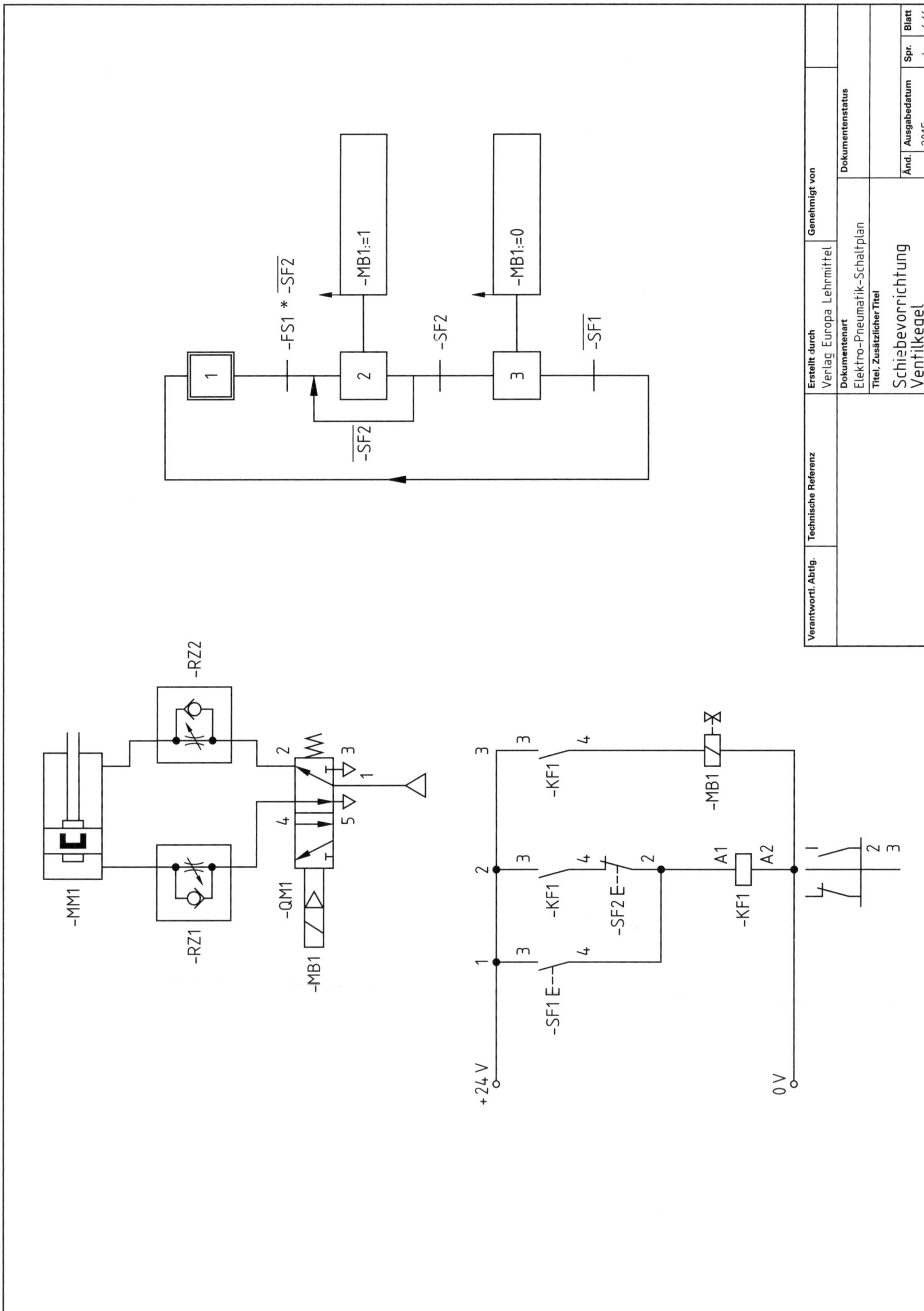
-MM1
-RZ1
-RZ2
-QM1
-MB1
+24 V
0 V
-SF1
-SF2
-KF1
A1
A2
-MB1:=1
-MB1:=0
-FS1 * -SF2
Verantwortl. Abtlg.
Technische Referenz
Erstellt durch
Verlag Europa Lehrmittel
Genehmigt von
Dokumentenart
Elektro-Pneumatik-Schaltplan
Dokumentenstatus
Titel, Zusätzlicher Titel
Schiebevorrichtung
Ventilkegel
Änd.
Ausgabedatum
2015
Spr.
de
Blatt
6/6

Exzenterkugelverteiler

Name: ______________________________ Datum: ______________

Zeit: 90 Minuten

Arbeitsmittel: Tabellenbuch, TR, Zeichengeräte

11 offene Aufgaben

24 gebundene Aufgaben (nur eine Lösung ist richtig)

Punkteschlüssel:

68	–	63	=	Note 1
62	–	55	=	Note 2
54	–	46	=	Note 3
45	–	34	=	Note 4
33	–	20	=	Note 5
19	–	0	=	Note 6

Der abgebildete Exzenterkugelverteiler soll angefertigt und betriebsbereit gemacht werden.
Die nachfolgenden Aufgaben beziehen sich hauptsächlich auf diese Baugruppe. Arbeiten Sie sich in die Zeichnung ein und bearbeiten Sie die Aufgaben in der vorgegebenen Reihenfolge.

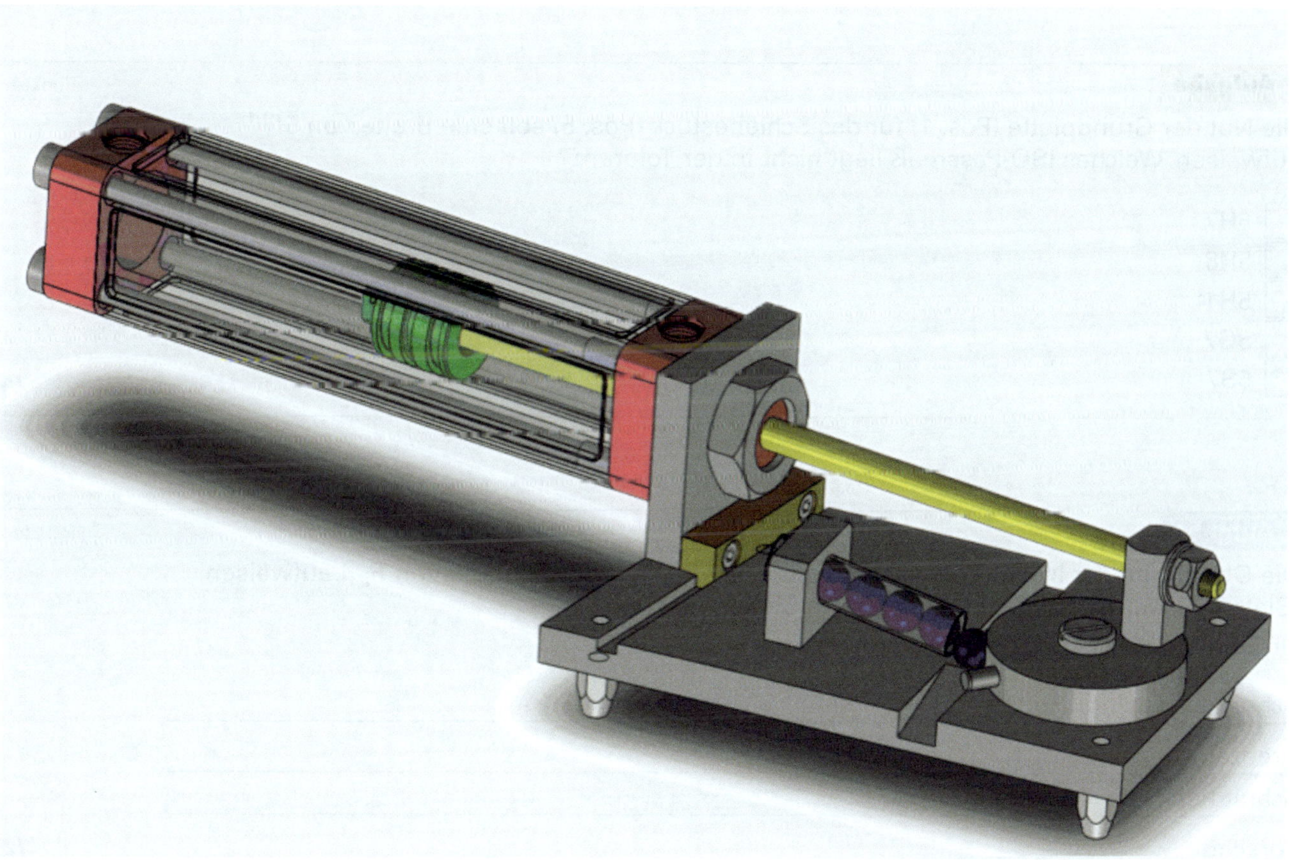

1. Aufgabe

Beschreiben Sie die Verteilung der Kugeln und nennen Sie dabei die beteiligten Einzelteile mit Benennung und Positionsnummern.

Punkte

____

____

____

____

____

____

____

/5

2. Aufgabe

Die Nut der Grundplatte (Pos. 1) soll mit einem Scheibenfräser ∅ 80x4 aus HSS gefertigt werden. Welche Drehzahl müssen Sie bei einer Schnittgeschwindigkeit v_c = 50 m/min einstellen?

Punkte

- ☐ 98 min^{-1}
- ☐ 198 min^{-1}
- ☐ 298 min^{-1}
- ☐ 400 min^{-1}
- ☐ 1200 min^{-1}

/1

3. Aufgabe

Die Nut der Grundplatte (Pos. 1) für das Schiebestück (Pos. 5) soll eine Breite von $5^{+0,1}$ aufweisen. Welches ISO-Passmaß liegt **nicht** in der Toleranz?

Punkte

- ☐ 5H7
- ☐ 5H8
- ☐ 5H11
- ☐ 5G7
- ☐ 5G7

/1

4. Aufgabe

Die Oberfläche der Nut auf der Grundplatte soll eine Oberflächengüte von R_z 4 aufweisen (Blatt 3/6). Welche Einstellungen müssen Sie treffen?

Ordnen Sie die Begriffe **größer, kleiner** zu!

Punkte

Schnittgeschwindigkeit: _______________________

Drehzahl: _______________________

Schnitttiefe: _______________________

Vorschub: _______________________

/4

Punkte 1 bis 4: /11

5. Aufgabe

Punkte

Trotz der Einstellungen aus Aufgabe 4 stellen Sie eine „schlechte" Oberflächengüte fest.
Welche zwei weiteren Ursachen können dafür verantwortlich sein?

____

____

____

____

/2

6. Aufgabe

Punkte

Das Kühlmittel in der Fräsmaschine riecht „eigenartig".
Welche Entscheidung haben Sie zu treffen?

- ☐ Gar keine, darüber entscheidet der Vorgesetzte.
- ☐ Ich empfehle, mehr Leitungswasser in den Behälter zu kippen.
- ☐ Bei Geruchsbelästigung kippe ich etwas mehr Natriumchlorid in den Behälter.
- ☐ Das Kühlmittel ist sofort fachgerecht zu entsorgen.
- ☐ Ich arbeite ohne Bedenken weiter.

/1

7. Aufgabe

Punkte

Aus welchen Bestandteilen besteht ein normaler KSS?

- ☐ Aus Spiritus, Mineralöl und Petroleum
- ☐ Wasser, Milch und Alkohol
- ☐ Wasser und ca. 6 % Mineralöl
- ☐ Benzin, Wasser und ca. 20 % Synthetiköl
- ☐ Kaltreiniger, Wasser, Öl und Alkohol

/1

8. Aufgabe

Punkte

Auf den Zeichnungen finden Sie im Schriftfeld folgendes Symbol:
Was bedeutet dieses?

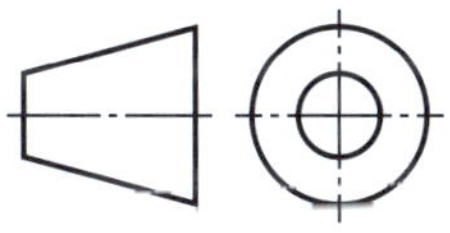

- ☐ Ein Kegelstumpf
- ☐ Projektionsmethode 1
- ☐ Oberflachenangabe
- ☐ Sinnbild für Schweißen
- ☐ Härteprüfungssymbol

/1

9. Aufgabe

Punkte

Welches Werkzeug benötigen Sie für das Festziehen von Pos. 10?

- ☐ Sechskantwinkelschraubendreher SW3
- ☐ Schlitzschraubendreher 0,8x8
- ☐ Schraubendreher mit Außenvielverzahnung
- ☐ Wasserpumpenzange
- ☐ Maulschlüssel SW13

/1

Punkte 5 bis 9: /6

10. Aufgabe

Punkte

Die persönliche Schutzausrüstung (PSA) ist ein elementarer Bestandteil Ihrer Arbeit.
Zählen Sie die vier wichtigsten Teile der PSA auf!

___

___

___

___

/4

11. Aufgabe

Punkte

In der Exzenterscheibe (Pos. 2) ist eine Bohrung ∅ 5H7 durch Reiben zu fertigen.
Welche Aussage über das Reiben ist richtig?

- ☐ Beim Reiben muss der Vorschub erhöht werden.
- ☐ Die Drehzahl beim Reiben soll das eineinhalbfache der Bohrerdrehzahl betragen.
- ☐ Die Reibzugabe muss umso größer sein, je kleiner der zu fertigende Bohrungsdurchmesser ist.
- ☐ Beim Reiben muss immer Schneidöl verwendet werden.
- ☐ Reiben ist eine Feinbearbeitung zur Herstellung von Bohrungspassmaßen.

/1

12. Aufgabe

Punkte

Welches Prüfmittel nehmen Sie zur Kontrolle der Reibung ∅ 5H7?

- ☐ Messschieber Form A
- ☐ Bügelmessschraube
- ☐ Grenzlehrdorn
- ☐ Parallelendmaß
- ☐ gehärteter Zylinderstift mit 60HRC

/1

13. Aufgabe

Punkte

Warum hat eine Reibahle eine ungleiche Teilung?

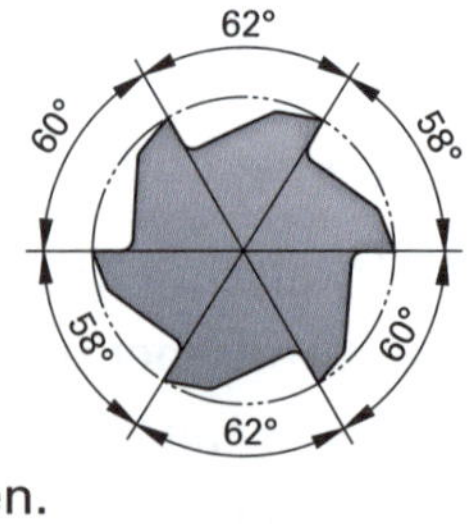

- ☐ Dies hängt von der Herstellungsfertigung ab.
- ☐ Dadurch kann die Reibahle besser in die Bohrung eingeführt werden.
- ☐ Dadurch wird der Spanwinkel zu einem negativen Spanwinkel.
- ☐ Dadurch wird die Oberflächengüte erhöht und Rattermarken vermieden.
- ☐ Durch eine ungleiche Teilung wird die Standzeit der Reibahle erhöht.

/1

Punkte 10 bis 13: /7

14. Aufgabe

Punkte

Unter welchem Prüfmittel steht die richtige Bezeichnung?

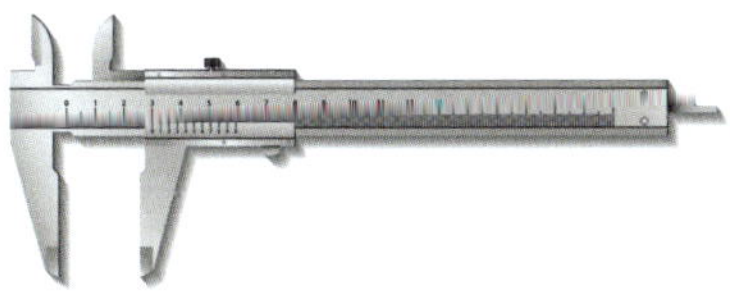	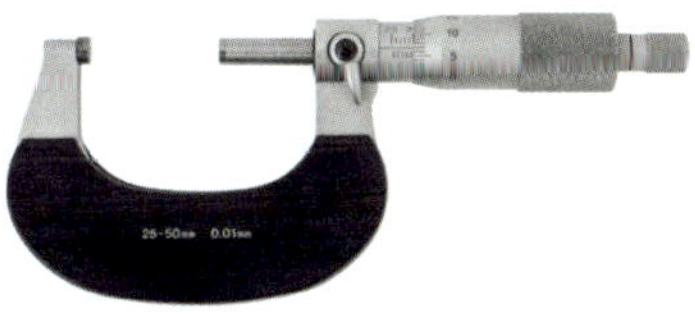	
Bügelmessschraube	Gewindelehre	Feinzeiger
☐	☐	☐

Grenzlehrdorn	Gewindelehre
☐	☐

/1

15. Aufgabe

Punkte

Welche Abmaße hat die Bohrung ∅ 20 in der Zylinderbefestigung (Pos. 3)?

☐ +/– 0,1 mm
☐ +/– 0,2 mm
☐ +/– 0,3 mm
☐ 20,2/19,8 mm
☐ 19,8/19,5 mm

/1

16. Aufgabe

Punkte

Bei der Fertigung der Einzelteile der Baugruppe können Sie als Schneidstoff auch Hartmetall einsetzen. Was versteht man unter Hartmetall?

☐ Eine Mischung aus Metallkarbiden und meist Kobalt als Bindemittel.
☐ Ein besonders hartes Metall aus Wolframlegierung.
☐ Ein härtbarer Stahl.
☐ Ein in Öl gehärtetes Metall.
☐ Alle Metalle, die eine Härte von mindestens 56 HRC aufweisen.

/1

17. Aufgabe

Punkte

Die Kolbenstange des Zylinders (Pos. 17) besteht aus einem 34CrAlNi7-10. Zu welcher Stahlgruppe gehört dieser?

☐ Warm gewalzte Federstähle
☐ Maschinenbaustähle
☐ Werkzeugstähle
☐ Nitrierstählen
☐ Automatenstählen

/1

Punkte 14 bis 16: /4

18. Aufgabe

Punkte

Die Kugelzuführung (Pos. 7) könnte auch aus Kunststoff gefertigt werden.
In welche drei Gruppen werden Kunststoffe unterteilt?

____

____

____

/3

19. Aufgabe

Punkte

Welche besonderen Eigenschaften weisen im Besonderen Thermoplaste auf?

- ☐ Sie sind schwer zerspanbar.
- ☐ Sie korrodieren leicht.
- ☐ Die Zugfestigkeit von Kunststoffen liegt meist über der von Aluminium.
- ☐ Sie lassen sich gut umformen.
- ☐ Als Gleitlagerbuchse sind sie so gut wie wartungsfrei.

/1

20. Aufgabe

Punkte

Skizzieren Sie den Schnitt durch die Zylinderbefestigung (Pos. 3) ohne Bemaßung.
(Hinweis: Alle Bohrungen und Gewinde sollen sichtbar sein!)

/5

21. Aufgabe

Punkte

Die Rohraufnahme (Pos. 6) soll auf einer CNC-Werkzeugmaschine gefertigt werden.
Welches Bauelement besitzt eine konventionelle Werkzeugmaschine im Vergleich zu einer CNC-Werkzeugmaschine in der Regel **nicht**?

- ☐ Spielfreie Kugelumlaufspindel
- ☐ Antriebsmotor an der X-Achse
- ☐ Dateneingabe
- ☐ Gestell aus Grauguss
- ☐ Automatischen Vorschub

/1

Punkte 18 bis 21: /10

22. Aufgabe

Punkte

Ergänzen Sie den Arbeitsplan für die Rohraufnahme (Pos.6) (ohne Angabe der Werkzeuge).

Lfd. Nr.	Arbeitsschritt
10	Halbzeug 22x30x12 an der Hubbügelsäge sägen.
20	Auf Maß _____ fräsen.
30	Tisch auf _____ einstellen, Bohrung ∅ 12H7 anreißen, körnen, vorbohren ∅ 5.
40	Bohren mit _____ mm, Senken, Reiben auf ∅ 12H7.
50	Anreißen der M4 Gewinde, Bohren mit _______, Senken
60	Gewindeschneiden M4.
70	Fasen _________ anbringen.
80	Werkstück säubern.
90	_____________________________

/6

23. Aufgabe

Punkte

Was zeigt dieses Bild?

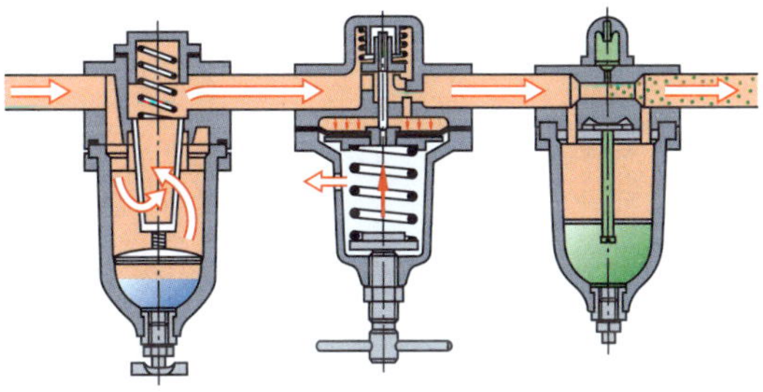

- ☐ Ein Absperrventil mit Öler
- ☐ Eine Wartungseinheit
- ☐ Einen Druckluftkühler
- ☐ Ein Dreistufenrückschlagventil
- ☐ Eine Trocknungseinheit

/1

24. Aufgabe

Punkte

Im untenstehenden Schaltplan soll der Zylinder von zwei Stellen aus (Hand oder Fuß) betätigt werden. Zeichnen Sie das fehlende Bauelement ein.

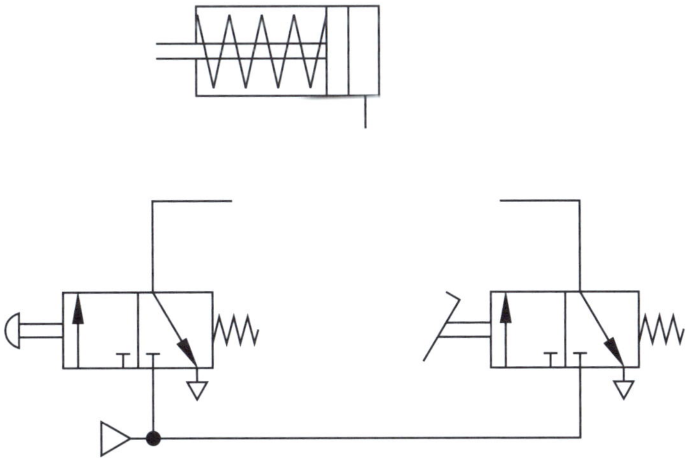

/3

25. Aufgabe

Punkte

Der Zylinder (Pos. 17) hat eine gedrosselte Ausfahrzeit von 2,5 s bei einem Kolbenhub von 75 mm. Mit welcher Geschwindigkeit *v* fährt die Kolbenstange aus?

- ☐ $v = 0{,}3$ m/s
- ☐ $v = 0{,}3$ cm/s
- ☐ $v = 0{,}03$ m/s
- ☐ $v = 3$ mm/min
- ☐ $v = 1500$ mm/min

/1

26. Aufgabe

Punkte

Mit welcher Kolbenkraft fährt der Zylinder (Pos. 17) bei einem Betriebsdruck von $p = 4$ bar aus, wenn der Kolbendurchmesser $d = 10$ mm beträgt?

- ☐ 12,3 N
- ☐ 31,4 N
- ☐ 51,2 N
- ☐ 62,8 N
- ☐ 124 N

/1

27. Aufgabe

Punkte

Bei der Prüfung der Baugruppe nach erfolgter Montage, stellen Sie fest, dass die Kolbenstange des Zylinders (Pos. 17) nicht einfährt, obwohl ein Betriebsdruck $p = 4$ bar anliegt und die Verschlauchung keine Fehler aufweist.
Nennen Sie mindestens zwei Maßnahmen zur pneumatischen Fehlersuche!

/2

Punkte 25 bis 27: /4

28. Aufgabe

Punkte

Berechnen Sie die Gesamtmasse der Grundplatte (Pos. 1)
(ohne Bohrungen/Gewinde/Ausfräsungen).

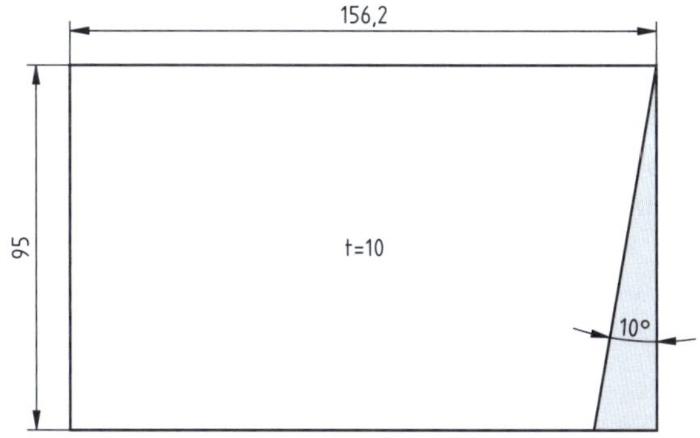

/6

29. Aufgabe

Punkte

Welche Aussage über das Bauelement (Pos. 9) ist richtig?

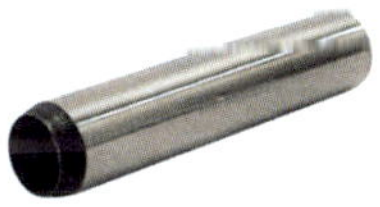

☐ Die Aufnahmebohrung muss nicht ausgerieben werden.
☐ Nach dem Herausschlagen aus einem Werkstück kann es nicht mehr wiederverwendet werden.
☐ Die Aufnahmebohrung muss mit einer Kegelreibahle aufgerieben werden.
☐ Dieses Maschinenelement gibt es nur in gehärteter und geschliffener Ausführung.
☐ Dieses Maschinenelement wird bei hohen Ansprüchen an die Genauigkeit verwendet.

/1

30. Aufgabe

Punkte

Welche Einheit und welches Formelzeichen ist für den elektrischen Widerstand festgelegt?

☐ Einheit: Ohm (Ω): Formelzeichen: *U*
☐ Einheit: Ampere (A): Formelzeichen: *I*
☐ Einheit: Ohm (Ω): Formelzeichen: *R*
☐ Einheit: Ohm (Ω): Formelzeichen: *I*
☐ Einheit: Volt (V): Formelzeichen: *U*

/1

31. Aufgabe

Punkte

Auf dem Leistungsschild eines Härteheizofens, der für die Härtung der Kugeln zur Verfügung steht, stehen folgende Angaben: $U = 240\,V$, $I = 15\,A$.

a) Berechnen Sie die elektrische Heizleistung des Ofens.

b) Der Wirkungsgrad des Heizofens beträgt 87 %. Wieviel Leistung muss zugeführt werden, damit der Heizofen, die Leistung aus a) erzielt?

/4

32. Aufgabe

Punkte

Eine Nachkalkulation der Fertigung der Baugruppe hat ergeben, dass die veranschlagte Summe von 535 € um 4 % niedriger angesetzt werden kann.
Welcher Betrag (in €/Baugruppe) ergibt sich nun?

- ☐ 459,22 €
- ☐ 513,60 €
- ☐ 514,42 €
- ☐ 524,58 €
- ☐ 529,99 €

/1

33. Aufgabe

Punkte

Was gehört zu einem ergonomisch gestalteten Montagearbeitsplatz?

- ☐ Ein gemütlicher Aufenthaltsraum.
- ☐ Ein an die Körpergröße angepasster Arbeitsplatz.
- ☐ Eine übertarifliche Bezahlung.
- ☐ Eine Erste-Hilfe-Ausstattung am Arbeitsplatz.
- ☐ Die Verwendung von Normmaschinenbauteilen.

/1

34. Aufgabe

Punkte

Im Umgang mit Gefahrstoffen ist Hautkontakt unbedingt zu vermeiden. Mit welchem Gefahrensymbol sind Stoffe der Kategorie „Gesundheitsschädlich" gekennzeichnet?

☐	☐	☐	☐	☐

/1

Punkte 31 bis 34: /7

35. Aufgabe

Punkte

Welche Hilfeleistungen muss ein Ersthelfer bei Erreichen eines Unfallortes **mindestens** leisten?

- ☐ „Mund zu Mund"-Beatmung.
- ☐ Die Personalien des Unfallopfers notieren.
- ☐ Sofort einen Feuerlöscher organisieren.
- ☐ Sofort einen Notruf absetzen.
- ☐ Nur ausgebildete Rettungskräfte müssen Hilfe leisten.

/1

Notizen

Punkte 35: **/1**

Notizen

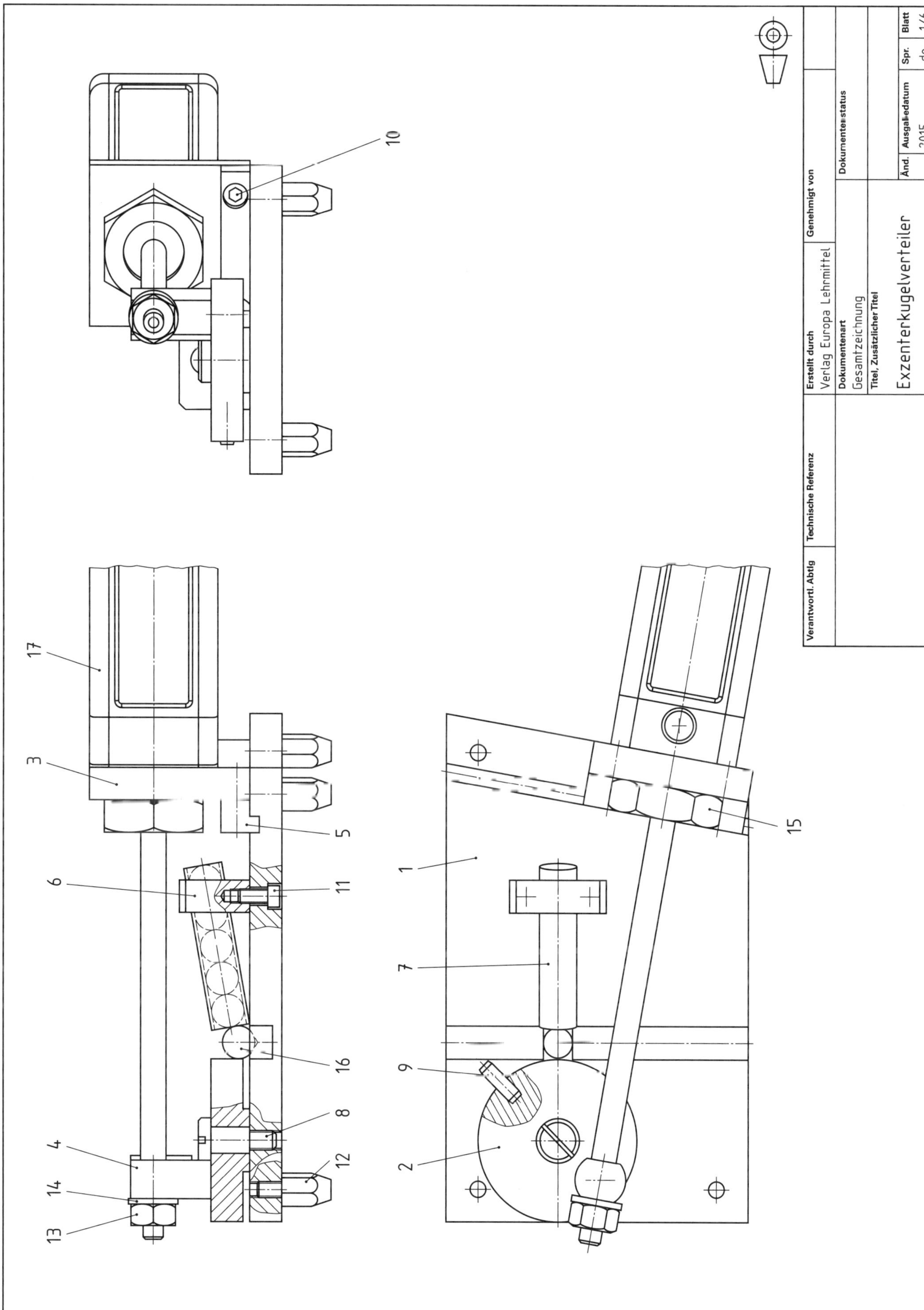
10
17
3
5
6
11
1
7
16
9
8
4
12
14
2
13
15
Verantwortl. Abtlg
Technische Referenz
Erstellt durch
Verlag Europa Lehrmittel
Genehmigt von
Dokumentenart
Gesamtzeichnung
Dokumentenstatus
Titel, Zusätzlicher Titel
Exzenterkugelverteiler
Änd.
Ausgabedatum
2015
Spr.
de
Blatt
1/6

Pos.-Nr.	Stück	Benennung	Sachnr./Norm/Kurzbezeichnung	Werkstoff	Bemerkung
17	1	Zylinder			
16	x	Werkstücke	Kugeln ∅ 10	100Cr6	
15	1	Mutter	ISO 8675 – M24x1,5 – 04		
14	1	Scheibe	ISO 7090 – 8 – 150HV		
13	1	Mutter	ISO 4032 – M8 – 8		
12	4	Fuß	DIN 6320 – 20xM5	St	
11	2	Zylinderschraube	ISO 4762 – M4x12 – 8.8		
10	2	Zylinderschraube	ISO 4762 – M5x16 – 8.8	St	
9	1	Zylinderstift	ISO 2338 – 5m6x15	St	
8	1	Flachkopfschraube	DIN 923 – M6x10 – 5.8		
7	1	Kugelzuführung	DIN EN 10305 – 10,5x1	+C	
6	1	Rohraufnahme		S235JR	
5	1	Schiebestück		CuZn31Si	
4	1	Exzentergelenk		S235JR	
3	1	Zylinderbefestigung		S235JR	
2	1	Exzenterscheibe		S235JR	
1	1	Grundplatte		S235JR	

Verantwortl. Abtlg.	Technische Referenz	Erstellt durch	Genehmigt von
		Verlag Europa Lehrmittel	
		Dokumentenart: Stückliste	Dokumentenstatus
		Titel, Zusätzlicher Titel: Exzenterkugelverteiler	Änd.: – ; Ausgabedatum: 2015 ; Spr.: de ; Blatt: 2/6

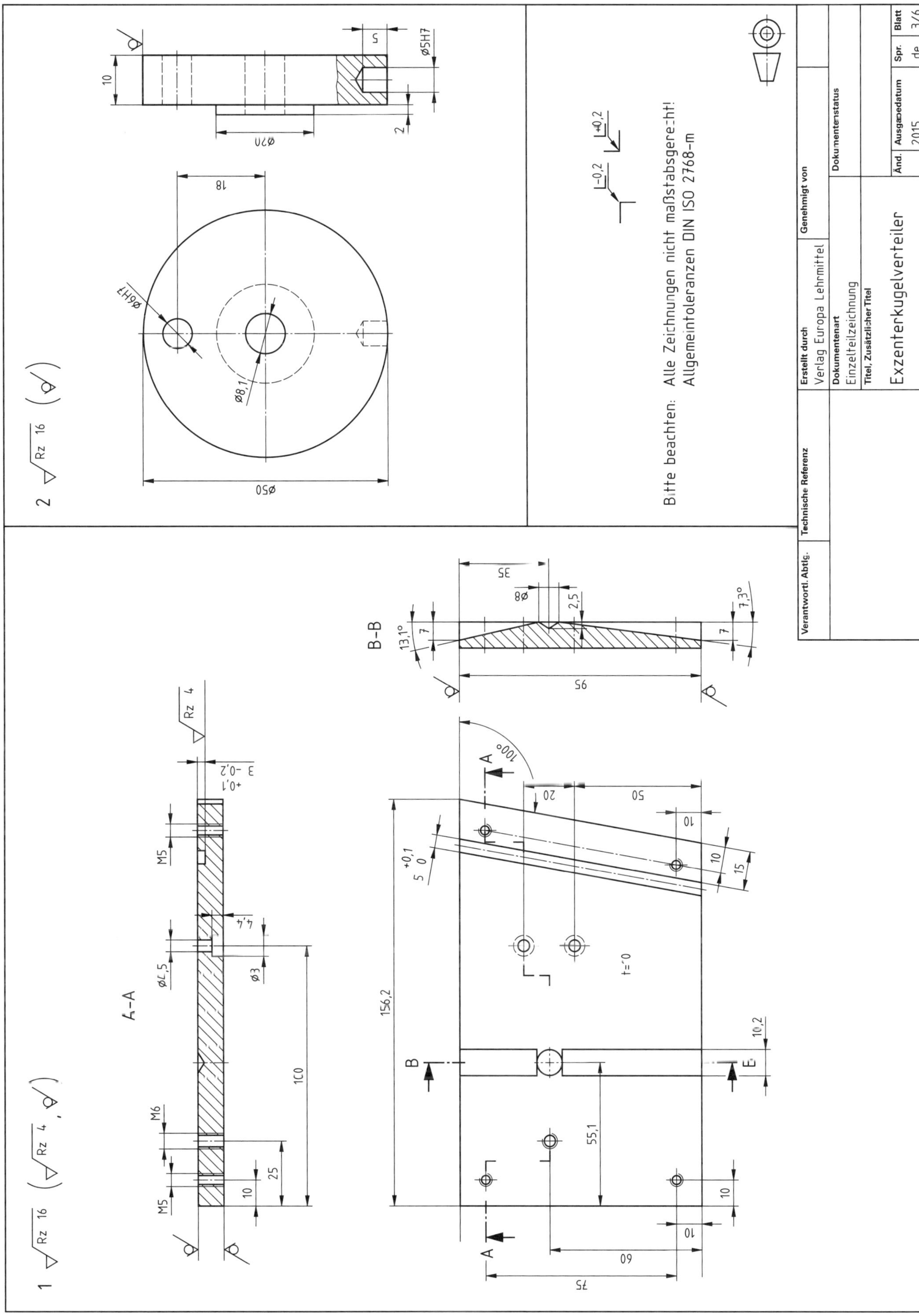
1
A-A
B-B
2
Bitte beachten: Alle Zeichnungen nicht maßstabsgerecht!
Allgemeintoleranzen DIN ISO 2768-m
Verantwortl. Abtlg.
Technische Referenz
Erstellt durch
Verlag Europa Lehrmittel
Genehmigt von
Dokumentenart
Einzelteilzeichnung
Dokumentenstatus
Titel, Zusätzlicher Titel
Exzenterkugelverteiler
Änd.
Ausgabedatum
2015
Spr.
de
Blatt
3/6

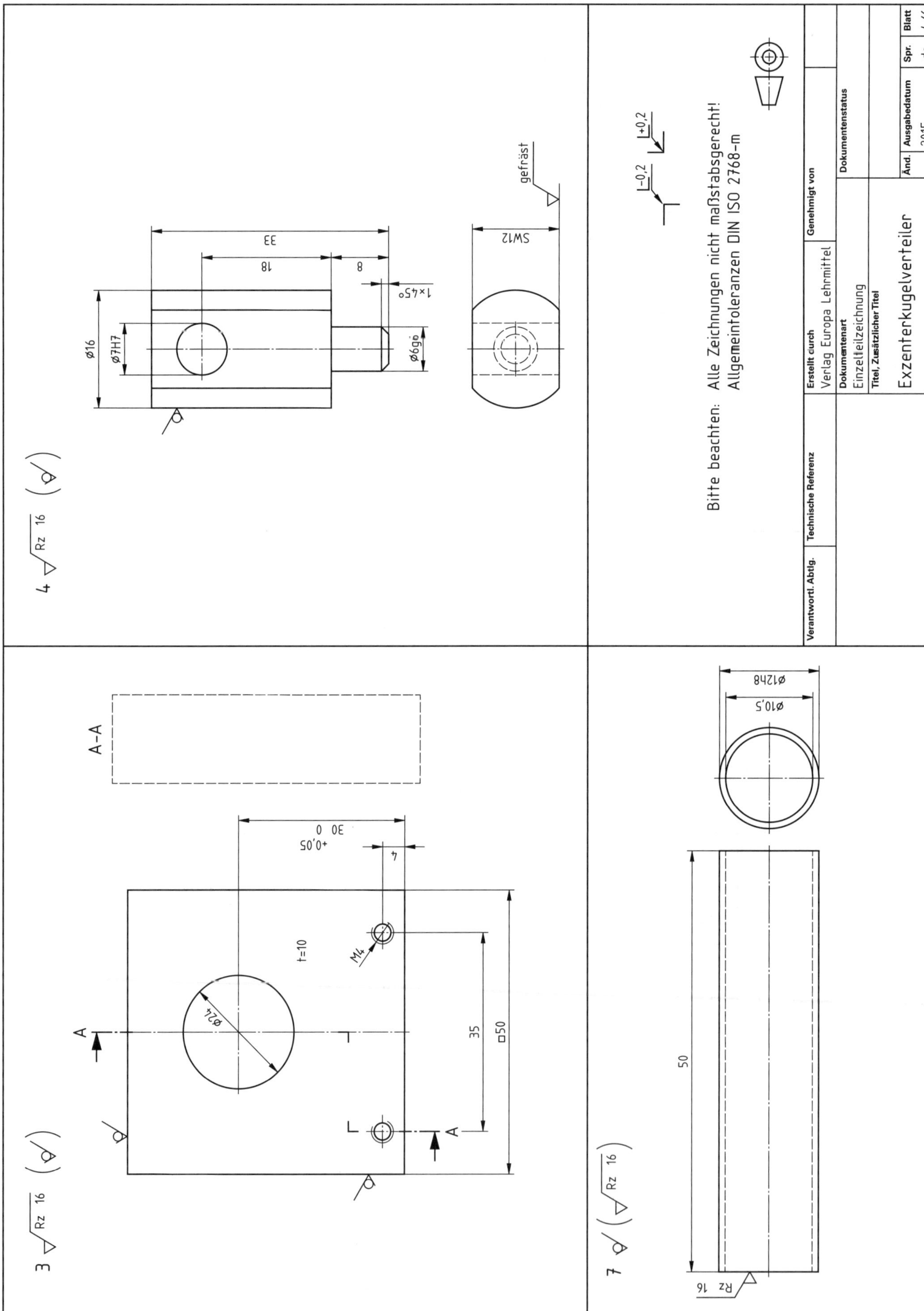
3 Rz 16
A–A
A
Ø24
t=10
M4
35
□50
30 +0,05 0
4
4 Rz 16
Ø16
Ø7H7
Ø6g6
33
18
8
1×45°
SW12
gefräst
7 Rz 16
Rz 16
50
Ø12h8
Ø10,5
-0,2
+0,2
Bitte beachten: Alle Zeichnungen nicht maßstabsgerecht!
Allgemeintoleranzen DIN ISO 2768-m
Verantwortl. Abtlg.
Technische Referenz
Erstellt durch
Verlag Europa Lehrmittel
Genehmigt von
Dokumentenart
Einzelteilzeichnung
Dokumentenstatus
Titel, Zusätzlicher Titel
Exzenterkugelverteiler
Änd.
Ausgabedatum
2015
Spr.
de
Blatt
4/6

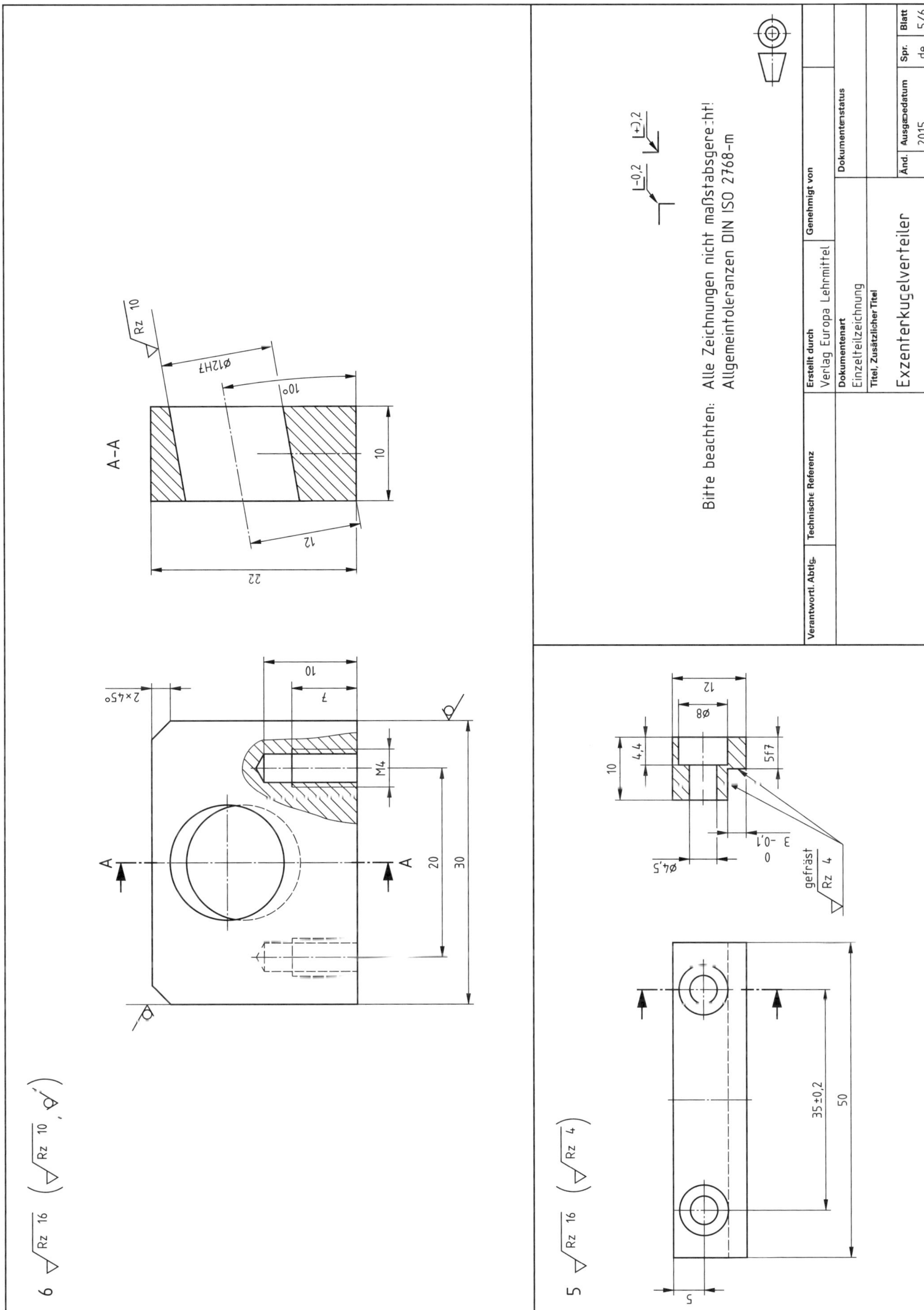
6
Rz 16
(Rz 10 ,)
A-A
Ø12H7
Rz 10
10°
10
12
22
2×45°
10
7
M4
A
A
20
30
5
Rz 16
(Rz 4)
12
Ø8
10
4,4
5f7
3 -0,1 0
Ø4,5
gefräst Rz 4
35±0,2
50
5
-0,2
+0,2
Bitte beachten: Alle Zeichnungen nicht maßstabsgerecht!
Allgemeintoleranzen DIN ISO 2768-m
Verantwortl. Abtlg.
Technische Referenz
Erstellt durch
Verlag Europa Lehrmittel
Genehmigt von
Dokumentenart
Einzelteilzeichnung
Dokumentenstatus
Titel, Zusätzlicher Titel
Exzenterkugelverteiler
Änd.
Ausgabedatum
2015
Spr.
de
Blatt
5/6

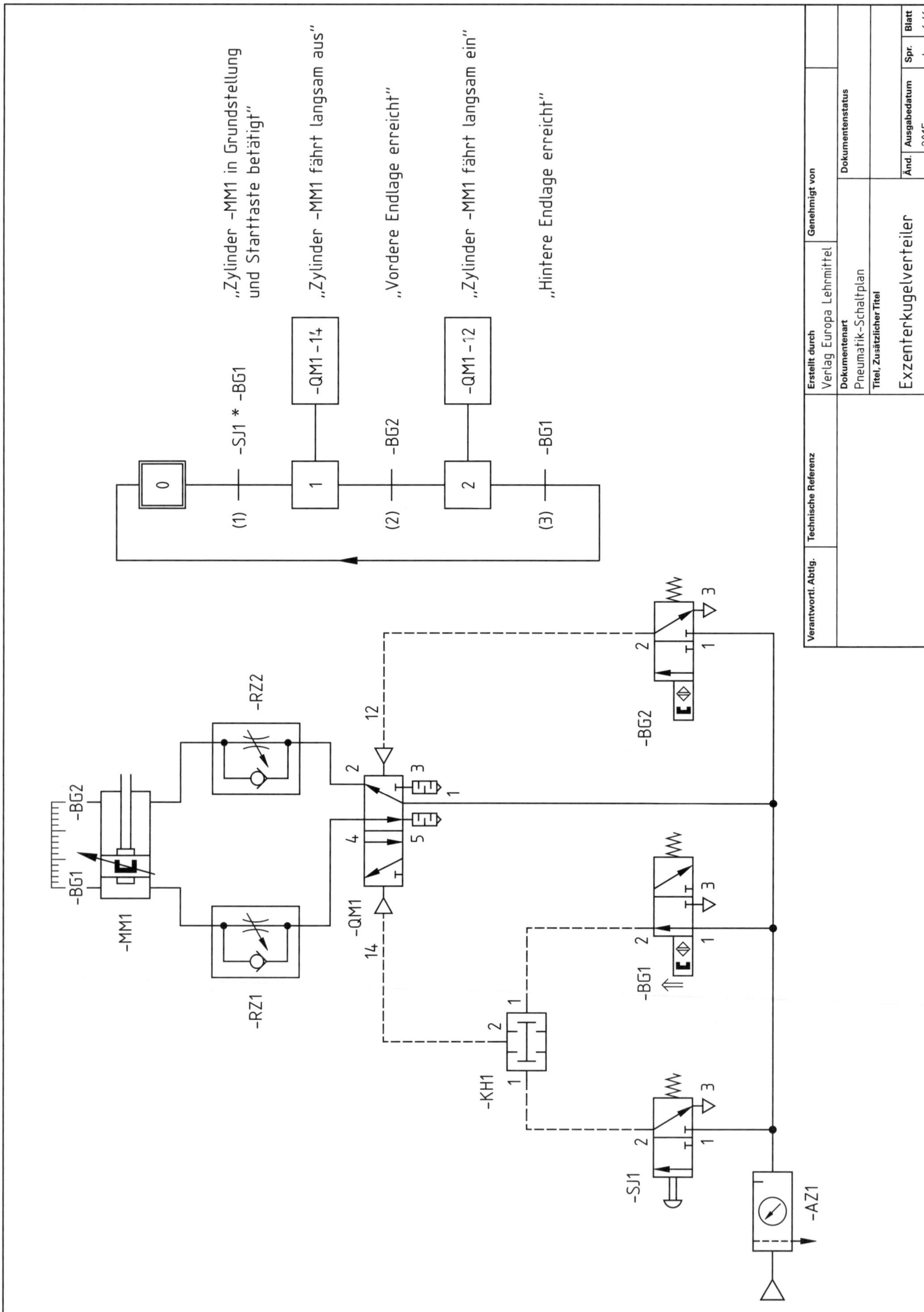
„Zylinder -MM1 in Grundstellung und Starttaste betätigt"
„Zylinder -MM1 fährt langsam aus"
„Vordere Endlage erreicht"
„Zylinder -MM1 fährt langsam ein"
„Hintere Endlage erreicht"
0
(1) -SJ1 * -BG1
1
-QM1-14
(2) -BG2
2
-QM1-12
(3) -BG1
-MM1
-BG1
-BG2
-RZ1
-RZ2
-QM1
14
12
2
4
1
3
5
-KH1
-SJ1
-BG1
-BG2
-AZ1
Verantwortl. Abtlg.
Technische Referenz
Erstellt durch
Verlag Europa Lehrmittel
Genehmigt von
Dokumentenart
Pneumatik-Schaltplan
Dokumentenstatus
Titel, Zusätzlicher Titel
Exzenterkugelverteiler
Änd.
Ausgabedatum
2015
Spr.
de
Blatt
6/6

Kugelsortierer

Name: ______________________ Datum: __________

Zeit: 90 Minuten

Arbeitsmittel: Tabellenbuch, TR, Zeichengeräte
6 offene Aufgaben
26 gebundene Aufgaben (nur eine Lösung ist richtig)

Punkteschlüssel:

49	–	42	=	Note 1
41	–	37	=	Note 2
36	–	30	=	Note 3
28	–	22	=	Note 4
21	–	13	=	Note 5
12	–	0	=	Note 6

Diese Baugruppe sortiert Kugeln mit unterschiedlichen Durchmessern.
Bearbeiten Sie die Aufgaben, wenn möglich in der richtigen Reihenfolge, und die offenen Fragen mit kurzen Sätzen.
Den Zeichensatz finden Sie im Anhang.

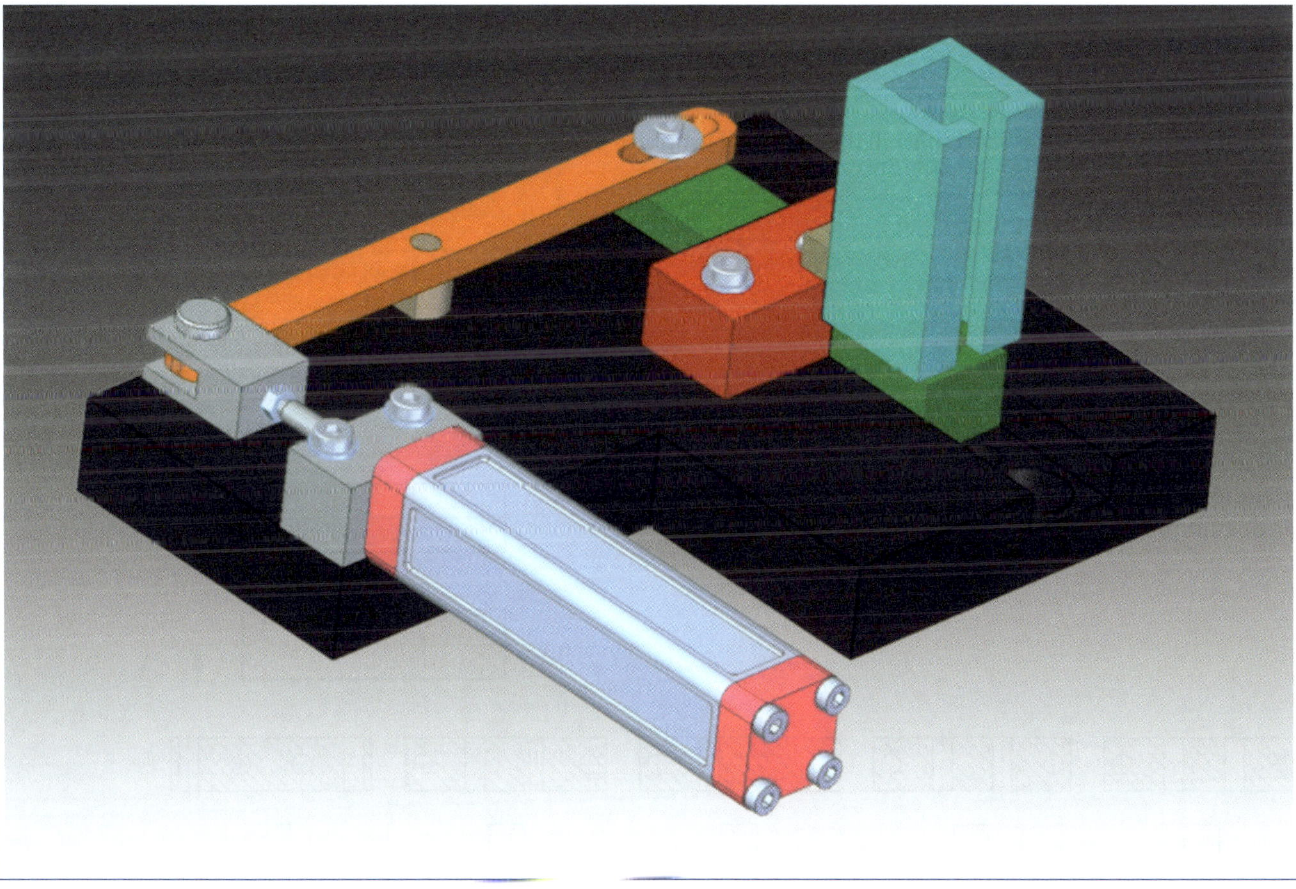

1. Aufgabe

Punkte

Erklären Sie die Funktion der Baugruppe.

____

____

____

____

/3

2. Aufgabe

Punkte

Welche Aussage über die Stückliste (Blatt 2/5) der Baugruppe ist richtig?

- ☐ Die Stückliste ersetzt den Montageplan.
- ☐ Normteile werden in einer Extra Tabelle aufgeführt.
- ☐ Alle verbauten Teile müssen enthalten sein.
- ☐ Die Werkstoffe der Bauteile müssen nicht verzeichnet werden.
- ☐ Die Mengenangaben der Bauteile erfolgt immer in Gramm.

/1

3. Aufgabe

Punkte

In der Stückliste wird unter anderem die Schraube ISO 4762 – M6x25 – 8.8 (Pos. 14) genannt. Worauf bezieht sich die Angabe ISO 4762?

- ☐ Gehärtet nach ISO 4762
- ☐ Mindeststreckgrenze der Schraube $R_M = 47{,}62 \frac{N}{mm^2}$
- ☐ Zylinderschraube mit Innensechskant und Regelgewinde
- ☐ Sechskantschraube mit großen Schlüsselweiten
- ☐ Zylinderschraube mit Innensechskant und Feingewinde

/1

4. Aufgabe

Punkte

Welche technische Zeichnung enthält alle für die Fertigung wichtigen Benennungen und Maße?

- ☐ Skizze
- ☐ Teilzeichnung
- ☐ Gesamtzeichnung
- ☐ Anordnungszeichnung
- ☐ Gruppenzeichnung

/1

5. Aufgabe

Punkte

In welcher Zeichnung ist der Schnitt A–A des Magazinhalters (Pos. 8) richtig dargestellt?

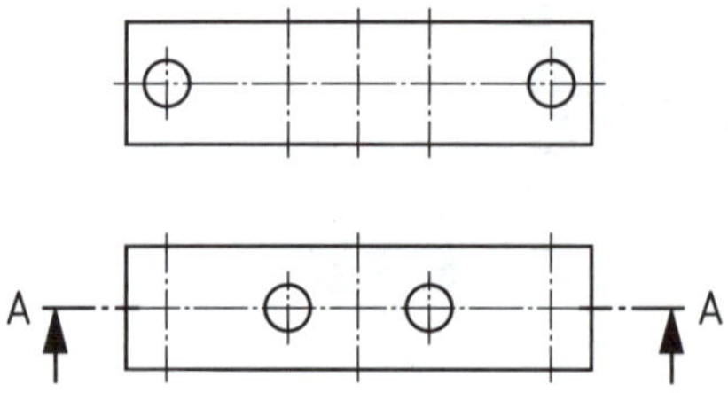

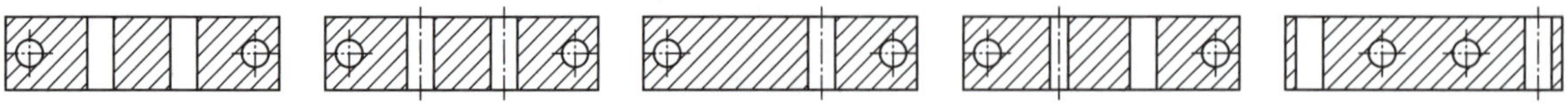

☐ ☐ ☐ ☐ ☐

/1

Punkte 1 bis 5: /7

6. Aufgabe

Punkte

In die Trägerplatte (Pos. 1) wird für das Gewinde mit einem HSS-Spiralbohrer ∅ 4,2 mm vorgebohrt. Welche Drehzahl n in $\frac{1}{\text{min}}$ stellen Sie ein, wenn die Schnittgeschwindigkeit $v_c = 14$ m/min beträgt?

- ☐ $n = 300 \frac{1}{\text{min}}$
- ☐ $n = 100 \frac{1}{\text{min}}$
- ☐ $n = 2000 \frac{1}{\text{min}}$
- ☐ $n = 900 \frac{1}{\text{min}}$
- ☐ $n = 1100 \frac{1}{\text{min}}$

/3

7. Aufgabe

Punkte

Welches der aufgeführten Bauteile wird aus warmgewalztem Einsatzstahl hergestellt?

- ☐ Trägerplatte (Pos. 1)
- ☐ Schieber (Pos. 3)
- ☐ Magazin (Pos. 9)
- ☐ Zylinderhalter (Pos. 5)
- ☐ Drehstift (Pos. 4)

/1

8. Aufgabe

Punkte

Wie werden Stähle **nicht** eingeteilt?

- ☐ Nach dem Sauerstoffgehalt
- ☐ Nach dem Verwendungszweck
- ☐ Nach Werkstoffnummern
- ☐ Nach der chemischen Zusammensetzung
- ☐ In legierte und unlegierte Stähle

/1

9. Aufgabe

Punkte

Um eine glatte Oberfläche der Bohrung ∅ 10 der Pendelstange (Pos. 6) zu erhalten, muss eine Reibahle verwendet werden. Geben Sie den Ablauf beim Herstellen der Bohrung ∅ 10H7 an.

- ☐ Körnen, Anreißen, Bohren, Anreißen, Senken
- ☐ Anreißen, Bohren, Körnen, Senken, Reiben
- ☐ Bohren, Anreißen, Körnen, Senken, Reiben
- ☐ Anreißen, Körnen, Bohren, Senken, Reiben
- ☐ Senken, Reiben, Körnen, Anreißen, Bohren

/1

Punkte 6 bis 9: /6

10. Aufgabe

Zum Reiben der Bohrung ∅ 10 der Pendelstange (Pos. 6) kommt eine Reibahle zum Einsatz. Welche Aussage bezüglich dieses Werkzeugs ist richtig?

- ☐ Die Schnittgeschwindigkeit beim Reiben ist doppelt so groß wie beim Bohren.
- ☐ Die Bearbeitungszugabe beträgt mindestens 1 mm.
- ☐ Reibahlen werden meist mit einer ungeraden Zähnezahl ausgeführt.
- ☐ Reibahlen werden nur geradegenutet ausgeführt.
- ☐ Sie besitzen eine ungleiche Zahnteilung.

Punkte /1

11. Aufgabe

Welches Werkstück wurde zum Fräsen richtig eingespannt?

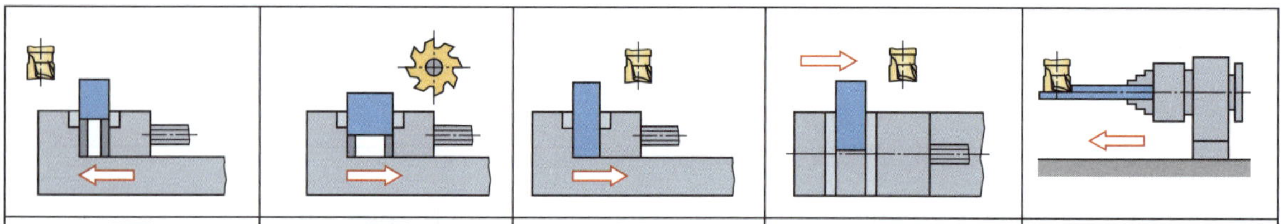

☐	☐	☐	☐	☐

Punkte /1

12. Aufgabe

Die Klaue (Pos. 7) soll durch maschinelles Sägen abgelängt werden. Welche Aussage ist richtig?

- ☐ Für hoch zugfeste Stähle wird eine feine Zahnteilung (32 Zähne je Inch) verwendet.
- ☐ Bei einem maschinellen Ablängen muss sich das Sägeblatt nicht freischneiden.
- ☐ Kreissägemaschinen werden für große Durchmesser ab 200 mm verwendet.
- ☐ Bei Bandsägen wird ein glatter Schnitt bei großen Durchmessern durch ein dünnes Sägeblatt erreicht.
- ☐ Bügelsägemaschinen sind erst ab großen Stückzahlen rentabel.

Punkte /1

13. Aufgabe

Welcher Bohrungsdurchmesser muss zur Herstellung des Regelgewindes M8 in der Trägerplatte (Pos. 1) verwendet werden?

- ☐ ∅ 8 mm
- ☐ ∅ 6,8 mm
- ☐ ∅ 7 mm
- ☐ ∅ 6,5 mm
- ☐ ∅ 7,9 mm

Punkte /1

Punkte 10 bis 13: /4

14. Aufgabe

Punkte

Die Bohrung ∅ 12H7 wird auf Toleranz überprüft. Welches Toleranzfeld ist richtig?

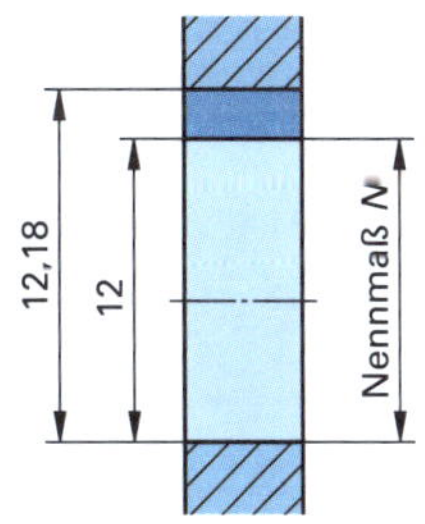	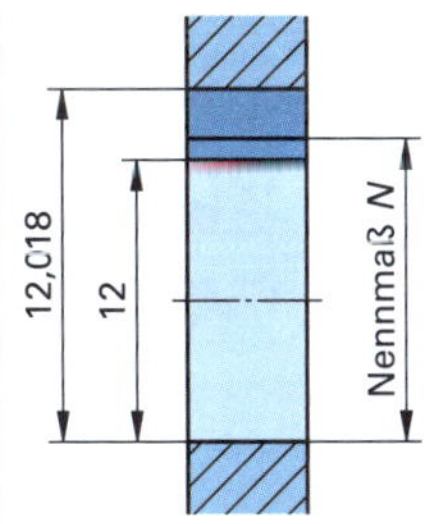	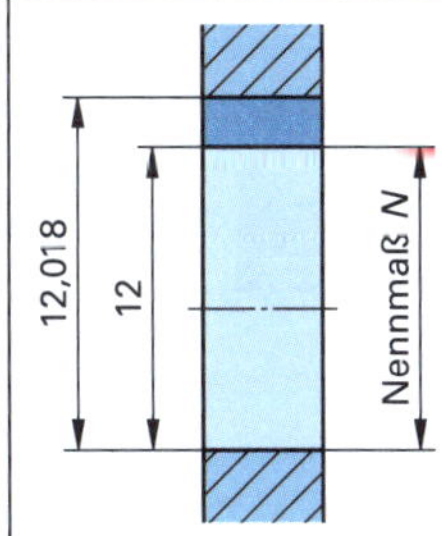	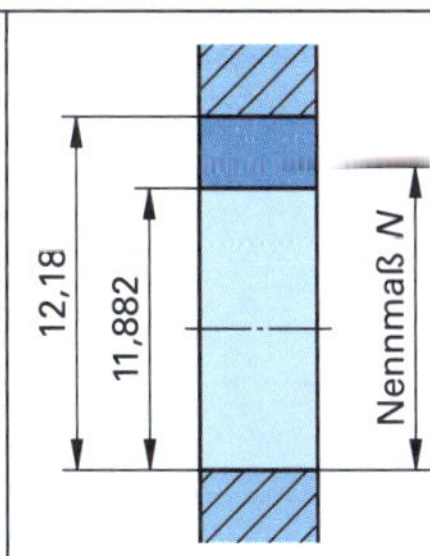	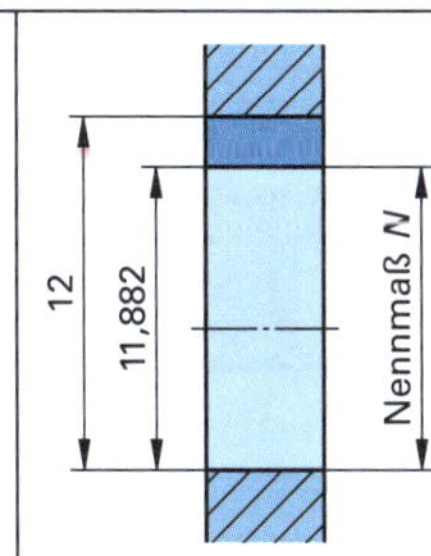
☐	☐	☐	☐	☐

/1

15. Aufgabe

Punkte

Auf der Zeichnung ist die Angabe ISO 2768-m zu finden. Welche Aussage ist richtig?

- ☐ Diese Angabe bezieht sich auf die Allgemeintoleranzen für Form und Lage.
- ☐ Für alle Maße in der Zeichnung gelten diese Allgemeintoleranzen für Längenmaße.
- ☐ Mit dieser Angabe wird die zulässige Rauigkeit des Bauteils benannt.
- ☐ Soweit nichts anderes angegeben, ist jeder Werkstoff laut dieser Aussage aus Automatenstahl.
- ☐ Soweit nicht anders angegeben, gelten für die Längen- und Winkelmaße sowie Radien die Allgemeintoleranzen.

/1

16. Aufgabe

Punkte

Nach der Fertigung werden die Bauteile mit Messwerkzeugen und Lehren geprüft. Welcher Name ist richtig zugeordnet?

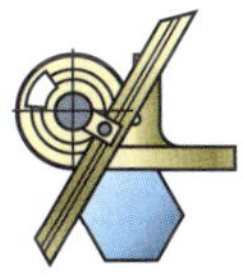		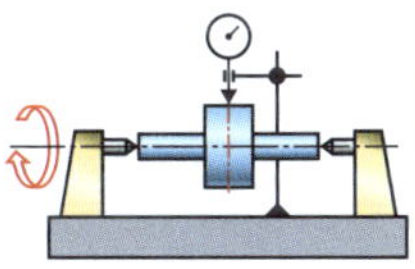		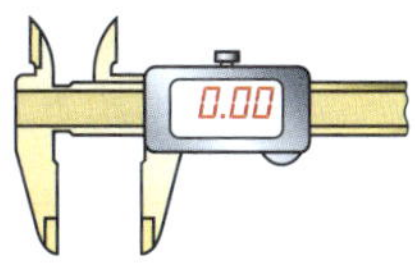
Winkellehre	Haarlineal	Zentrierdorn	Messschieber	Grenzlehrdorn
☐	☐	☐	☐	☐

/1

17. Aufgabe

Punkte

Welches Sinnbild passt zur richtig tolerierten Eigenschaft?

//	⊥	∠	⌯	◎
Rundlauf	Parallelität	Ebenheit	Symmetrie	Rundheit
☐	☐	☐	☐	☐

/1

Punkte 14 bis 17: /4

18. Aufgabe

Punkte

In welcher Zeile sind nur lösbare Fügeverfahren dargestellt?

☐	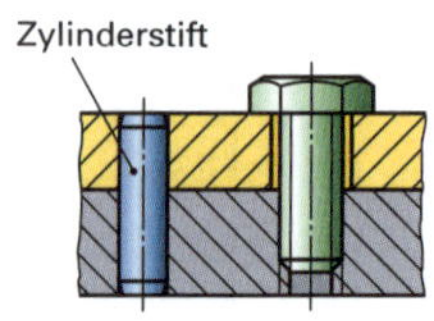		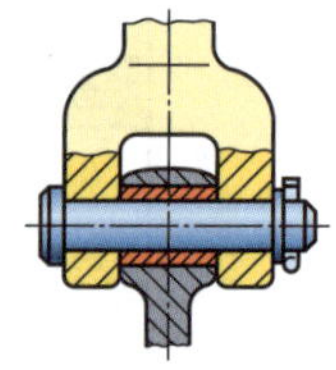
☐	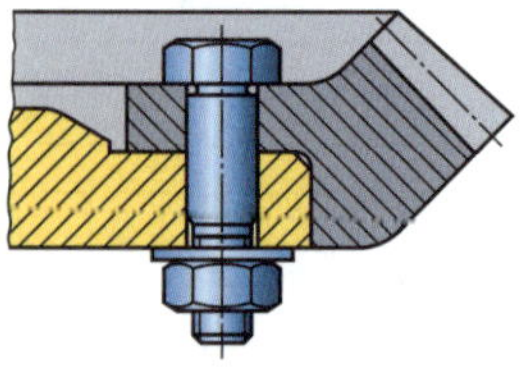	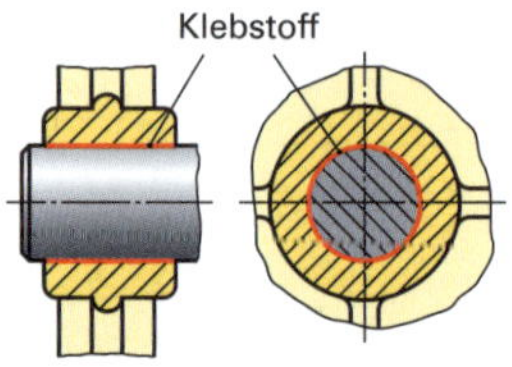	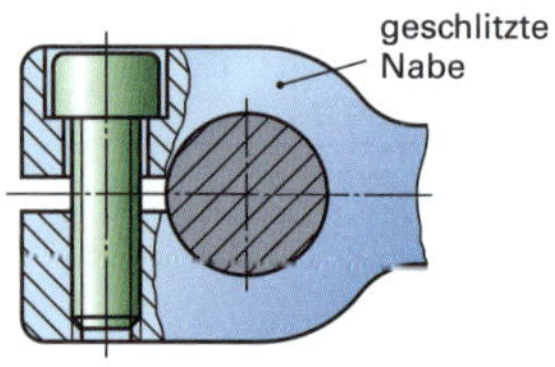
☐	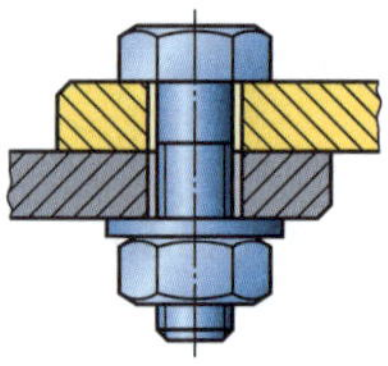	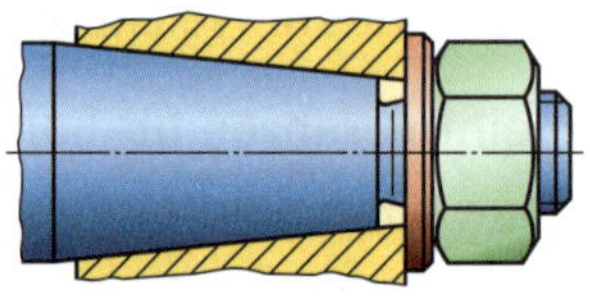	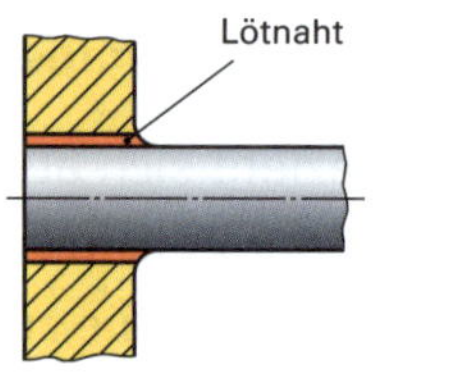
☐	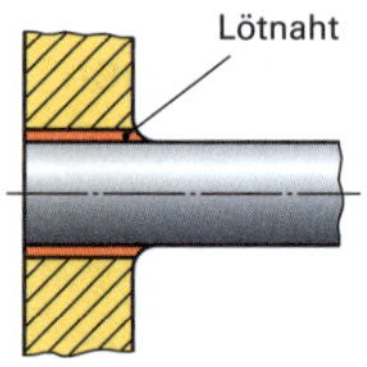		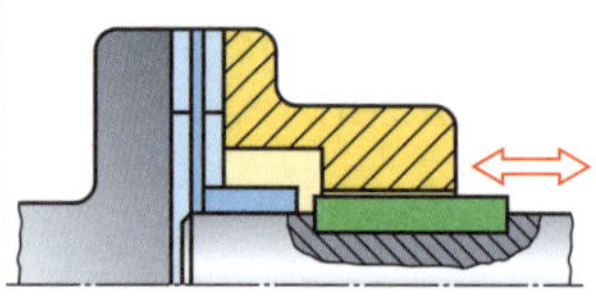
☐	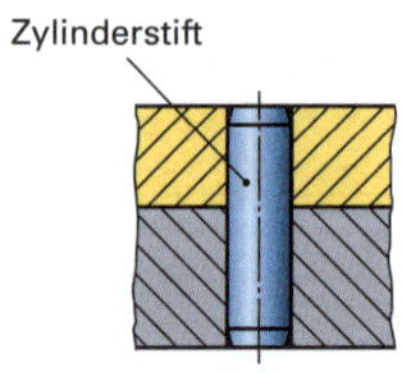	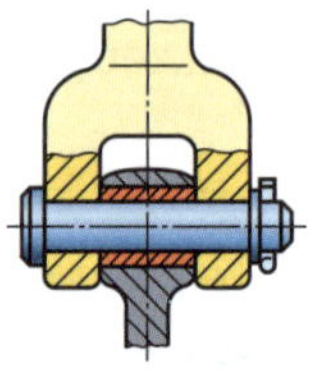	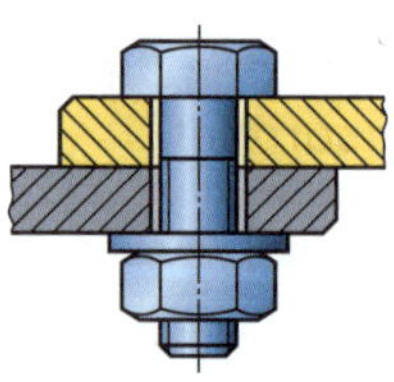

/1

19. Aufgabe

Punkte

Neben dem in der Baugruppe verbauten Gleitlager (Pos. 11) gibt es noch Wälzlager.
Welches Wälzlager ist richtig zugeordnet?

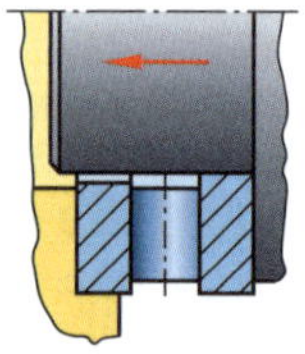	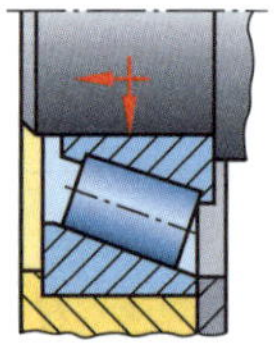	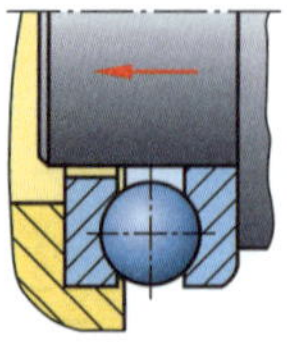	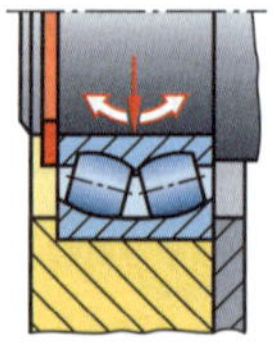	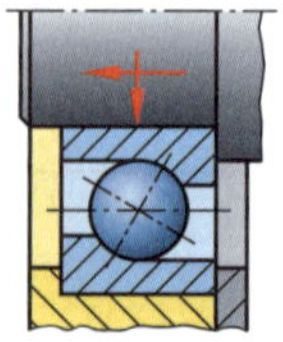
Radial-Nadellager	Axial-Tonnenlager	Radial-Rillenkugellager	Pendel-Rollenlager	Zylinder-Rollenlager
☐	☐	☐	☐	☐

/1

Punkte 18 bis 19: /2

20. Aufgabe

Punkte

Der Schieber (Pos. 3) klemmt. Welche Kraft (in N) wirkt deshalb auf die Schraube (Pos. 14), wenn auf den Kolben eine Kraft von $F_1 =$ 200 N wirken? Der Abstand vom Klauenbolzen (Pos. 10) zum Drehstift (Pos. 4) beträgt $l_1 =$ 100 mm, der Abstand vom Drehstift zur Schraube $l_2 =$ 120 mm.

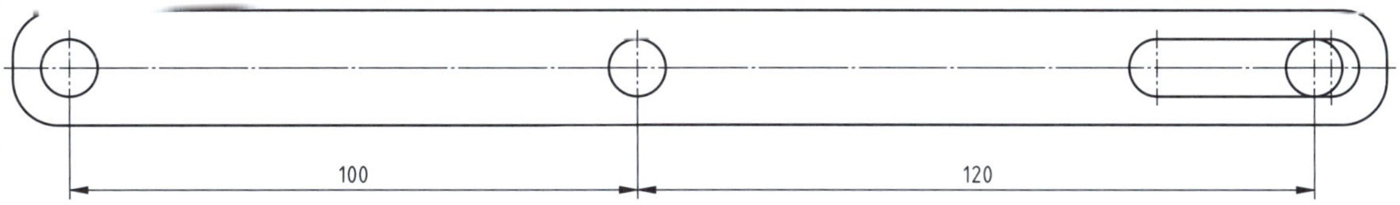

/5

21. Aufgabe

Punkte

Warum sollte es vermieden werden, dass Wasser zwischen der Pendelstange (Pos. 6) und dem Gleitstück kommt?

- ☐ Wasser würde das Gleitstück sofort auflösen.
- ☐ Dadurch käme es zum Austritt einer ätzenden Lösung.
- ☐ Es muss nicht vermieden werden.
- ☐ Durch das Wasser würde es zu Kontaktkorrosion kommen.
- ☐ Wasser würde die Gleiteigenschaft zu stark verbessern.

/1

22. Aufgabe

Punkte

Welche Aussage über die Wartung ist richtig?

- ☐ Die Wartung findet immer nach einem Schaden statt.
- ☐ Ohne Wartung können größere Nutzungsdauern erreicht werden als mit.
- ☐ Übliche Wartungsarbeiten sind unter anderem Reinigen, Schmieren und Konservieren.
- ☐ Drehmaschinen müssen im Gegensatz zu Fräsmaschinen öfter gewartet werden.
- ☐ Wartungsarbeiten dürfen nicht protokolliert werden.

/1

23. Aufgabe

Punkte

Unter welchen Umständen besteht akute Gefahr für die Umwelt?

- ☐ Ein Automatenstahl beginnt im Lager zu korrodieren.
- ☐ Ein Druckluftschlauch ist gerissen.
- ☐ Späne und Werkzeugschneiden werden gemeinsam entsorgt.
- ☐ Ein Fenster ist dauerhaft gekippt.
- ☐ 50 l Altöl laufen in die Kanalisation.

/1

Punkte 20 bis 23: /8

24. Aufgabe

Punkte

In dieser Baugruppe treten verschiedene Beanspruchungsarten auf. Nennen Sie zwei davon.

/2

25. Aufgabe

Punkte

Berechnen Sie die Masse (in g) des Gleitstücks (Pos. 11), wenn das Material eine Dichte von $\rho = 8{,}4\ \frac{kg}{dm^3}$ hat.

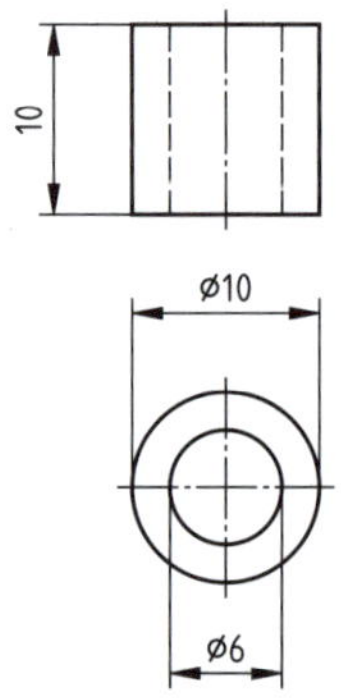

/4

26. Aufgabe

Punkte

Um welches Ventil handelt es sich bei der nachfolgenden Zeichnung?

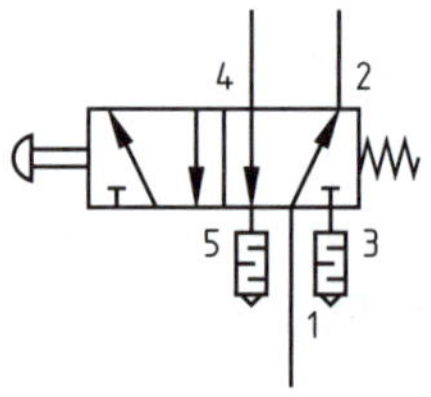

- ☐ 2/2-Wegeventil, druckknopfbetätigt, mit Rückstellfeder
- ☐ 3/2-Wegeventil, hebelbetätigt, mit Raste
- ☐ 5/2-Wegeventil, hebelbetätigt
- ☐ 5/3-Wegeventil, beidseitig druckbetätigt, mit Raste
- ☐ 5/2-Wegeventil, druckknopfbetätigt, mit Rückstellfeder

/1

27. Aufgabe

Punkte

Welche Aussage bezüglich des Pneumatikschaltplans ist richtig?
Die Kolbenstange fährt zurück, wenn ...

- ☐ keines der drei 3/2-Wegeventile –BG3, –BG4 und –BG5 gleichzeitig betätigt sind.
- ☐ die beiden 3/2-Wegeventile –SJ1 und –BG1 gleichzeitig betätigt sind.
- ☐ die beiden 3/2-Wegeventile –SJ1 und –BG2 gleichzeitig betätigt sind.
- ☐ das Wegeventil –SJ1 betätigt ist.
- ☐ eines der 3/2-Wegeventile –BG3, –BG4 oder –BG5 betätigt wird.

/1

28. Aufgabe

Punkte

Welches Wegeventil gibt das Signal, dass das Magazin leer ist?

- ☐ –SJ1
- ☐ –BG1
- ☐ –BG2
- ☐ –BG3
- ☐ –BG4

/1

Punkte 24 bis 28: /9

29. Aufgabe

Punkte

Wie lange braucht die Zylinderstange für eine Strecke von $s = 15$ cm und einer Durchschnittgeschwindigkeit von $v_k = 0{,}075\ \frac{\text{m}}{\text{s}}$?

/3

30. Aufgabe

Punkte

Geben Sie die richtige Reihenfolge der Bauteile einer Pneumatikanlage an.

- ☐ Verdichter, Druckluftbehälter, Filter, Regelventil, Öler
- ☐ Öler, Verdichter, Filter, Druckluftbehälter, Filter
- ☐ Druckluftbehälter, Filter, Öler, Verdichter, Filter
- ☐ Filter, Öler, Druckluftbehälter, Regelventil, Verdichter
- ☐ Öler, Druckluftbehälter, Verdichter, Filter, Regelventil

/1

31. Aufgabe

Punkte

Durch einen anderen Zulieferer können 3 % beim Einkauf eines Sensors gespart werden. Wieviel Geld wird gespart, wenn das Bauteil 33,55 € kostet?

/4

32. Aufgabe

Punkte

Die Pneumatikanlage hängt am Stromnetz. Welches Bauteil ist **keine** Schutzmaßnahme?

- ☐ FI-Schalter
- ☐ Schutztrennung
- ☐ Isolierung
- ☐ Widerstand
- ☐ Rundsteckverbindung nach CEE-Norm

/1

Notizen

Punkte 29 bis 32: /9

Notizen

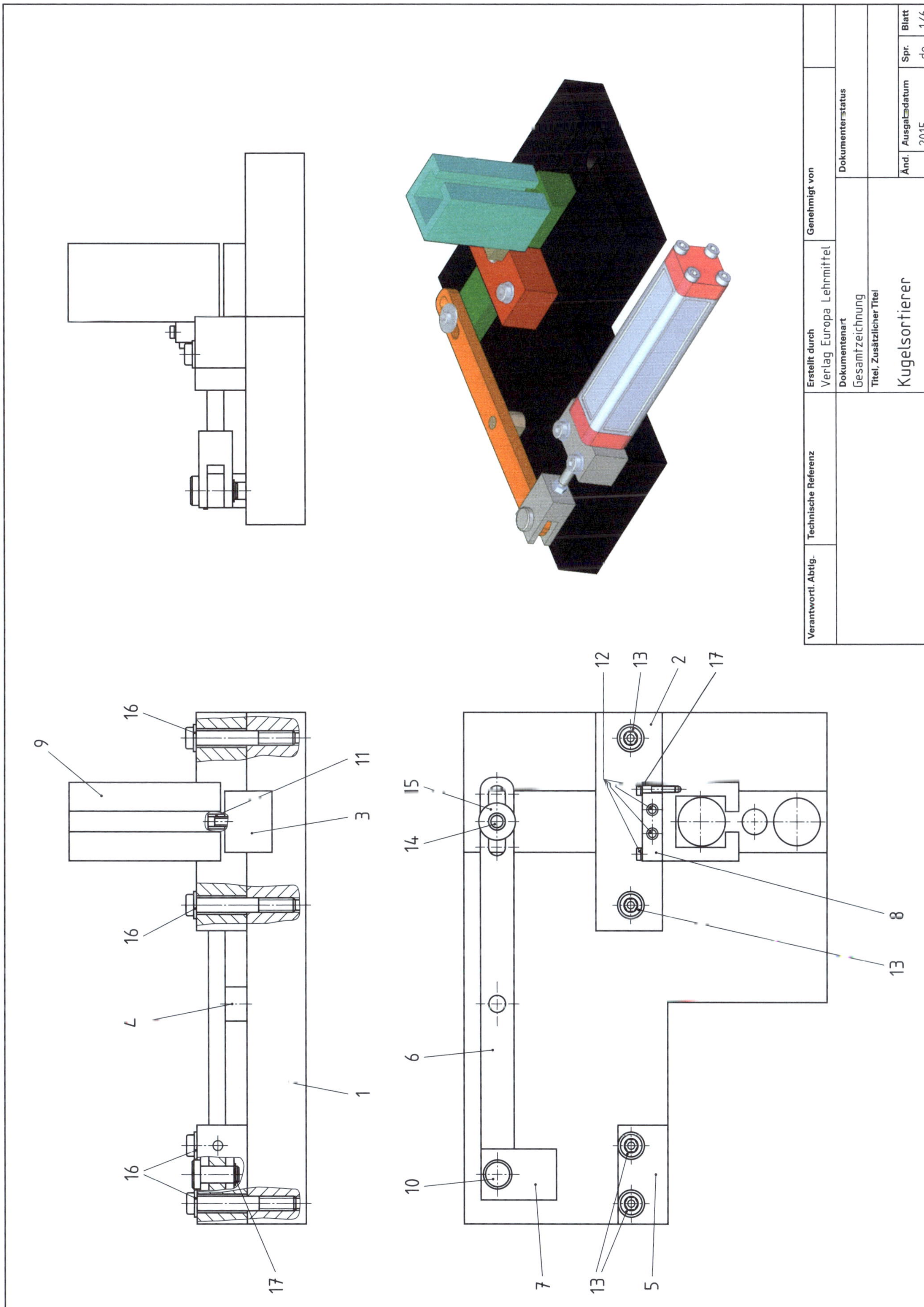
Verantwortl. Abtlg.
Technische Referenz
Erstellt durch
Verlag Europa Lehrmittel
Genehmigt von
Dokumentenart
Gesamtzeichnung
Dokumentenstatus
Titel, Zusätzlicher Titel
Kugelsortierer
Änd.
Ausgabedatum
2015
Spr.
de
Blatt
1/6

18	1	Sicherungsring	DIN 471 – 10x1		
17	4	Scheibe	ISO 7092-4-200HV		
16	4	Scheibe	ISO 7092-8-200HV		
15	1	Scheibe	ISO 7092-6-200HV		
14	1	Schraube	ISO 4762 – M6x25 – 8.8		
13	4	Schraube	ISO 4762 – M8x60 – 8.8		
12	4	Schraube	ISO 4762 – M4x20 – 8.8		
11	1	Gleitstück		CuZn31Si	
10	1	Klauenbolzen		C45E	
9	1	Magazin		S235JRC+C	
8	1	Magazinhalter		S235JRC+C	
7	1	Klaue		S235JRC+C	
6	1	Pendelstange		C45E	
5	1	Zylinderhalter		S235JRC+C	
4	1	Drehstift		11SMnPb37	
3	1	Schieber		C45E	
2	1	Schiebehalter		S235JRC+C	
1	1	Trägerplatte		S235JRC+C	
Pos.-Nr.	***Stück***	***Benennung***	***Sachnr./Norm/Kurzbezeichnung***	***Werkstoff***	***Bemerkung***

Verantwortl. Abtlg.	Technische Referenz	Erstellt durch	Genehmigt von		
		Verlag Europa Lehrmittel			
		Dokumentenart	Dokumentenstatus		
		Stückliste			
		Titel, Zusätzlicher Titel			
		Kugelsortierer	Änd.	Ausgabedatum	Spr.	Blatt
				2015	de	2/6

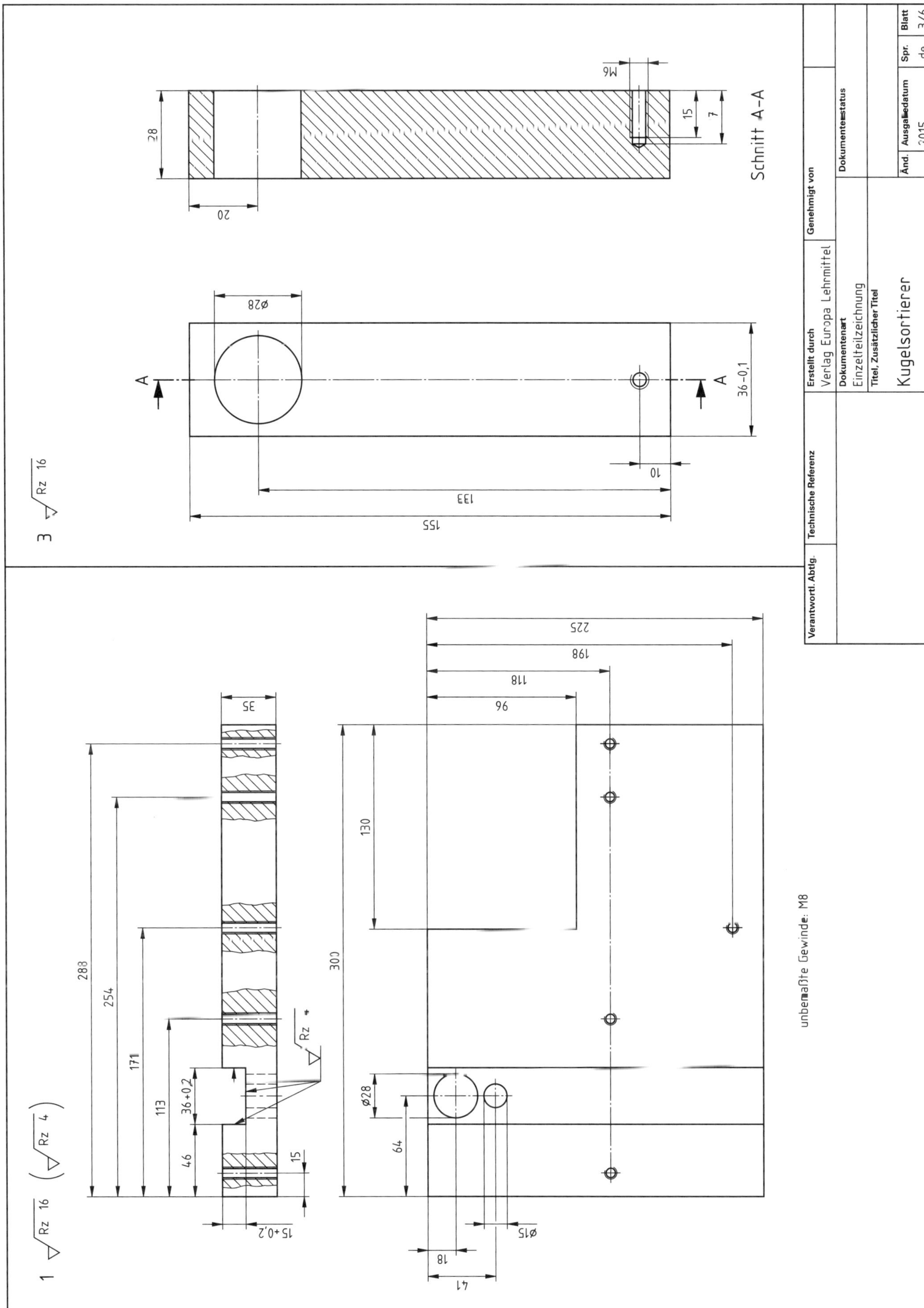
Schnitt A-A
M6
unbemaßte Gewinde: M8
Verantwortl. Abtlg.
Technische Referenz
Erstellt durch
Verlag Europa Lehrmittel
Genehmigt von
Dokumentenart
Einzelteilzeichnung
Dokumentenstatus
Titel, Zusätzlicher Titel
Kugelsortierer
Änd.
Ausgabedatum
2015
Spr.
de
Blatt
3/6

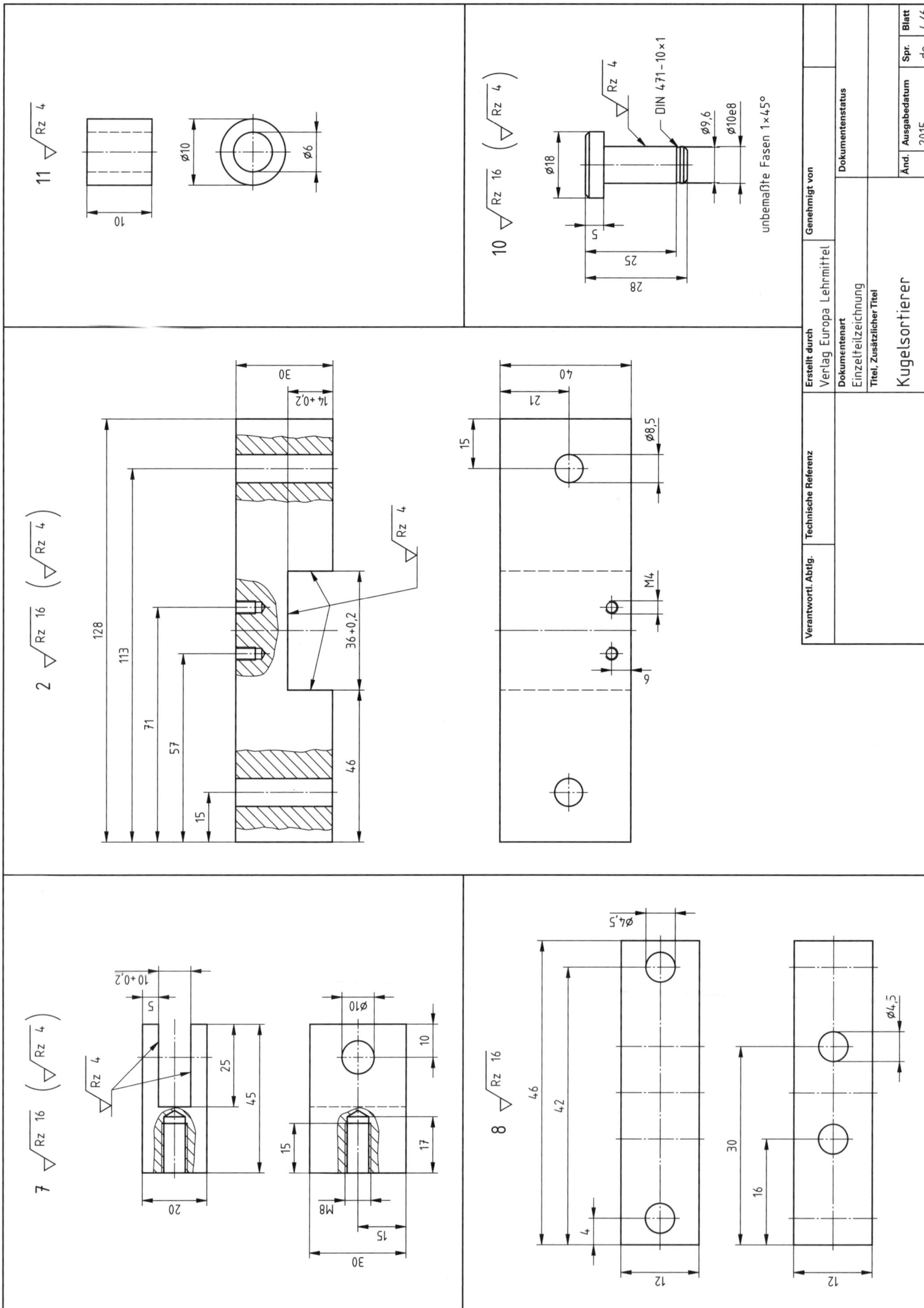
11 Rz 4
Ø10
Ø6
10
10 Rz 16 (Rz 4)
Rz 4
DIN 471-10×1
Ø18
Ø9,6
Ø10e8
5
25
28
unbemaßte Fasen 1×45°
2 Rz 16 (Rz 4)
Rz 4
128
113
71
57
15
30
14+0,2
36+0,2
46
40
21
15
Ø8,5
M4
9
7 Rz 16 (Rz 4)
Rz 4
10+0,2
5
25
45
20
Ø10
10
15
17
M8
15
30
8 Rz 16
Ø4,5
46
42
4
12
30
16
Verantwortl. Abtlg.
Technische Referenz
Erstellt durch
Verlag Europa Lehrmittel
Genehmigt von
Dokumentenart
Einzelteilzeichnung
Dokumentenstatus
Titel, Zusätzlicher Titel
Kugelsortierer
Änd.
Ausgabedatum
2015
Spr.
de
Blatt
4/6

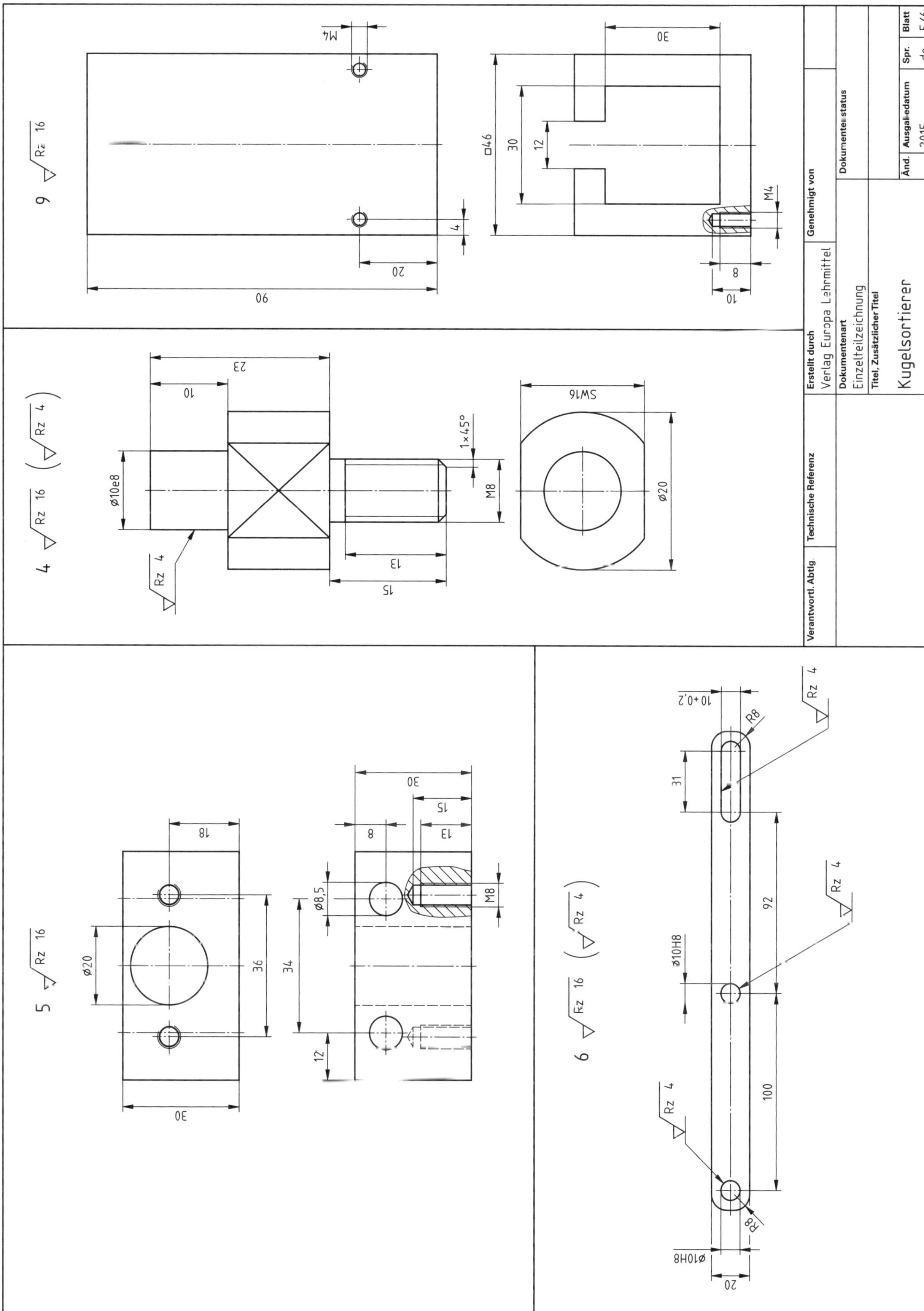
9
4
5
6
Verantwortl. Abtlg
Technische Referenz
Erstellt durch
Verlag Europa Lehrmittel
Genehmigt von
Dokumentenart
Einzelteilzeichnung
Dokumentenstatus
Titel, Zusätzlicher Titel
Kugelsortierer
Änd.
Ausgabedatum
2015
Spr.
de
Blatt
5/6

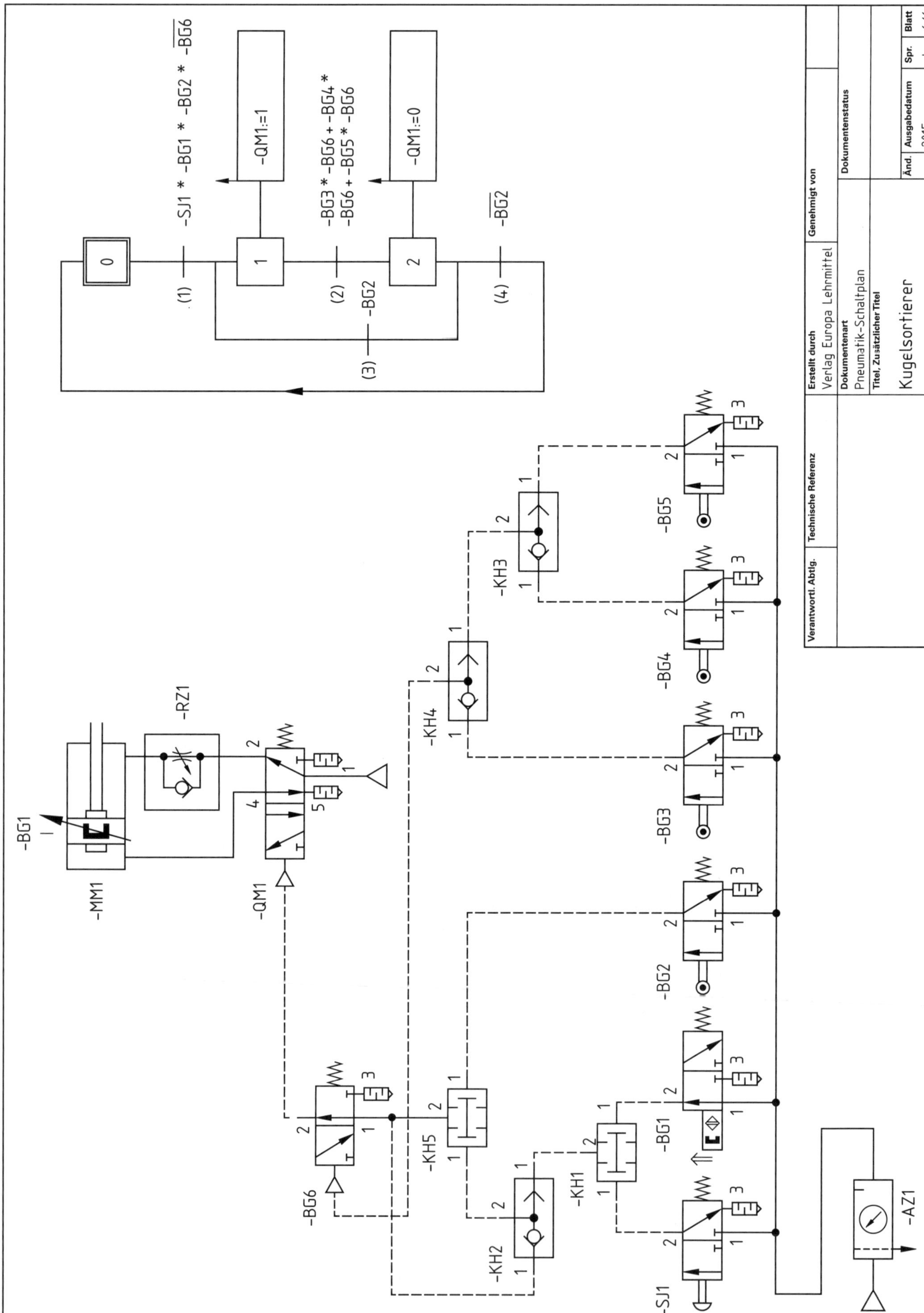

-SJ1 * -BG1 * -BG2 * -BG6 (BG6 overlined)
-QM1:=1
-BG3 * -BG6 + -BG4 * -BG6 + -BG5 * -BG6
-QM1:=0
-BG2 (overlined)
0
1
2
(1)
(2)
(3)
(4)
-BG2
-MM1
-BG1
-RZ1
-QM1
-KH1
-KH2
-KH3
-KH4
-KH5
-BG2
-BG3
-BG4
-BG5
-BG6
-SJ1
-AZ1
Verantwortl. Abtlg.
Technische Referenz
Erstellt durch
Verlag Europa Lehrmittel
Genehmigt von
Dokumentenart
Pneumatik-Schaltplan
Dokumentenstatus
Titel, Zusätzlicher Titel
Kugelsortierer
Änd.
Ausgabedatum
2015
Spr.
de
Blatt
6/6

Schiebevorrichtung Schwalbenschwanz

Name: ______________________________ Datum: ______________

Zeit: 90 Minuten

Arbeitsmittel: Tabellenbuch, TR, Zeichengeräte

9 offene Aufgaben

21 gebundene Aufgaben (nur eine Lösung ist richtig)

Punkteschlüssel:

53	–	49	=	Note 1
48	–	42	=	Note 2
41	–	36	=	Note 3
35	–	27	=	Note 4
26	–	17	=	Note 5
16	–	0	=	Note 6

Die in der Gesamtzeichnung dargestellte Schiebevorrichtung Schwalbenschwanz soll angefertigt, optimiert und betriebsbereit gemacht werden. Die nachfolgenden Aufgaben beziehen sich hauptsächlich auf diese Baugruppe.

Den Zeichensatz zur abgebildeten Schiebevorrichtung finden Sie im Anhang.

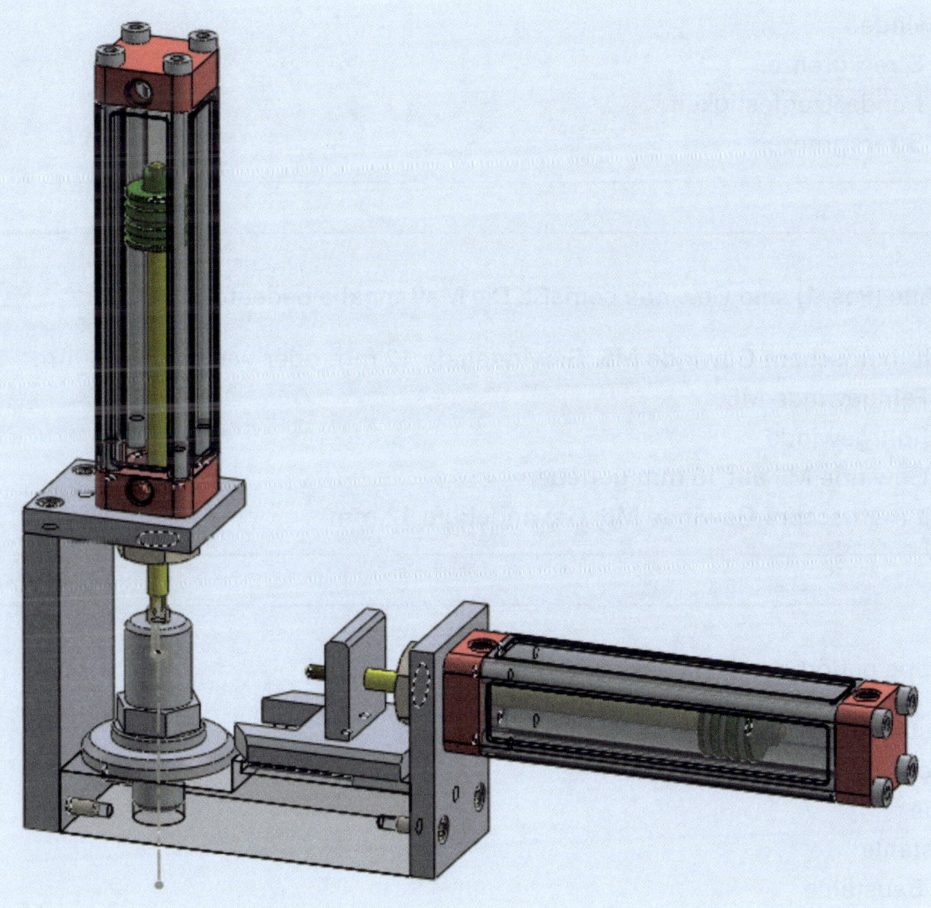

1. Aufgabe

Punkte

Beschreiben Sie die Funktion der Vorrichtung (Benennung der Bauteile inkl. Pos.).

____

____

____

/6

2. Aufgabe

Punkte

Der Fixierbolzen (Pos. 2) wurde aus dem Material 35SPb20 gefertigt.

a) Erklären Sie die Werkstoffzusammensetzung.

b) Begründen Sie warum dieses Material dafür verwendet wurde.

a) ____

____

b) ____

____

/4

3. Aufgabe

Punkte

Welche Antwort zur Schraubenbezeichnung M16x12 – 8.8 DIN EN ISO 1440 ist richtig?

Die Schraube besitzt

- ☐ ein metrisches Feingewinde.
- ☐ ein Rohrgewinde.
- ☐ 880 N/mm^2 Streckgrenze.
- ☐ 880 N/mm^2 Mindestzugfestigkeit.
- ☐ 640 N/mm^2 Streckgrenze.

/1

4. Aufgabe

Punkte

An der Grundplatte (Pos. 1) sind Gewinde bemaßt. Die Maßangabe bedeutet:

- ☐ Bohrung mit metrischem Gewinde M6, Gewindetiefe 12 mm oder wahlweise 16 mm
- ☐ Metrisches Feingewinde M6
- ☐ Metrisches Rohrgewinde
- ☐ Metrisches Gewinde M6 auf 16 mm gerieben
- ☐ Bohrung mit metrischem Gewinde M6, Gewindetiefe 12 mm

/1

5. Aufgabe

Punkte

Zu welcher Gruppe gehört der Stahl des Fixierbolzens (Pos. 2)?

- ☐ Vergütungsstähle
- ☐ Nitrierstähle
- ☐ Einsatzstähle
- ☐ Automatenstähle
- ☐ Allgemeine Baustähle

/1

Punkte 1 bis 5: /13

6. Aufgabe

Punkte

Stähle mit ausgeprägter Streckgrenze besitzen bei Belastung im Zugversuch ...

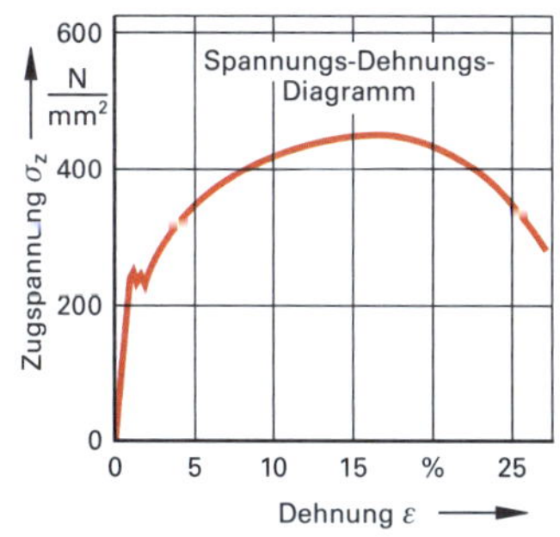

- ☐ nur einen plastischen Bereich.
- ☐ nur einen elastischen Bereich.
- ☐ einen elastischen Bereich. Wenn dieser überschritten wird, bricht eine Zugprobe sofort.
- ☐ einen elastischen und einen plastischen Bereich.
- ☐ immer ein progressives Federverhalten.

/1

7. Aufgabe

Punkte

Berechnen Sie die Hauptnutzungszeit für das Bohren (Fertigbohren, ohne Vorbohren) des Durchmessers Ø 20 an der Grundplatte (Pos. 1).
Geg.: v_c = 30 m/min, f = 0,3 mm

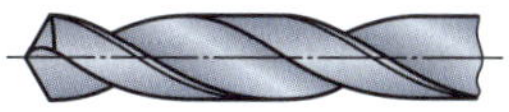

/4

8. Aufgabe

Punkte

Nennen Sie zwei Werkzeugmaterialien, die zum Drehen des Durchmessers ∅ 26 am Fixierbolzen (Pos. 2) geeignet sind.
Begründen Sie Ihre Entscheidung.

/4

9. Aufgabe

Punkte

Welche Bedeutung hat die Bezeichnung DIN 509 – F 0,6x0,3?

- ☐ Einstich nach DIN 509
- ☐ Freistich mit den Maßen 509 und den Fasen 0,6 x 0,3
- ☐ Freistich nach DIN 509
- ☐ Einstich mit der Fasentiefe 0,6 bis 0,3
- ☐ Freistich nach DIN 509 mit der Fasenbreite 0,3 bis 0,6

/1

Punkte 6 bis 9: /10

10. Aufgabe

Punkte

Eine Aussage zur Materialangabe der Grundplatte (Pos. 1) ist richtig?
Die Grundplatte besteht aus

- [ ] niedrig legiertem Stahl.
- [ ] Einsatzstahl.
- [ ] unlegierten Werkzeugstahl.
- [ ] Allgemeinem Baustahl.
- [ ] Vergütungsstah.

/1

11. Aufgabe

Punkte

Die dargestellten Prüfzylinder ∅ 6m6 in der Schwalbenschwanzführung (Pos. 1) des Schiebers (Pos. 3) haben eine besondere Funktion:

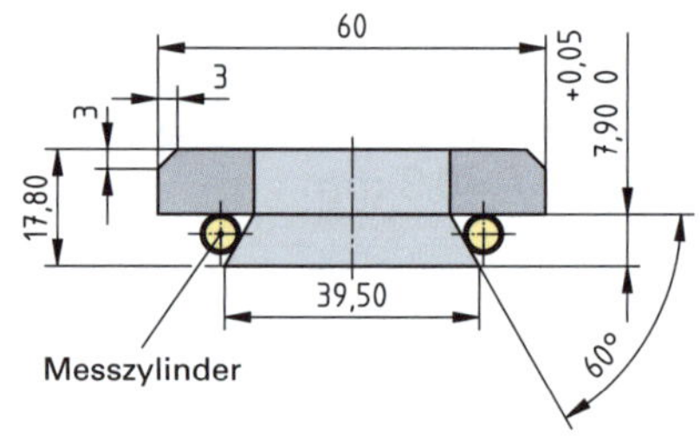

- [ ] Sie dienen zur fachgerechten Darstellung der Schwalbenschwanznut.
- [ ] Sie dienen der Messung der Führungsbreite.
- [ ] Sie sind für die Funktion der Vorrichtung wichtig.
- [ ] Sie werden zum Fertigen der Führung benötigt.
- [ ] Sie müssen nach der Fertigung eingesetzt werden, um die Flächen vor Beschädigung zu schützen.

/1

12. Aufgabe

Punkte

Benennen Sie die

a) Art der Führung des Schiebers (Pos. 3) und

b) erläutern Sie zwei wesentliche Vorteile der Ausführung.

a) ______________________________

____

b) ______________________________

____

/6

13. Aufgabe

Punkte

In welcher Antwort ist die Gewindesteigung *P* (in mm) für die Zylinderschraube (Pos. 5) richtig angegeben?

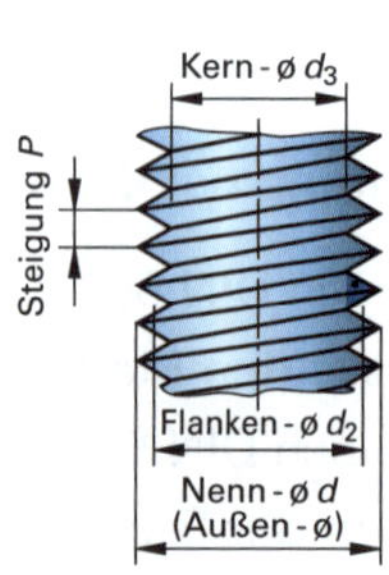

- [ ] *P* 1,25 mm
- [ ] *P* 1 mm
- [ ] *P* 0,8 mm
- [ ] *P* 0,75 mm
- [ ] *P* 0,7 mm

/1

Punkte 10 bis 13: /9

14. Aufgabe

Punkte

Die Einzelteile der Baugruppe werden aus verschiedenen Stählen hergestellt, deren Eigenschaften vom Kohlenstoffgehalt abhängig sind. Welche Eigenschaft nimmt bei steigendem Kohlenstoffgehalt zu?

- ☐ Die Härte
- ☐ Die Festigkeit
- ☐ Die Zähigkeit
- ☐ Die elektrische Leitfähigkeit
- ☐ Die Wärmeleitfähigkeit

/1

15. Aufgabe

Punkte

Welche Eigenschaft steigt grundsätzlich bei einer Zulegierung von Wolfram und Kobalt?

- ☐ Die Härte
- ☐ Die Warmfestigkeit
- ☐ Die Druckfestigkeit
- ☐ Die Zähigkeit
- ☐ Die Gießbarkeit

/1

16. Aufgabe

Punkte

Der Fixierbolzen (Pos. 2) lässt sich nicht bewegen. Nennen Sie drei mögliche Ursachen.

____

____

____

/3

17. Aufgabe

Punkte

Wie kann Korrosion der Bauteile verhindert werden?

- ☐ Sie kann gar nicht verhindert werden.
- ☐ Durch eine Wärmebehandlung der Bauteile.
- ☐ Durch die sogenannte Sekundärmetallurgie.
- ☐ Durch regelmäßiges Warten der Vorrichtung, inkl. Fetten bzw. Ölen.
- ☐ Durch Abschirmung der Vorrichtung vor Spritzwasser.

/1

18. Aufgabe

Punkte

In der Einzelteilzeichnung Fixierbolzen (Seite 95) muss die Lagetoleranz eingezeichnet werden.
Bezeichnen Sie diese Lagetoleranz korrekt.

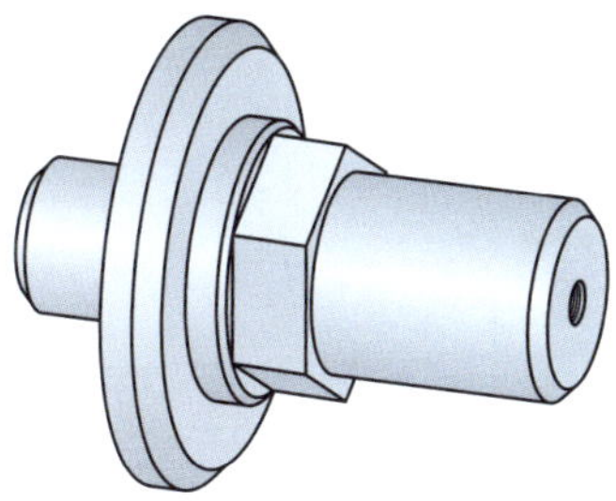

- ☐ Koaxialität
- ☐ Parallelität
- ☐ Symmetrie
- ☐ Mittigkeit
- ☐ Rundlauf

/1

Punkte 14 bis 18: /7

EUROPA LEHRMITTEL

19. Aufgabe

Punkte

Beschreiben Sie die Aufgabe, die die Arretierung erfüllt (Pos. 4).

____

/1

20. Aufgabe

Punkte

Mit welchem Prüfmittel ermitteln Sie das Istmaß des ∅ 20 am Fixierbolzen (Pos. 2)?

- ☐ Messschieber
- ☐ Messuhr
- ☐ Bügelmessschraube
- ☐ Grenzrachenlehre
- ☐ Feinzeiger

/1

21. Aufgabe

Punkte

Welche besondere Aufgabe erfüllt ein Prüfprotokoll?

- ☐ Das Prüfprotokoll dient der Evaluierung der Montage.
- ☐ Das Prüfprotokoll dient der Dokumentation.
- ☐ Mit dem Prüfprotokoll werden die Ergebnisse des Tastschnittverfahrens dokumentiert.
- ☐ Mit dem Prüfprotokoll wird die Stichprobengröße dokumentiert.
- ☐ Das Prüfprotokoll dient dem Ermitteln der Standzeit.

Ident-Nr.: 18012 Zeichnungs-Nr.: 241074
Benennung: **Buchse für Gleitlager** Prüfplan-Nr.: 81

lfd. Nr.	Prüfmerkmal	Prüfmittel	Prüfumfang
1	Länge l_1 20 h11 = 20 0/–0,13 mm	Messschieber	$n = 1$
2	Innendurchmesser d_1	selbstzent-	$n = 5$

/1

22. Aufgabe

Punkte

Der Näherungsschalter –BG1 schließt den Strom am Strompfad 6 nicht richtig.
Welche Auswirkung hat dies auf die Funktion?

- ☐ Gar keine Auswirkung
- ☐ Der Zylinder –MM1 fährt aus.
- ☐ Der Zylinder –MM2 bleibt ausgefahren.
- ☐ Das Relais –KF3 wird mit Strom versorgt.
- ☐ Das Relais –KF2 wird mit Strom versorgt.

/1

23. Aufgabe

Punkte

Skizzieren Sie das Schaltsymbol eines kapazitiven Näherungsschalters.

/2

Punkte 19 bis 23: /6

24. Aufgabe

Punkte

In welcher Antwort sind ausschließlich Sensortypen genannt?

- [ ] induktiv, kapazitiv, regenerativ
- [ ] induktiv, fotoelektrisch, magnetisch
- [ ] kapazitiv, induktiv, deduktiv
- [ ] deduktiv, fotoelektrisch, mechanisch
- [ ] rezessiv, induktiv, kapazitiv

/1

25. Aufgabe

Punkte

Der Zylinder –MM1 fährt gedrosselt ein und aus.
Was bedeutet das jeweils für die Zylinderkraft?

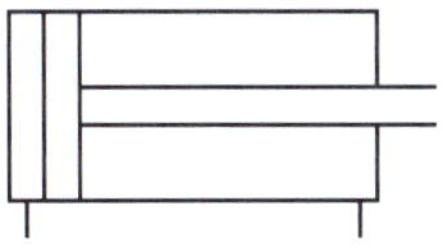

- [ ] Beim Aus- und Einfahren ist die Kraft jeweils gleich groß.
- [ ] Beim Einfahren ist die Kraft größer als beim Ausfahren.
- [ ] Beim Ausfahren ist die Kraft größer als beim Einfahren.
- [ ] Beim Ausfahren ist die Kraft immer doppelt so groß als beim Einfahren.
- [ ] Beim Einfahren ist die Kraft direkt proportional zur Drosselung.

/1

26. Aufgabe

Punkte

Erklären Sie, warum im Stromlaufplan in der Regel der Steuerstrom und der Arbeitsstrom getrennt dargestellt wird.

____

____

____

/2

27. Aufgabe

Punkte

Automatisierte pneumatische Anlagen zeichnen sich durch folgende Eigenschaften aus.

- [ ] geräuscharm, kostengünstig
- [ ] geringer Wartungsaufwand, hohe Kräfte
- [ ] robust im Einsatz, geringe Kosten der Instandhaltung
- [ ] keine elektronische Betätigung möglich, hohe Kosten
- [ ] geringe Kräfte, geräuscharm

/1

28. Aufgabe

Punkte

Welche Arbeitssicherheitsmaßnahmen sind bei pneumatisch automatisierten Anlagen in der Regel zu beachten?

- [ ] Helmpflicht
- [ ] Sicherheitsschuhe
- [ ] Schutzbrille
- [ ] Gehörschutz
- [ ] Arbeitshandschuhe

/1

Punkte 24 bis 28: /6

29. Aufgabe

Punkte

Warum kann bei pneumatischen Anlagen nicht mit höheren Drücken gearbeitet werden?

- [ ] Durch die hohe Viskosität der Luft
- [ ] Wegen der geringen Leistungsfähigkeit der Verdichter
- [ ] Wegen der Problematik der Abdichtung der Leitungen
- [ ] Wegen der Kompressibilität der Luft
- [ ] Wegen der Unfallgefahr durch hohe Drücke

/1

30. Aufgabe

Punkte

Welche folgenden Antwortmöglichkeiten entspricht der Einheit 1 bar?

- [ ] 100 N/mm^2
- [ ] 1 kN/mm^2
- [ ] 10 N/cm^2
- [ ] 100 N/cm^2
- [ ] 10 kN/cm^2

/1

Notizen

Punkte 29 bis 30: /2

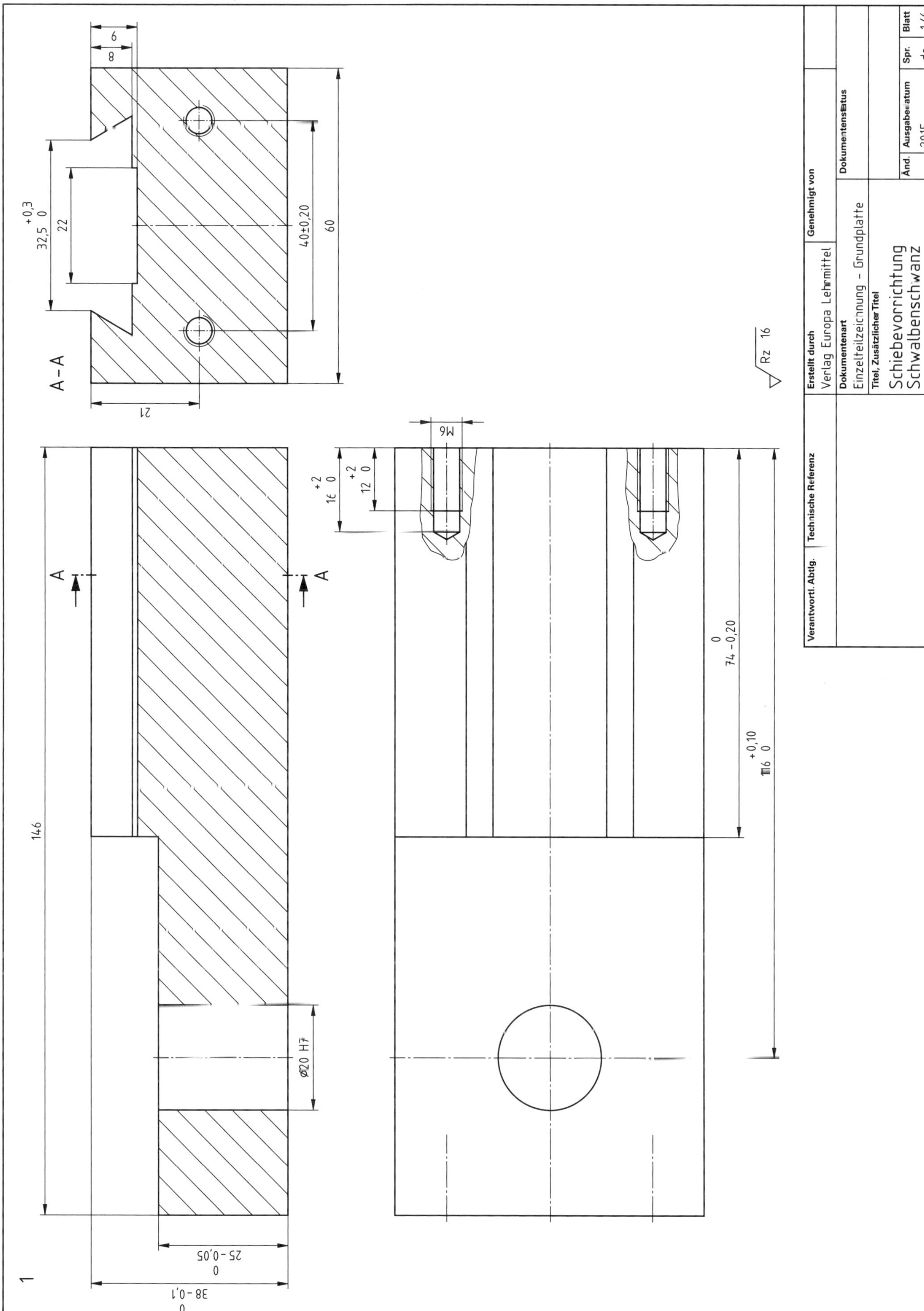
A–A
A
Rz 16
M6
Ø20 H7
146
60
40±0,20
21
22
32,5 +0,3 0
6
8
12 +2 0
16 +2 0
74 0 −0,20
116 +0,10 0
25 0 −0,05
38 0 −0,1
1
Verantwortl. Abtlg.
Technische Referenz
Erstellt durch
Verlag Europa Lehrmittel
Genehmigt von
Dokumentenart
Einzelteilzeichnung – Grundplatte
Dokumentenstatus
Titel, Zusätzlicher Titel
Schiebevorrichtung
Schwalbenschwanz
Änd.
Ausgabedatum
2015
Spr.
de
Blatt
1/6

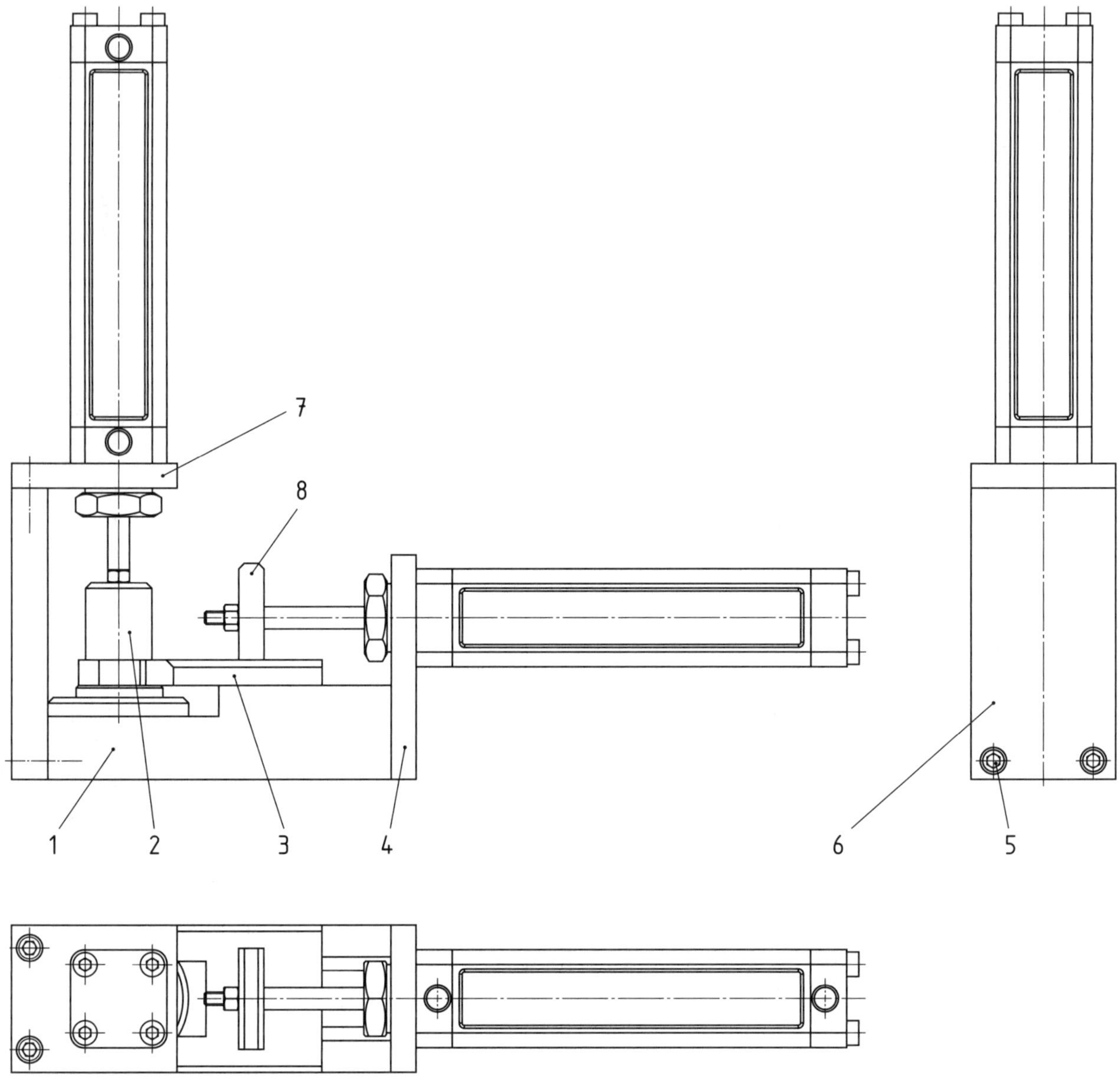

8	1	Druckplatte		S235	
7	1	Zylinderplatte		S235	
6	1	Halteplatte		S235	
5	2	Zylinderschraube M6x12–8.8			
4	1	Arretierung		S235	
3	1	Schieber		S235	
2	1	Fixierbolzen		35SPb20	
1	1	Grundplatte		S235	
Pos.-Nr.	***Stück***	***Benennung***	***Sachnr./Norm-/Kurzbezeichnung***	***Werkstoff***	***Bemerkung***

Verantwortl. Abtlg.	Technische Referenz	Erstellt durch	Genehmigt von			
		Verlag Europa Lehrmittel				
		Dokumentenart: Gesamtzeichnung	Dokumentenstatus			
		Titel, Zusätzlicher Titel: Schiebevorrichtung Schwalbenschwanz	Änd.	Ausgabedatum: 2015	Spr.: de	Blatt: 2/6

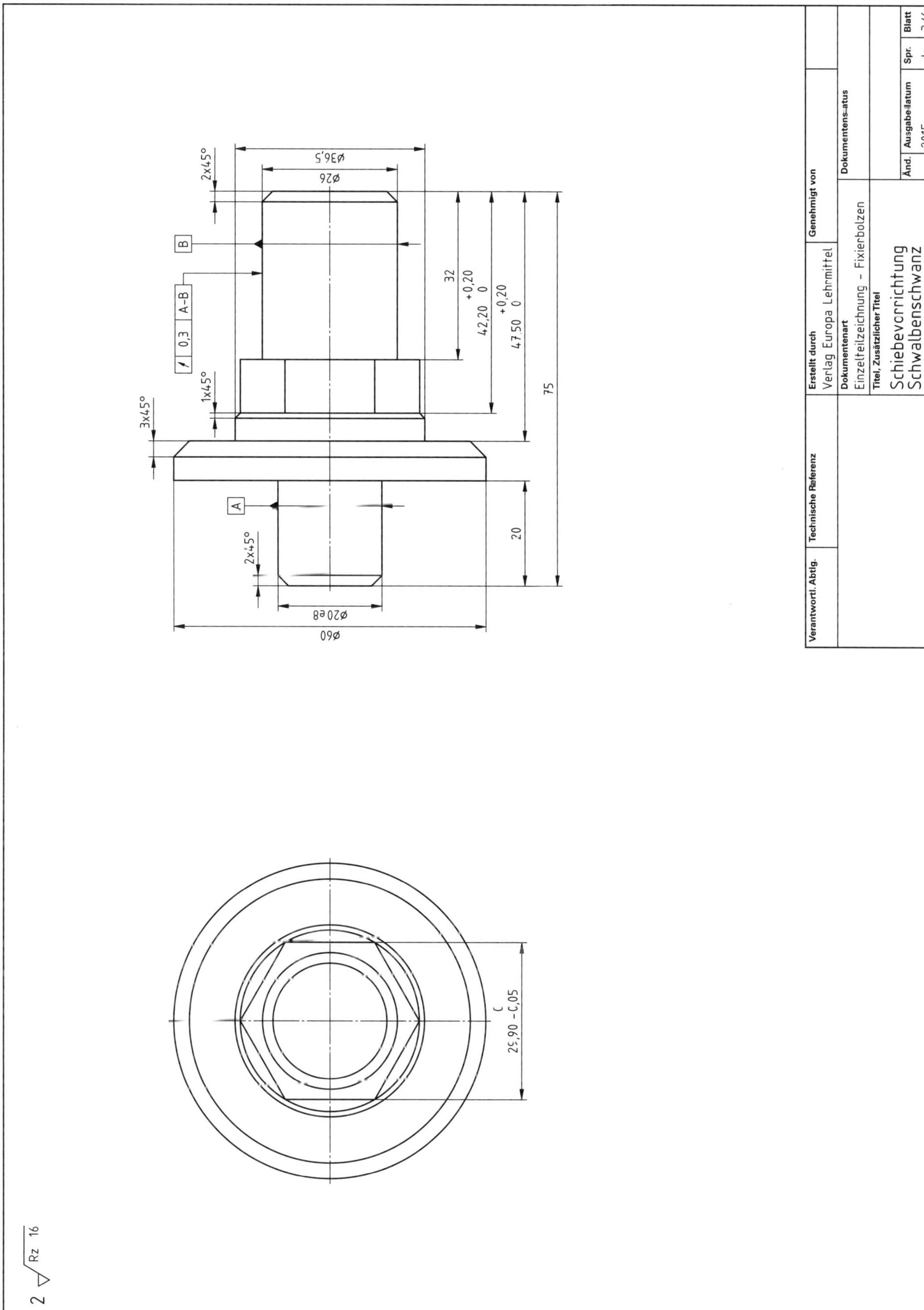
Ø36,5
Ø26
2x45°
B
0,3 A-B
1x45°
3x45°
32
+0,20
42,20 0
+0,20
47,50 0
75
A
2x45°
20
Ø20e8
Ø60
0
29,90 -0,05
2 Rz 16
Verantwortl. Abtlg.
Technische Referenz
Erstellt durch
Verlag Europa Lehrmittel
Genehmigt von
Dokumentenart
Einzelteilzeichnung - Fixierbolzen
Dokumentenstatus
Titel, Zusätzlicher Titel
Schiebevorrichtung
Schwalbenschwanz
Änd.
Ausgabedatum
2015
Spr.
de
Blatt
3/6

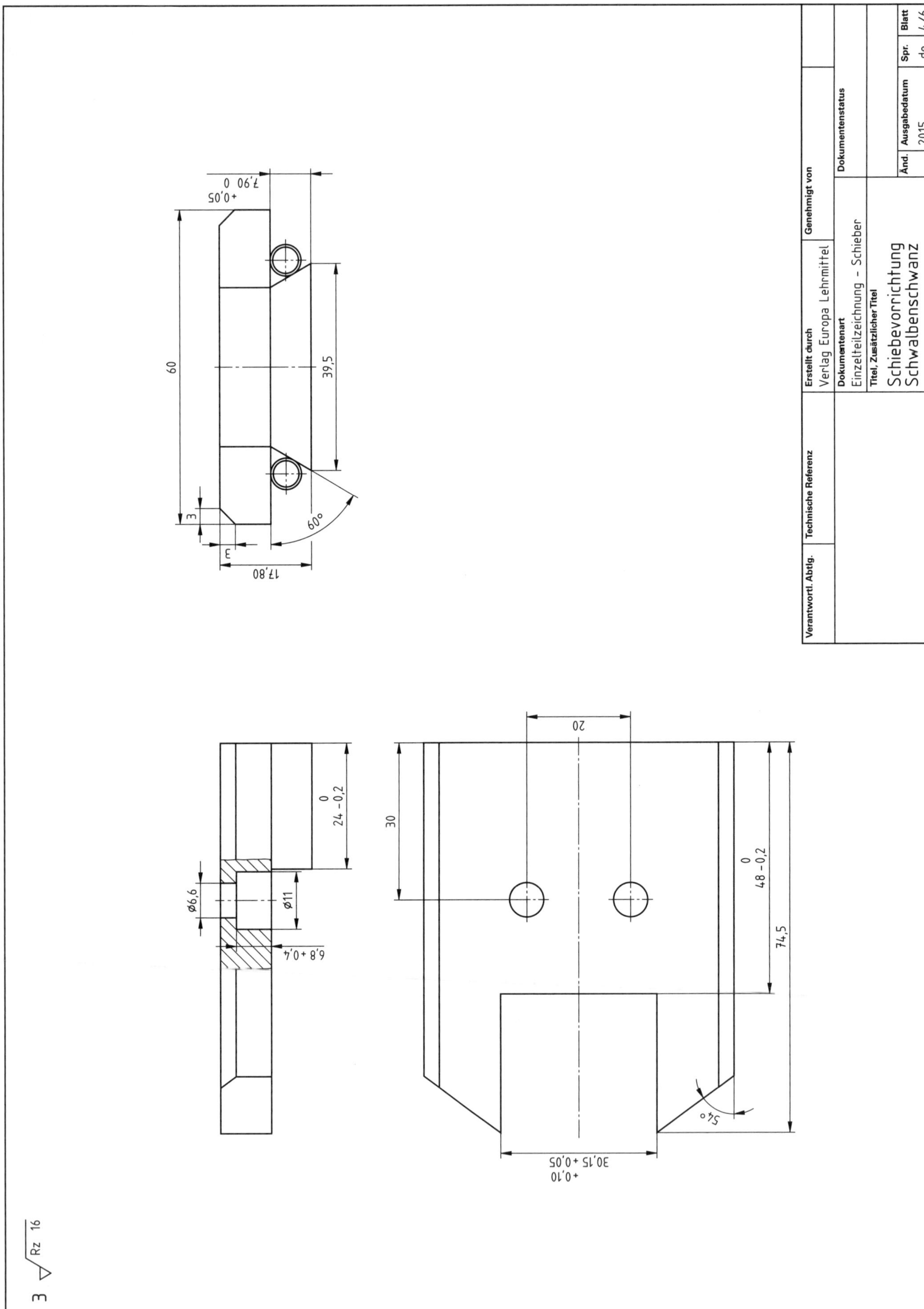
Verantwortl. Abtlg.
Technische Referenz
Erstellt durch
Verlag Europa Lehrmittel
Genehmigt von
Dokumentenart
Einzelteilzeichnung - Schieber
Dokumentenstatus
Titel, Zusätzlicher Titel
Schiebevorrichtung
Schwalbenschwanz
Änd.
Ausgabedatum
2015
Spr.
de
Blatt
4/6
60
39,5
7,90 +0,05 0
17,80
3
3
60°
24 -0,2 0
Ø6,6
Ø11
6,8 +0,4
20
30
48 -0,2 0
74,5
54°
30,15 +0,10 +0,05
Rz 16
3

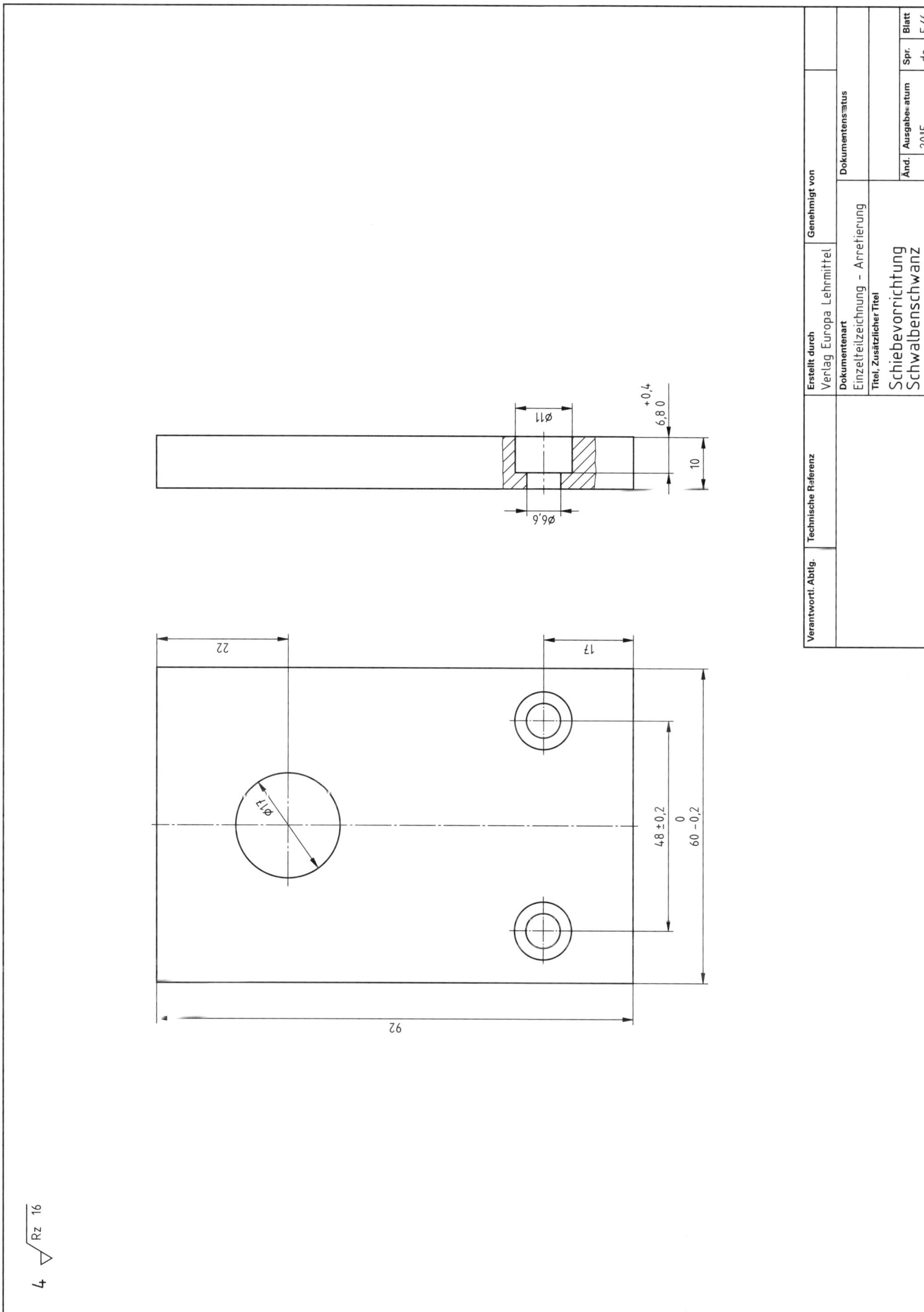
Verantwortl. Abtlg.
Technische Referenz
Erstellt durch
Verlag Europa Lehrmittel
Genehmigt von
Dokumentenart
Einzelteilzeichnung - Arretierung
Dokumentenstatus
Titel, Zusätzlicher Titel
Schiebevorrichtung
Schwalbenschwanz
Änd.
Ausgabedatum
2015
Spr.
de
Blatt
5/6
Rz 16
4
92
22
17
Ø17
48 ±0,2
60 -0,2
Ø11
Ø6,6
6,8 +0,4
10

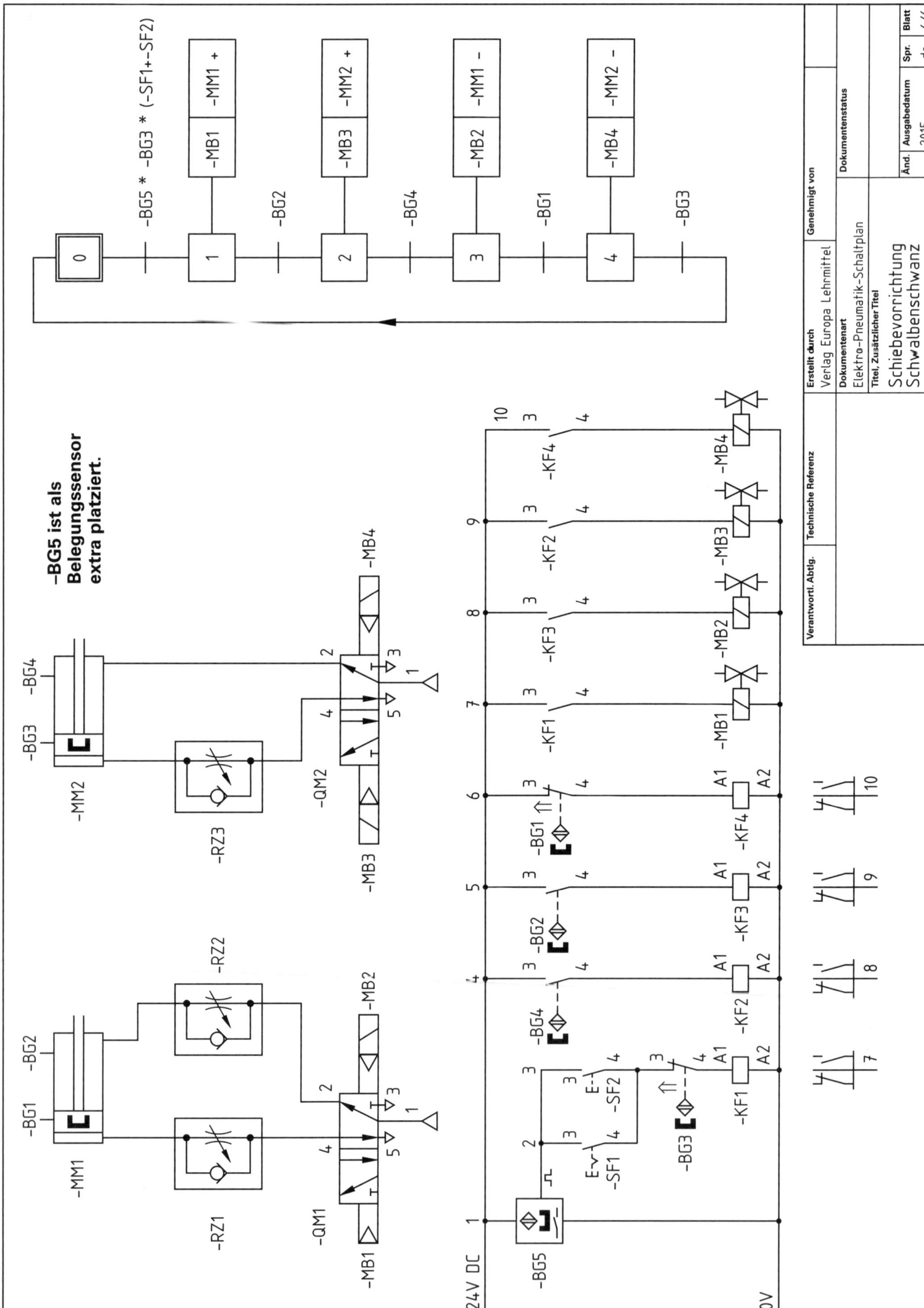
-BG5 ist als Belegungssensor extra platziert.
-BG5 * -BG3 * (-SF1+-SF2)
-MB1 -MM1 +
-MB3 -MM2 +
-MB2 -MM1 -
-MB4 -MM2 -
-BG2
-BG4
-BG1
-BG3
-MM1
-MM2
-RZ1
-RZ2
-RZ3
-QM1
-QM2
24V DC
0V
-BG5
-SF1
-SF2
-KF1
-KF2
-KF3
-KF4
Verantwortl. Abtlg.
Technische Referenz
Erstellt durch
Verlag Europa Lehrmittel
Genehmigt von
Dokumentenart
Elektro-Pneumatik-Schaltplan
Dokumentenstatus
Titel, Zusätzlicher Titel
Schiebevorrichtung
Schwalbenschwanz
Änd.
Ausgabedatum
2015
Spr.
de
Blatt
6/6

Multiple-Choice-Aufgaben

Die Multiple-Choice-Aufgaben dienen sowohl der Vorbereitung auf die Abschlussprüfung als auch der Vorbereitung auf Klassenarbeiten und andere Prüfungen.

Damit eine effektive Vorbereitung gewährleistet ist, wurden die Aufgben durch Farbkennung entsprechenden Themenbereichen zugeordnet. Somit können gezielt einzelne Kapitel (z. B. Instandhaltung → braune Farbe) zur Prüfungsvorbereitung herausgefiltert werden.

Die Themenbereiche

- **Fertigungstechnik**
- **Verbindungstechnik**
- **Maschinen- und Gerätetechnik**
- **Auftrags- und Funktionsanalyse**
- **Werkstofftechnik**
- **Instandhaltung**
- **Prüftechnik**
- **Automatisierungstechnik**
- **Elektrotechnik**
- **Qualitätsmanagement**

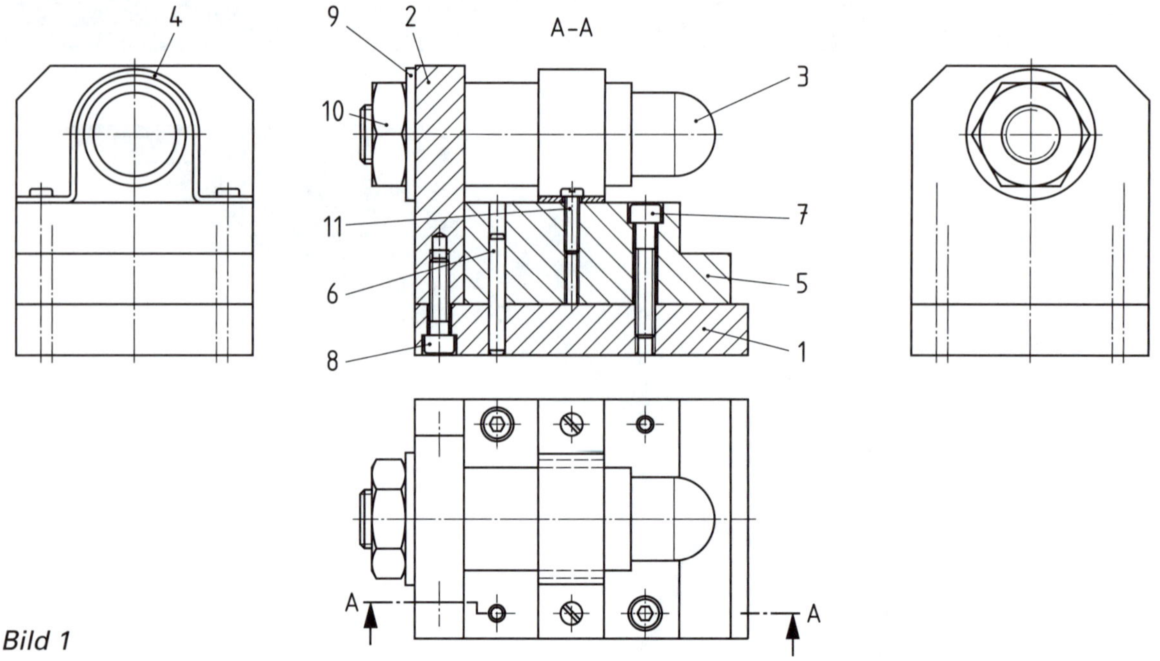

Bild 1

1. Aufgabe

Punkte

Bild 1. Welche Aussage über die Vorrichtung ist richtig?

- ☐ Teil 3 kann durch Drehen von Teil 10 vor und zurückbewegt werden.
- ☐ Teil 2 ist mit 2 Zylinderschrauben an Teil 5 befestigt.
- ☐ Die Teile 6, 7, 8 und 11 haben alle den gleichen Abstand von der Mitte der Vorrichtung.
- ☐ Teil 2 ist mit 2 Zylinderschrauben und 1 Zylinderstift auf Teil 1 befestigt.
- ☐ Teil 5 ist mit 2 Zylinderstiften auf Teil 1 fixiert.

/1

2. Aufgabe

Punkte

Bild 1. Welche Teile müssen mindestens demontiert werden, damit die Teile 2 und 3 ausgebaut werden können?

- ☐ Die Teile 4, 5, 7, 11 und 10
- ☐ Die Teile 8, 9 und 10
- ☐ Die Teile 5, 6, 7, 8, 9 und 10
- ☐ Die Teile 3, 9, 10 und 11
- ☐ Nur die Teile 9 und 10

/1

3. Aufgabe

Punkte

Bild 1. Wie viele Zylinderschrauben und Zylinderstifte enthält die Vorrichtung?

	Zylinderschrauben	**Zylinderstifte**
☐	3 Stück	1 Stück
☐	4 Stück	2 Stück
☐	6 Stück	2 Stück
☐	6 Stück	3 Stück
☐	8 Stück	4 Stück

/1

Punkte 1 bis 3: /3

4. Aufgabe

Punkte

Bild 1. In welchem Bild ist das Einzelteil entsprechend der Gesamtzeichnung **falsch** dargestellt?

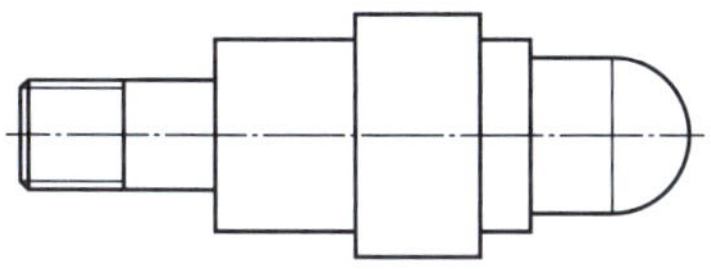	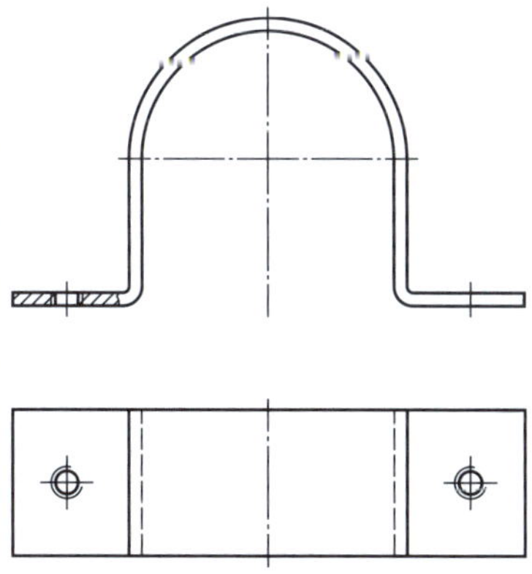	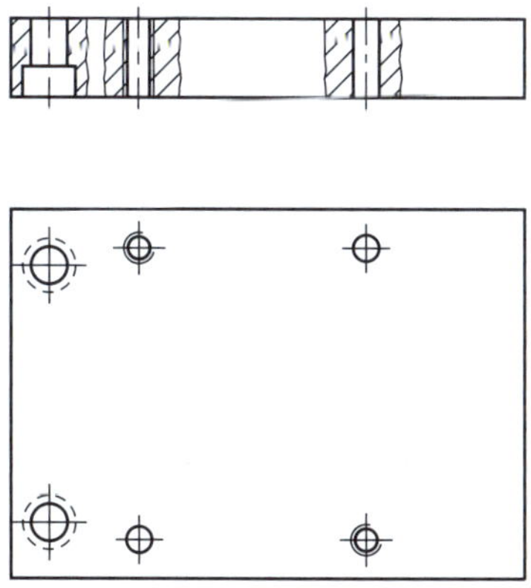
☐	☐	☐
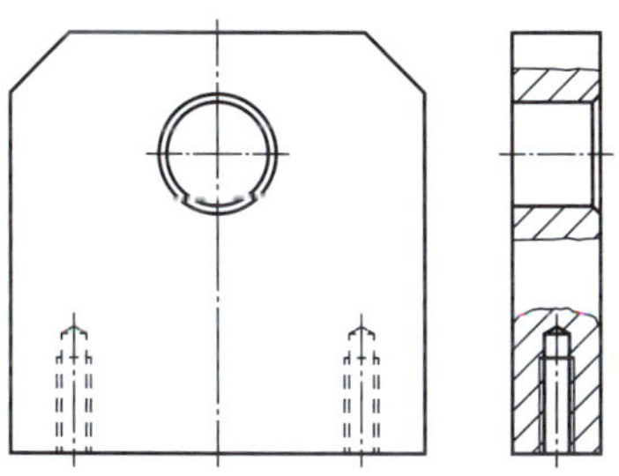	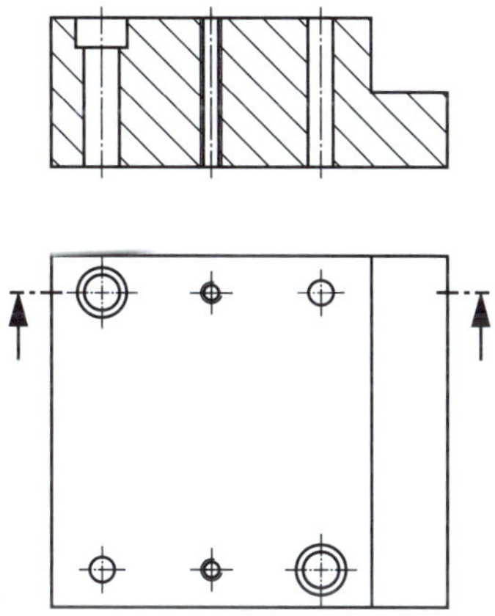	
☐	☐	

/1

5. Aufgabe

Punkte

Wie wird das Bauteil am wirtschaftlichsten und sinnvollsten hergestellt?

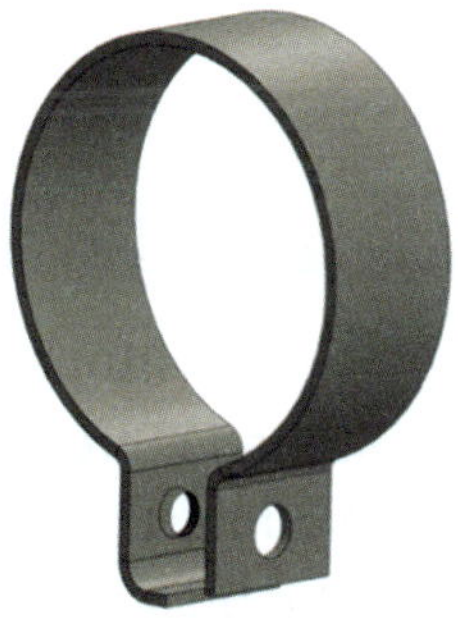

- ☐ Aus einem vollen Stück fräsen.
- ☐ In eine Sandform gießen.
- ☐ Mit einem 3D-Drucker herstellen.
- ☐ Aus einem Vollmaterial CNC-drehen.
- ☐ Aus einem Blech ausschneiden und biegen.

/1

Punkte 4 bis 5: /2

6. Aufgabe

Punkte

Welches Maß ist **falsch** oder **fehlerhaft?**

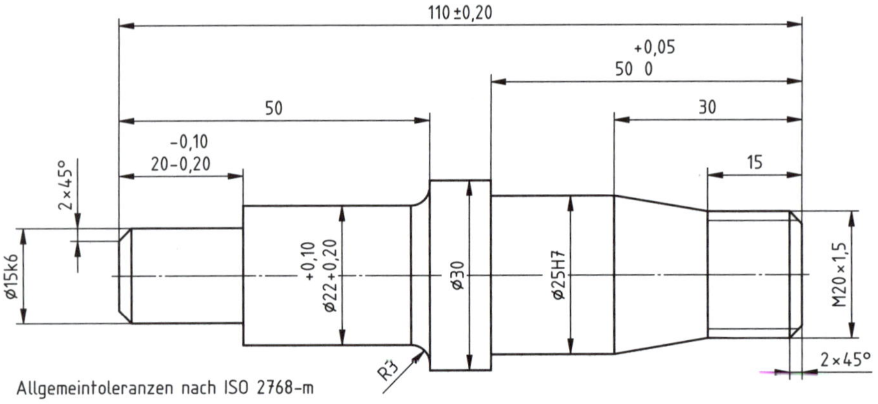

- ☐ Bei M20x1,5 darf die Steigung nicht angegeben werden.
- ☐ Die Fase 2 x 45° muss horizontal angebracht werden.
- ☐ Beim Maß 50 fehlt die Toleranz.
- ☐ Beim Maß ∅ 25H7 muss der Buchstabe klein (für Wellen) sein.
- ☐ Bei Anwendung von Allgemeintoleranzen dürfen keine symmetrischen Abmaße verwendet werden.

/1

7. Aufgabe

Punkte

Bei der Kontrolle von fünf nach Zeichnung gefertigten Werkstücken wurden von dem Winkel 50° die Istmaße ermittelt.
Bei welchem Werkstück liegt das Istmaß **außerhalb** der Toleranz?

- ☐ Werkstück 1: 51°10′
- ☐ Werkstück 2: 50°25′
- ☐ Werkstück 3: 49°50′
- ☐ Werkstück 4: 49°40′
- ☐ Werkstück 5: 49°30′

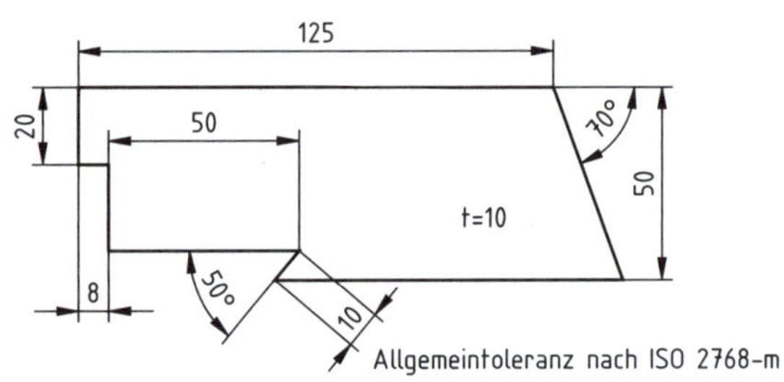

/1

8. Aufgabe

Punkte

Welcher der genannten Werkstoffe enthält als Legierungsbestandteil Kohlenstoff?

- ☐ Aluminium
- ☐ Kupfer-Zink-Legierung
- ☐ Grafit
- ☐ Stahl
- ☐ Silberlot

/1

9. Aufgabe

Punkte

Wodurch zeichnen sich Stähle ohne ausgeprägte Streckgrenze aus?

- ☐ Durch sehr hohe Elastizität.
- ☐ Durch die sehr hohe Streckgrenze.
- ☐ Durch hohe Warmfestigkeit.
- ☐ Durch sehr hohe Standzeit.
- ☐ Durch die $R_{p0,2}$-Grenze.

/1

Punkte 6 bis 9: /4

10. Aufgabe

Punkte

Welche Eigenschaften besitzt schwefelhaltiger Stahl?

- [ ] Hohe Warmfestigkeit
- [ ] Hohe elektr. Leitfähigkeit
- [ ] Geringere Dichte
- [ ] Kurze Späne beim Zerspanen
- [ ] Hohe Härte

/1

11. Aufgabe

Punkte

Welcher der genannten Stähle ist ein Automatenstahl?

- [ ] C15E
- [ ] X5CrNi18-10
- [ ] 11SMn37
- [ ] EN-GJL-200
- [ ] E335

/1

12. Aufgabe

Punkte

Aus welchem Punkt des abgebildeten Spannungs-Dehnungs-Diagramms wird die Streckgrenze eines Werkstoffs bestimmt?

- [ ] Punkt 1
- [ ] Punkt 2
- [ ] Punkt 3
- [ ] Punkt 4
- [ ] Punkt 5

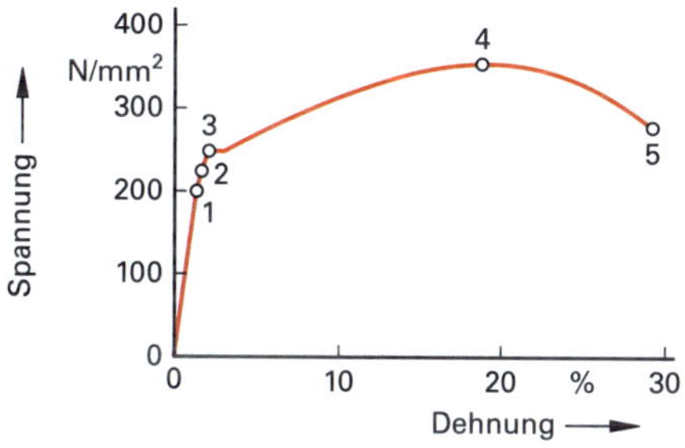

/1

13. Aufgabe

Punkte

Elastisches Verhalten bedeutet:

- [ ] Bleibende Verformung nach Entlastung.
- [ ] Nach Entlastung ist der Prüfkörper in der Ausgangsform
- [ ] Maximal 10% Verformung nach Entlastung.
- [ ] Die Mindestzugfestigkeit des Werkstoffes wurde überschritten.
- [ ] Die Streckgrenze des Werkstoffes wurde noch nicht erreicht.

/1

14. Aufgabe

Punkte

Kreuzen Sie die richtige Bezeichnung für den Stahl X1NiCrMoCu25-20-5 an.

	Bezeichnung	Kohlenstoff [%]	Nickel [%]	Chrom [%]	Molybdän [%]	Kupfer
☐	Korrosionsbeständiger Stahl	1	0,25	0,20	0,5	Geringer Anteil
☐	Schnellarbeitsstahl	1	25	20	5	Geringer Anteil
☐	Nitrierstahl	0,01	25	20	5	Geringer Anteil
☐	Korrosionsbeständiger Stahl	0,01	25	20	5	Geringer Anteil
☐	Kaltarbeitsstahl	0,01	25	20	5	49,99

/1

Punkte 10 bis 14: /5

15. Aufgabe

Punkte

Welchen Einfluss hat eine Erhöhung der Temperatur auf die Eigenschaften eines Schmieröls?

- [ ] Die Viskosität des Öls wird kleiner.
- [ ] Die Dichte des Schmieröls wird größer.
- [ ] Die Alterungsbeständigkeit des Schmieröls wird größer.
- [ ] Das Schmieröl bildet auf der Oberfläche einen Schmierfilm.
- [ ] Die Korrosionsbeständigkeit wird herabgesetzt.

/1

16. Aufgabe

Punkte

Welche Aussage trifft auf das Schmieröl CPG 1000 zu?

- [ ] Umlaufschmieröl auf Syntheseölbasis, Polyglykolöl mit hoher Alterungsbeständigkeit, ISO-Viskositätsklasse VG 1000
- [ ] Normalschmieröl auf Mineralölbasis, Polyglykolöl mit hoher Alterungsbeständigkeit, ISO-Viskositätsklasse VG 1000
- [ ] Umlaufschmieröl auf Mineralölbasis, Polyglykolöl mit Wirkstoffen zur Verschleißminderung, ISO-Viskositätsklasse VG 1000
- [ ] Umlaufschmieröl auf Mineralölbasis, Polyglykolöl mit hoher Alterungsbeständigkeit, ISO-Viskositätsklasse VG 1500
- [ ] Umlaufschmieröl auf Mineralölbasis, Polyglykolöl mit hoher Alterungsbeständigkeit, ISO-Viskositätsklasse VG 1000

/1

17. Aufgabe

Punkte

Welche Aufgaben haben Kühlschmierstoffe?

- [ ] Schmieren, Fetten, Ölen
- [ ] Späne abtransportieren, Kühlen, Schmieren
- [ ] Herabsetzung der Standzeit, Schmieren, Kühlen
- [ ] Verlängern der Standzeit, Schmieren, Ölen
- [ ] Schmieren, Herabsetzung der Standzeit

/1

18. Aufgabe

Punkte

Wie wird der mit α gekennzeichnete Winkel bezeichnet?

- [ ] Schnittwinkel
- [ ] Freiwinkel
- [ ] Keilwinkel
- [ ] Einstellwinkel
- [ ] Spanwinkel

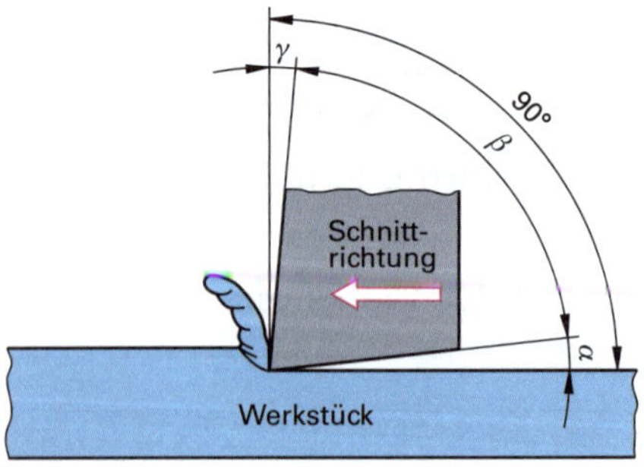

/1

19. Aufgabe

Punkte

Wie kann die Vorschubkraft eines Bohrers verringert werden?

- [ ] Ausspitzen der Querschneide
- [ ] Querschneidenwinkel erhöhen
- [ ] Freiwinkel verkleinern
- [ ] Hauptschneiden stumpf schleifen
- [ ] Führungsfase wegschleifen

/1

Punkte 15 bis 19: /5

20. Aufgabe

Punkte

Sie haben einen Bohrer nachgeschliffen. Bei der Verwendung stellen Sie fest, dass die Bohrung zu groß geworden ist. Was ist die Ursache?

- ☐ Sie haben den Freiwinkel zu klein geschliffen.
- ☐ Der Spitzenwinkel des Bohrers ist ungleich geschliffen.
- ☐ Sie haben den Freiwinkel zu klein geschliffen.
- ☐ Die Schneiden sind beim Nachschleifen ungleich lang geworden.
- ☐ Ihre Vorschubkraft hat die Bohrungsgröße beeinflusst.

/1

21. Aufgabe

Punkte

Welche Behauptung über den Spitzenwinkel eines HSS-Bohrers für allg. Baustahl ist richtig?

- ☐ Der Winkel beträgt 100°.
- ☐ Der Winkel beträgt 85°.
- ☐ Der Winkel beträgt 90°.
- ☐ Der Winkel beträgt 118°.
- ☐ Der Winkel beträgt 125°.

/1

22. Aufgabe

Punkte

Was versteht man unter der Standzeit eines Drehmeißels aus HSS?

- ☐ Die Zeit, in der der Drehmeißel in der Maschine eingespannt ist, aber nicht im Eingriff ist.
- ☐ Die Zeit zwischen dem ersten und zweiten Anschliff des Drehmeißels.
- ☐ Die Zeit, in der sich der Drehmeißel beim Drehen auf 400 °C erwärmt.
- ☐ Die Zeit, in der der Drehmeißel zwischen Schleifen und Nachschleifen im Eingriff ist.
- ☐ Die Zeit, in der der Drehmeißel auf 20 °C abkühlt.

/1

23. Aufgabe

Punkte

Mit einem Spiralbohrer ∅ 20 soll eine Bohrung gefertigt werden. Welche Umdrehungsfrequenz müssen Sie bei einer Schnittgeschwindigkeit von 30 m/min an einer stufenlos einstellbaren Bohrmaschine einstellen?

- ☐ 95 min^{-1}
- ☐ 170 min^{-1}
- ☐ 260 min^{-1}
- ☐ 475 min^{-1}
- ☐ 630 min^{-1}

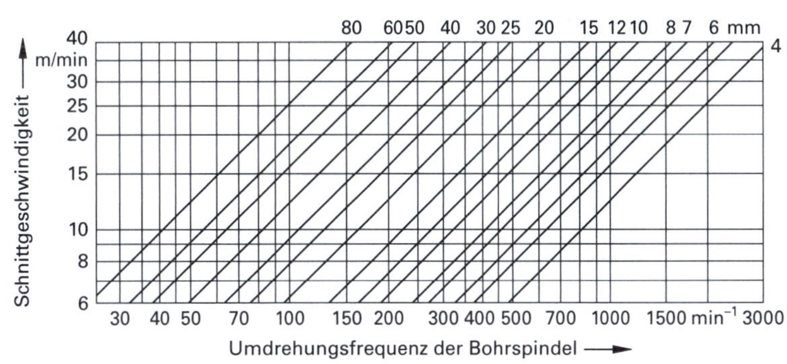

/1

Punkte 20 bis 23: /4

24. Aufgabe

Punkte

Eine Welle aus C15E wird längsrund gedreht. Welche Schnittkraft F_c ergibt sich bei der Zerspanung?
(Schnitttiefe a_p = 3 mm, Vorschub f = 0,15 mm, Hartmetallmeißel mit $v_c = 150 \frac{m}{min}$;
Einstellwinkel κ = 75°)

- ☐ F_c = 1730,75 N
- ☐ F_c = 1800 N
- ☐ F_c = 1615,5 N
- ☐ F_c = 1,75 N
- ☐ F_c = 2315,45 N

/1

25. Aufgabe

Punkte

Beim Fertigen eines Gewindes M4 ist Ihnen der Gewindebohrer abgebrochen.
Welche Behauptung über die Ursache kann **nicht** stimmen?

- ☐ Der Gewindebohrer wurde schief angesetzt.
- ☐ Das Gewinde wurde ohne Kühlschmierstoff geschnitten.
- ☐ Der Druck auf das Windeisen war stark einseitig.
- ☐ Es wurde zu klein vorgebohrt.
- ☐ Die Steigung des Gewindebohrers war zu groß.

/1

26. Aufgabe

Punkte

Welchen der nachfolgenden Drehmeißel verwenden Sie zum Schlichten einer Außenkontur?

	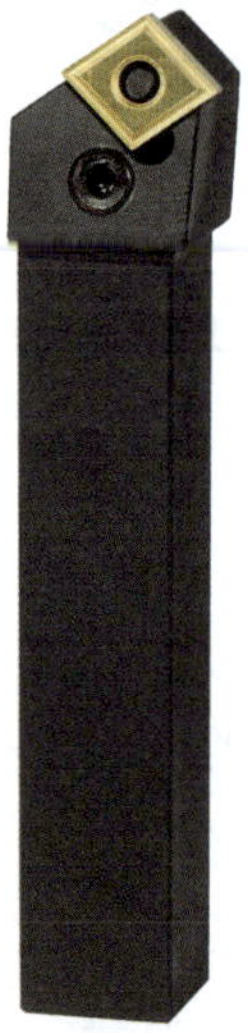	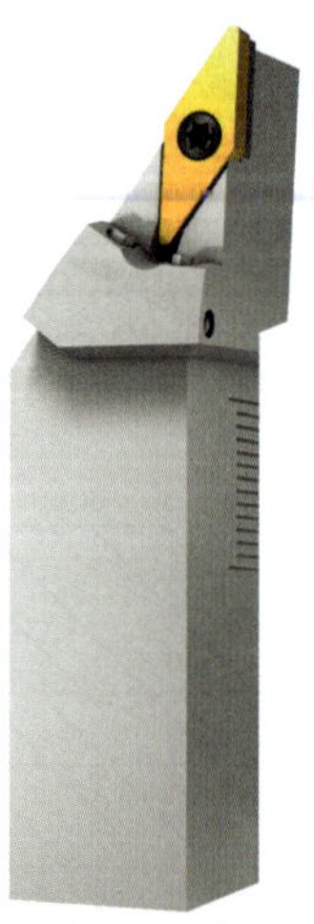		
☐	☐	☐	☐	☐

/1

Punkte 24 bis 26: /3

27. Aufgabe

Punkte

Berechnen Sie die Hauptnutzungszeit t_h. (v_c = 175 m/min; l = 70 mm; l_a = 2 mm; d = 70 mm; f = 0,15 mm; i = 3).

- [ ] t_h = 1,81 s
- [ ] t_h = 18,1 s
- [ ] t_h = 1,81 min
- [ ] t_h = 18,1 min
- [ ] t_h = 181 min

/1

28. Aufgabe

Punkte

Welche Aussage trifft auf Hartmetalle zu?

- [ ] Hartmetalle werden durch Schweißen hergestellt.
- [ ] Hartmetalle werden durch Gießen hergestellt.
- [ ] Hartmetalle werden durch Fügen hergestellt.
- [ ] Hartmetalle werden durch Sintern hergestellt.
- [ ] Hartmetalle werden durch Erodieren hergestellt.

/1

29. Aufgabe

Punkte

Wozu wird dieses Werkzeug in der Regel verwendet?

- [ ] Zum Reiben vorgebohrter Bohrungen.
- [ ] Zum Fertigen kegeliger Senkungen und zum Entgraten von Bohrungen.
- [ ] Zum Aufbohren vorgegossener Bohrungen.
- [ ] Zum Fertigen von Senkungen für Zylinderschrauben.
- [ ] Zum Vorbohren von sehr großen Bohrungen.

/1

30. Aufgabe

Punkte

Zu welchem Zweck werden Reibahlen mit Drall eingesetzt?

- [ ] Um Rattermarken zu vermeiden.
- [ ] Um den Durchmesser bestimmen zu können.
- [ ] Um beim Herausziehen die Drehrichtung der Reibahle ändern zu können.
- [ ] Um die Reibahle im Durchmesser verstellen zu können.
- [ ] Um Bohrungen mit unterbrochenem Schnitt (z. B. Längsnut) zu fertigen.

/1

Punkte 27 bis 30: /4

31. Aufgabe

Punkte

Worauf muss beim Reiben von Passungen bei Bauteilen, die miteinander verstiftet werden, geachtet werden?

- [ ] Es dürfen nur Reibahlen mit Linksdrall verwendet werden.
- [ ] Es dürfen nur Reibahlen mit Rechtsdrall verwendet werden.
- [ ] Es dürfen nur Reibahlen mit gerader Zahnteilung verwendet werden.
- [ ] Es dürfen nur Reibahlen mit ungerader Zahnteilung verwendet werden.
- [ ] Die beiden Bauteile müssen zusammen gebohrt und gerieben werden.

/1

32. Aufgabe

Punkte

In welcher Auswahlantwort ist die Gewindesteigung P (in mm) für eine Schraube M12x25 – 8.8 richtig angegeben?

- [ ] $P = 1{,}25$ mm
- [ ] $P = 1{,}75$ mm
- [ ] $P = 2{,}0$ mm
- [ ] $P = 12$ mm
- [ ] $P = 25$ mm

/1

33. Aufgabe

Punkte

Welches Gewinde findet Anwendung als Bewegungsgewinde?

- [ ] Kegeliges Rohrgewinde
- [ ] Metrisches ISO-Trapezgewinde
- [ ] ISO-Gewinde
- [ ] Blechschraubengewinde
- [ ] Zylindrisches Rohrgewinde

/1

34. Aufgabe

Punkte

Welche Aussage über die Angabe 8.8 einer Schraube ist richtig?

- [ ] Durchmesser $d = 8$ mm, Gewindesteigung $P = 0{,}8$ mm
- [ ] Zugfestigkeit: $R_e = 480 \frac{N}{mm^2}$
- [ ] Streckgrenze: $R_e = 480 \frac{N}{mm^2}$
- [ ] Zugfestigkeit: $R_e = 640 \frac{N}{mm^2}$
- [ ] Streckgrenze $R_e = 640 \frac{N}{mm^2}$

/1

Punkte 31 bis 34: /4

35. Aufgabe

Punkte

Wie sollen bei der Konstruktion von Werkstücken die ISO-Toleranzen gewählt werden?

- [ ] Sie sollen so klein wie möglich gewählt werden.
- [ ] Sie sollen so groß gewählt werden, dass bei der Fertigung kein Ausschuss entsteht.
- [ ] Sie sollen so groß wie möglich gewählt werden, ohne den Verwendungszweck der Werkstücke zu beinträchtigen.
- [ ] Sie sollen so groß wie möglich gewählt werden, dass keine Kontrollen durchgeführt werden müssen.
- [ ] Sie sollen so groß wie möglich gewählt werden, dass keine Prüfmittel für die Qualitätsprüfung erforderlich sind.

/1

36. Aufgabe

Punkte

Durch welches Gewinde wird der Querschnitt einer Welle am wenigsten geschädigt?

- [ ] Metrisches ISO-Feingewinde
- [ ] Metrisches ISO-Trapezgewinde
- [ ] Metrisches ISO-Regelgewinde
- [ ] Metrisches Sägengewinde
- [ ] Whitworth-Zollgewinde

/1

37. Aufgabe

Punkte

Welchen wesentlichen Vorteil haben Wälzlager im Vergleich zu Gleitlagern?

- [ ] Wälzlager lassen sich einfacher montieren.
- [ ] Wälzlager verursachen kaum Geräusche.
- [ ] Wälzlager können höhere Belastungen aufnehmen.
- [ ] Wälzlager haben eine geringere Reibung und Wärmeentwicklung.
- [ ] Wälzlager sind unempfindlich gegen Schmutz und Fremdkörper.

/1

38. Aufgabe

Punkte

Welche Eigenschaft(en) hat das abgebildete Wälzlager?

- [ ] Geeignet für hohe Drehzahlen bei gleichzeitig geräuscharmen Lauf.
- [ ] Geeignet für hohe axiale und radiale Belastbarkeit.
- [ ] Gleicht Fluchtfehler aus und ist hoch belastbar.
- [ ] Kann ohne Innenring direkt auf der Welle montiert werden.
- [ ] Nur ein geringer Einbauraum wird benötigt.

/1

Punkte 35 bis 38: /4

39. Aufgabe

Punkte

Wozu eignet sich dieses Prüfmittel?

☐ Zum Prüfen von Innenradien.
☐ Zum Prüfen des Spiels von Wälzlagern.
☐ Zum Messen von Blechdicken.
☐ Zum Prüfen von Gewindesteigungen bei Rundgewinden.
☐ Zum Prüfen der Teilung bei Zahnrädern.

/1

40. Aufgabe

Punkte

Welche der genannten Prüfmittel ist kein Messmittel?

☐ Stahlmaßstab
☐ Messschieber
☐ Winkelmesser
☐ Bügelmessschraube
☐ Haarlineal

/1

41. Aufgabe

Punkte

Welche Durchschnittsgeschwindigkeit v in (m/s) erreicht ein Transportband, das 30 m in 20 s zurücklegt?

☐ v = 0,05 m/s
☐ v = 0,5 m/s
☐ v = 1 m/s
☐ v = 1,5 m/s
☐ v = 10 m/s

/1

42. Aufgabe

Punkte

Wie groß ist die Kraft F_2' in kN, mit der das Werkstück geklemmt wird?

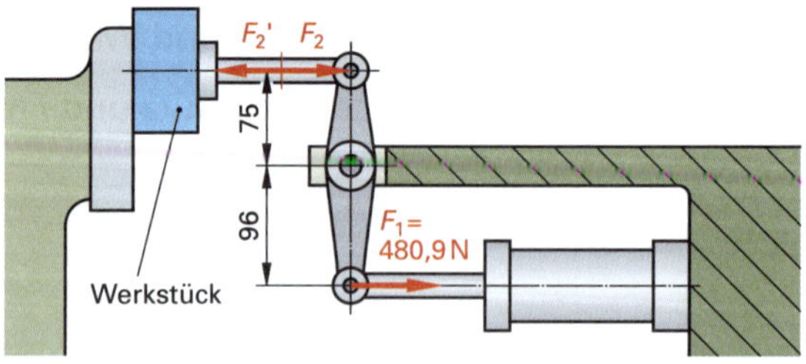

☐ F_2' = 0,616 kN
☐ F_2' = 61,46 N
☐ F_2' = 375,7 N
☐ F_2' = 715,2 N
☐ F_2' = 825,3 N

/1

Punkte 39 bis 42: /2

Punkte

43. Aufgabe

Welche Masse hat das nachfolgende Bauteil aus S235JR?

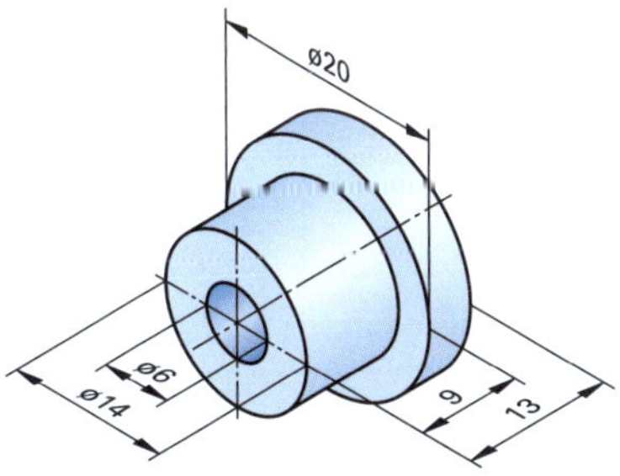

- [ ] $m = 1782$ g
- [ ] $m = 17{,}82$ g
- [ ] $m = 17820$ g
- [ ] $m = 1{,}782$ g
- [ ] $m = 178{,}2$ g

/1

44. Aufgabe

Punkte

Wie groß ist die Länge des Bauteils vor dem Biegen?

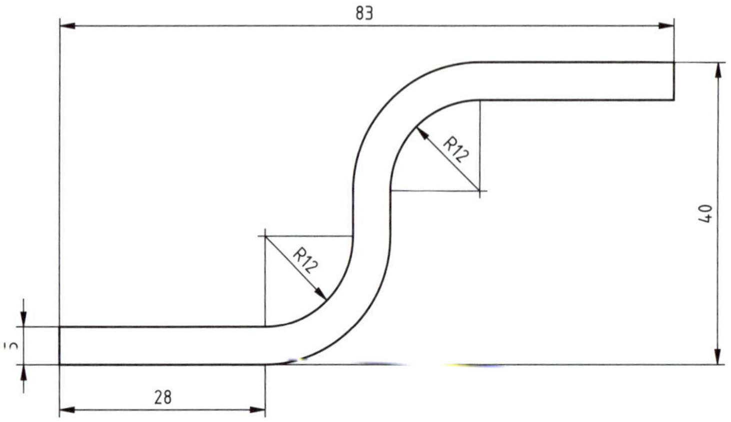

- [ ] L_{ges} = 109 mm
- [ ] L_{ges} = 10,71 mm
- [ ] L_{ges} = 207,02 mm
- [ ] L_{ges} = 105,56 mm
- [ ] L_{ges} = 1,07 mm

/1

Punkte 44: /1

45. Aufgabe

Punkte

Welche Zuordnung von elektrischer Größe und möglicher Einheit ist richtig?

	Elektrische Größe	Einheit
☐	Stromstärke	kΩ
☐	Spannung	MW
☐	Arbeit	kwh
☐	Leistung	A
☐	Widerstand	mV

/1

46. Aufgabe

Punkte

Wie groß ist die Spannung an R_3?

- ☐ 0,5 V
- ☐ 0,66 V
- ☐ 0,83 V
- ☐ 1,33 V
- ☐ 2 V

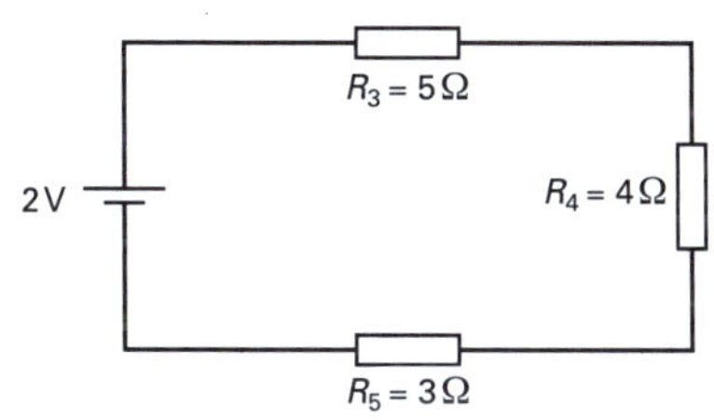

/1

47. Aufgabe

Punkte

Wie müssen Spannungsmessgeräte in einem Stromkreis angeschlossen werden?

- ☐ In Reihe
- ☐ parallel
- ☐ In Reihe zum Verbraucher
- ☐ In Reihe zur Spannungsquelle
- ☐ Immer mit einem Vorwiderstand

/1

Punkte 45 bis 47: /3

48. Aufgabe

Punkte

Aus welchen drei Baugruppen besteht eine komplette Pneumatikanlage?

- ☐ Druckluftspeicher, Aufbereitungseinheit, Signalglieder
- ☐ Verdichter, Steuerung, Antriebsglieder
- ☐ Druckerzeugeranlage, Aufbereitungseinheit, Steuerung
- ☐ Aufbereitungseinheit, Steuerglieder, Antriebsglieder
- ☐ Druckerzeugeranlage, Steuerung, Antriebsglieder

/1

49. Aufgabe

Punkte

Unter welchem Schaltzeichen steht die richtige Bezeichnung?

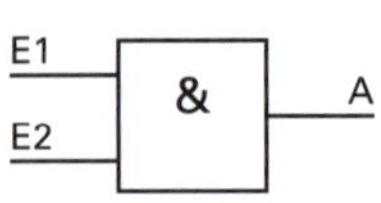 ODER	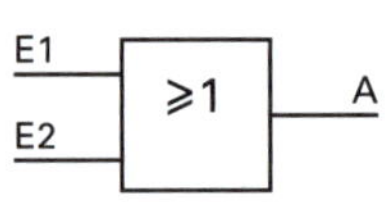 ODER-NICHT	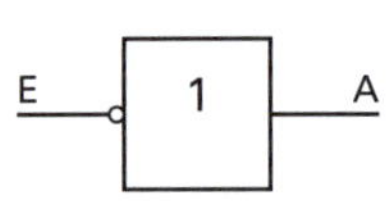 UND	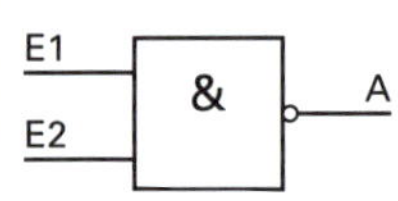 UND-NICHT	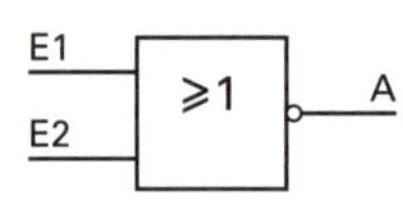 NICHT
☐	☐	☐	☐	☐

/1

50. Aufgabe

Punkte

Beim Ausfahren eines Zylinders tritt der „Stick-Slip-Effekt“ auf.
Wie können Sie diesen vermeiden, wenn beim Ausfahren die Kraft gleich bleiben soll?

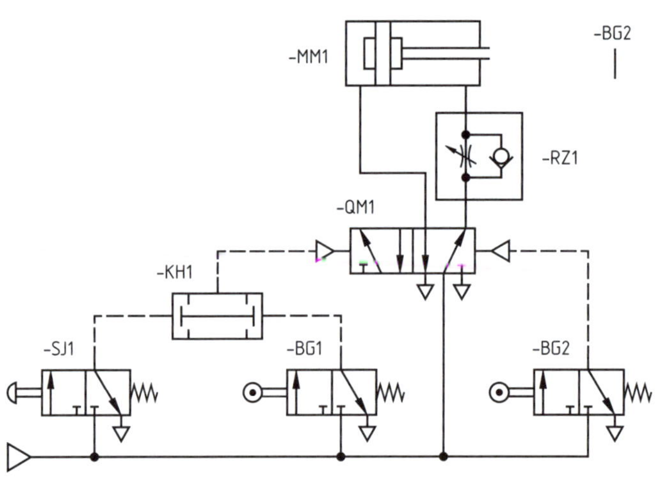

- ☐ Arbeitsdruck des Kolbens –MM1 erhöhen.
- ☐ Arbeitsdruck des Kolbens –MM1 verringern.
- ☐ Drosselrückschlagventil –RZ1 öffnen.
- ☐ Drosselrückschlagventil –RZ1 stärker drosseln.
- ☐ Drosselrückschlagventil –RZ2 auf der Zuluftseite einbauen.

/1

Punkte 48 bis 50: /3

51. Aufgabe

Punkte

Wie groß ist die Kraft *F*, die der Kolben mit einem Kolbendurchmesser $D = 30$ mm und einem Kolbenstangendurchmesser $d = 5$ mm beim Einfahren bei einem Druck $p = 7$ bar erzeugt?

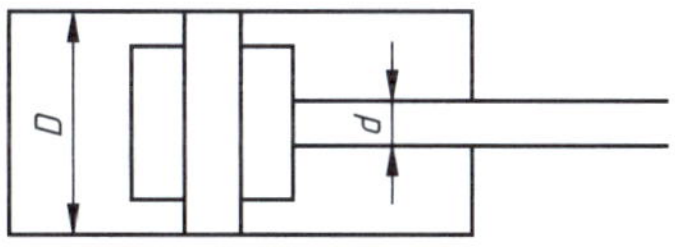

- [ ] $F = 48{,}09$ N
- [ ] $F = 480{,}9$ N
- [ ] $F = 4809$ N
- [ ] $F = 510{,}9$ N
- [ ] $F = 6{,}87$ N

/1

52. Aufgabe

Punkte

In welcher Antwort sind ausschließlich Sensortypen genannt?

- [ ] induktiv, kapazitiv, regenerativ
- [ ] induktiv, fotoelektrisch, magnetisch
- [ ] kapazitiv, induktiv, deduktiv
- [ ] deduktiv, fotoelektrisch, mechanisch
- [ ] rezessiv, induktiv, kapazitiv

/1

53. Aufgabe

Punkte

Warum sind im Stromlaufplan Steuerstrom und Arbeitsstrom in der Regel getrennt?

- [ ] Um bei großen Steuerströmen geringe Arbeitsströme zu realisieren.
- [ ] Um bei Ansteuerung über Drehstrom einen hohen Arbeitsstrom zu erhalten.
- [ ] Um mit geringen Steuerströmen hohe Leistungen schalten zu können.
- [ ] Diese Trennung wird nur aufgrund übersichtlicher Leitungsführung realisiert.
- [ ] Diese Trennung wird nur aufgrund Arbeitssicherheitsaspekten realisiert.

/1

Punkte 51 bis 53: /3

54. Aufgabe

Punkte

Welche Inspektions- und Wartungsarbeiten müssen bei Dauerbetrieb der Hydraulikanlage laufend bzw. täglich durchgeführt werden?

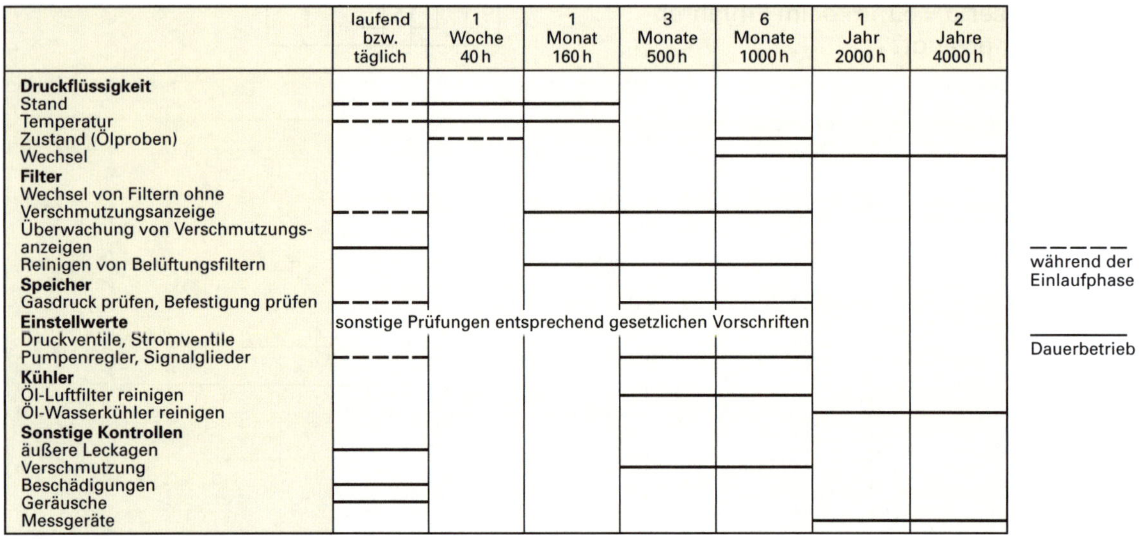

- [ ] Stand und Temperatur der Druckflüssigkeit prüfen, Wechsel von Filtern ohne Verschmutzungsanzeige, Gasdruck von Speichern prüfen
- [ ] Überwachung von Verschmutzungsanzeigen bei Filtern, Kontrolle auf äußere Leckagen, Beschädigungen und Geräusche
- [ ] Reinigen von Belüftungsfiltern, Gasdruck von Speichern prüfen, Öl-Wasserkühler reinigen
- [ ] Wechsel von Filtern ohne Verschmutzungsanzeige, Öl-Wasserkühler reinigen
- [ ] Zustand der Druckflüssigkeit prüfen, Einstellwerte der Bauteile prüfen

/1

55. Aufgabe

Punkte

Welche wirtschaftlichen Ziele werden durch die Instandhaltung verfolgt?

- [ ] Steigerung der Wirtschaftlichkeit des Betriebes
- [ ] Humanitäre Ausrichtung der Produktion
- [ ] Rationalisierung innerhalb des Betriebes
- [ ] Lagerkosten und Lohnkosten senken
- [ ] Einsparen von Dokumentation und Protokollierung

/1

56. Aufgabe

Punkte

Mit der Zehnerregel wird festgehalten, dass der Zeitpunkt der Fehlerentdeckung entscheidend ist für die Kosten je Fehler. Was ist die richtige Reihenfolge für die Kostensteigerung je Produktionsschritt?

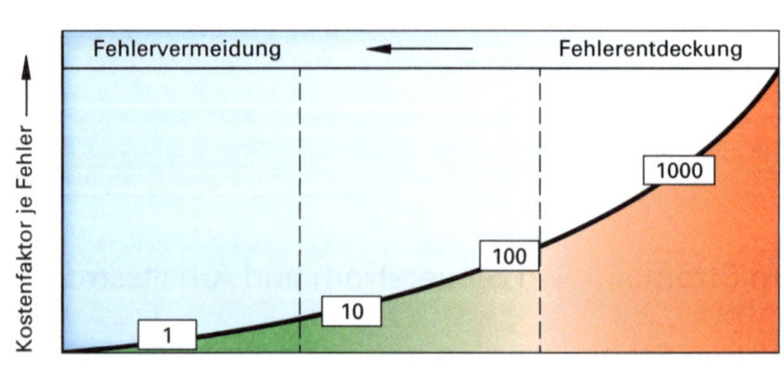

- [ ] Planung, Entwicklung, Endprüfung, Fertigung, Kunde
- [ ] Planung, Entwicklung, Fertigung, Kunde, Endprüfung
- [ ] Planung, Kunde, Entwicklung, Fertigung, Endprüfung
- [ ] Entwicklung, Planung, Fertigung, Endprüfung, Kunde
- [ ] Planung, Entwicklung, Fertigung, Endprüfung, Kunde

/1

Punkte 54 bis 56: /3

57. Aufgabe Punkte

Welche Merkmale in der Fertigung sind verantwortlich für die Streuung der Qualität?

- [ ] Mensch, Maschine, Material, Methode, Mitwelt
- [ ] Mooroalz, Maschine, Material, Methode, Mitwelt
- [ ] Mengendurchsatz, Maschine, Material, Methode, Mitwelt
- [ ] Messverarbeitung, Maschine, Material, Methode, Mitwelt
- [ ] Methodenfehler, Maschine, Material, Methode, Mitwelt

/1

58. Aufgabe Punkte

Worauf ist beim Arbeiten beim Bohren zu achten?

- [ ] Immer Handschuhe verwenden.
- [ ] Immer alle Bauteile einölen.
- [ ] Haarnetz, Schutzbrille und Kappe verwenden.
- [ ] Sicherheitsschuhe und Handschuhe sind anzuziehen.
- [ ] Eine getönte Brille ist immer notwendig.

/1

59. Aufgabe Punkte

Worauf weist die abgebildete Sicherheitskennung hin?

- [ ] Auf den Weg zu einem Aufzug.
- [ ] Auf den Weg zu einer Erste-Hilfe-Station.
- [ ] Auf einen Rettungsweg mit Richtungsangabe.
- [ ] Auf die südliche Himmelsrichtung.
- [ ] Auf den Weg zu einem Defibrillator.

/1

60. Aufgabe Punkte

Unter welcher Sicherheitsfarbe steht die richtige Bedeutung?

Halt, Verbot	Gebotszeichen Hinweis	Vorsicht! Mögliche Gefahr	Warnung Feuerwehr	Gefahrlosigkeit Erste Hilfe
☐	☐	☐	☐	☐

/1

61. Aufgabe Punkte

Wovon hängt es ab, ob durch Lärm am Arbeitsplatz das Gehör geschädigt wird?

- [ ] Vom körperlichen Gesundheitszustand.
- [ ] Von der Höhe des Schallpegels und der Dauer der Einwirkung.
- [ ] Nur von der Höhe des Schallpegels.
- [ ] Von der Regelmäßigkeit der Vorsorgeuntersuchungen.
- [ ] Nur von der Dauer der Einwirkung.

/1

Punkte 57 bis 61: /5

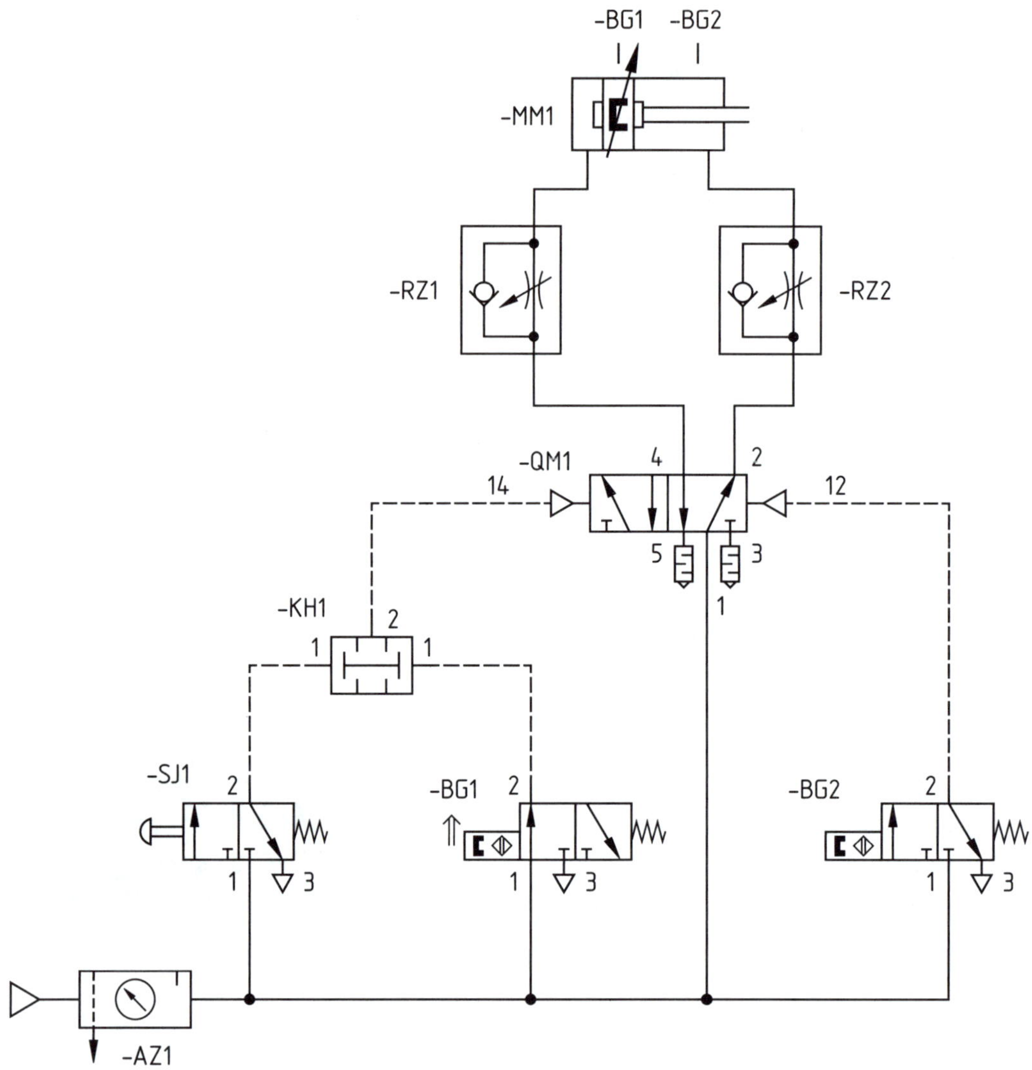

Bild 1

62. Aufgabe Punkte

Welche Aussage bezüglich der Anordnung der Bauteile –RZ1 und –RZ2 in Bild 1 ist richtig?

- ☐ Es handelt sich um eine Zuluftdrosselung.
- ☐ Es handelt sich um eine Abluftdrosselung.
- ☐ Der Kolben des Aktors –MM1 fährt schneller aus.
- ☐ Der Kolben des Aktors –MM1 fährt schneller ein.
- ☐ Die Bauteile –RZ1 und –RZ2 haben keinen Einfluss auf die Kolbengeschwindigkeit.

/1

63. Aufgabe Punkte

Wie wird das Signalglied –BG1 in Bild 1 bezeichnet?

- ☐ Pneumatischer Näherungsschalter; 2/2-Wegeventil in Durchflussnullstellung.
- ☐ Elektrischer Näherungsschalter; 3/2-Wegeventil in Sperrnullstellung.
- ☐ Pneumatischer Näherungsschalter; 3/2-Wegeventil in Durchflussnullstellung.
- ☐ Elektrischer Näherungsschalter; 3/2-Wegeventil in Durchflussnullstellung.
- ☐ Pneumatischer Näherungsschalter; 3/2-Wegeventil in Sperrnullstellung.

/1

Punkte 62 bis 63: /2

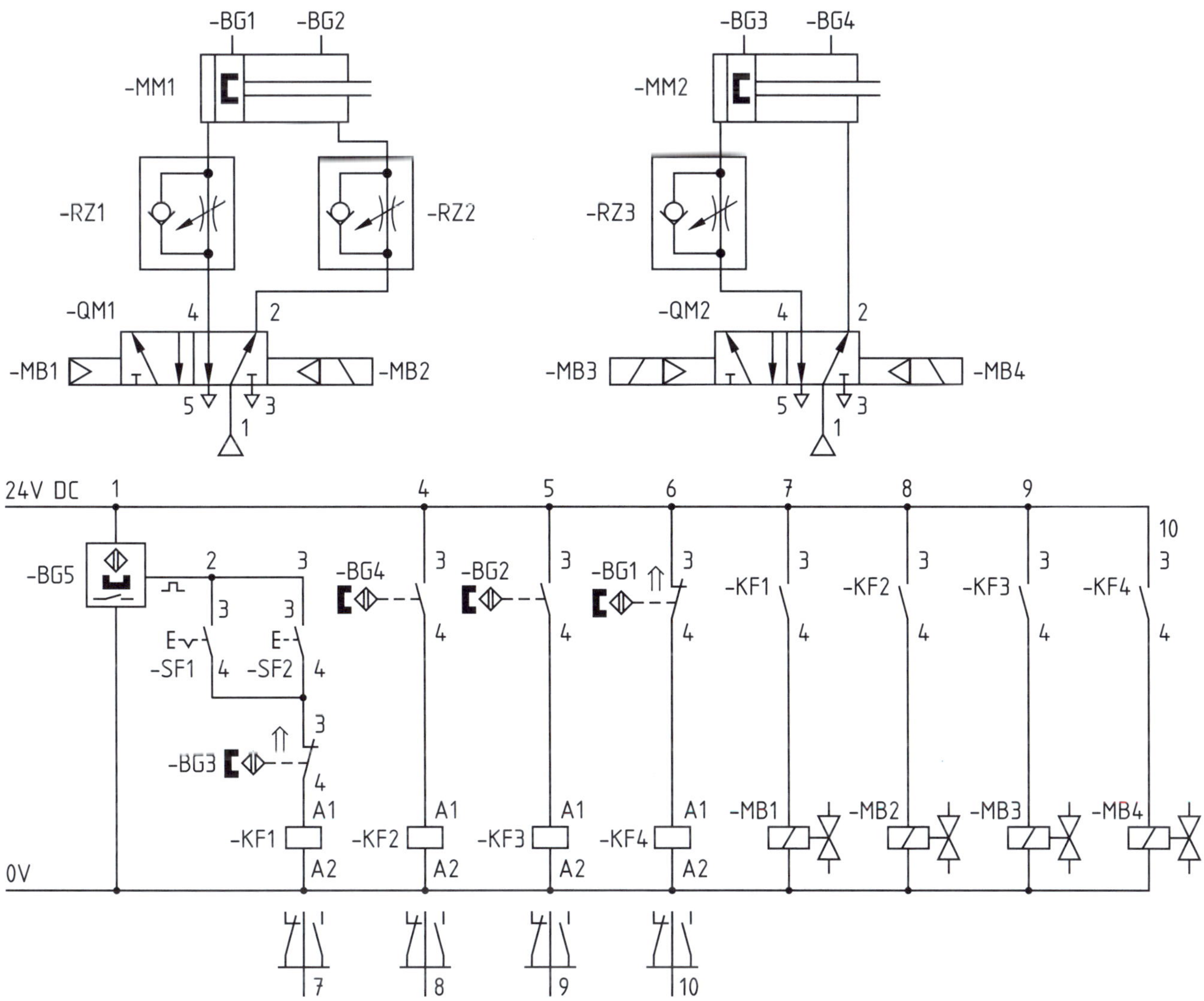

Bild 1

64. Aufgabe

Punkte

Welche Aussage über das Stellglied –QM1 im Leistungsteil in Bild 1 ist korrekt?

- [ ] Monostabiles 4/2-Wegeventil, impulsbetätigt.
- [ ] Bistabiles 4/2-Wegeventil, impulsbetätigt.
- [ ] Monostabiles 5/2-Wegeventil, Schaltung mittels Magnetspule.
- [ ] Bistabiles 5/2-Wegeventil, Schaltung mittels Magnetspule.
- [ ] Bistabiles 5/3-Wegeventil, Schaltung mittels Magnetspule.

/1

65. Aufgabe

Punkte

Wie lautet der Schaltalgebraische Ausdruck für das Relais –KF1 im Steuerteil in Bild 1?

- [ ] –SF1 UND –SF2 UND –BG3 = –KF1.
- [ ] –SF1 UND –SF2 UND –BG3NICHT = –KF1.
- [ ] (–SF1 ODER –SF2) UND –BG3NICHT = –KF1.
- [ ] (–SF1 ODER –SF2) UND –BG3 = –KF1.
- [ ] –SF1 ODER –SF2 ODER –BG3NICHT = –KF1.

/1

Punkte 64 bis 65: /2

Bildquellenverzeichnis

Adobe Systems Software, Ireland Ltd., Adobe Stock, Dublin, Irland:
S. 4, Abb. 7 © H-J Paulsen
S. 55, Abb. 5 ©Thaweeska

Beuth Verlag GmbH, Berlin:
S. 60, Abb. 1-5
S. 117, Abb. 1

Fotos der Autoren:
S. 4, Abb. 1-6
S. 106, Abb. 1-5

Shutterstock.com, New York:
S. 44, Abb. 2 © Orest Malanchuk
S. 55, Abb. 1 © Andrey Suslov
S. 55, Abb. 2 © PRILL
S. 55, Abb. 3 ©Valentinos71
S. 55, Abb. 4 © MRo
S. 91, Abb. 1 © Black Cotton
S. 107, Abb. 1 © KPixMining
S. 109, Abb. 1 © Sukpaiboonwat
S. 110, Abb. 1 © Sergey Goruppa

Hinweis:

Die Seitenzahlen der Musterlösungen entsprechen denen des dazugehörigen Prüfungsvorbereitungsbuches.

EUROPA-FACHBUCHREIHE
für metalltechnische Berufe

Prüfungsvorbereitung aktuell

Abschlussprüfung Teil 1

Industriemechaniker/-in

Musterlösungen

1. Auflage

Bearbeitet von Lehrern an beruflichen Schulen

VERLAG EUROPA-LEHRMITTEL · Nourney, Vollmer GmbH & Co. KG
Düsselberger Straße 23 · 42781 Haan-Gruiten

Europa-Nr.: 12531

Autoren:

Liedl, Jakob	Oberstudienrat	Regensburg
Metz, Wilfried	Oberstudienrat	München
Pawlitschko, Rudi	Studiendirektor	Schrobenhausen

Leitung des Arbeitskreises und Lektorat:
Josef Dillinger

Bildbearbeitung:
Zeichenbüro des Verlags Europa-Lehrmittel, Nourney, Vollmer GmbH & Co. KG, 73760 Ostfildern

1. Auflage 2015, korrigierter Nachdruck 2023
Druck 5 4 *(keine Änderung seit der 3. Druckquote)*

Alle Drucke derselben Auflage sind parallel einsetzbar, da sie bis auf die Korrektur von Druckfehlern identisch sind.

ISBN 978-3-8085-1253-1

Satz: Satz+Layout Werkstatt Kluth GmbH, 50374 Erftstadt
Umschlag: braunwerbeagentur, 42477 Radevormwald
Umschlagfotos: Bildmaterial des Autorenkreises
Druck: Himmer GmbH, 86167 Augsburg

Vorwort

Das vorliegende Lehrmittel PRÜFUNGSVORBEREITUNG AKTUELL Industriemechaniker beinhaltet sechs gezielt auf die Lerninhalte der Facharbeiterprüfung Teil 1 abgestimmte Aufgaben.

Wie in der Prüfung wechseln sich offengestellte Fragen und Multiple-Choice-Aufgaben ab.

Die folgenden, jeweils farblich gekennzeichneten Themenbereiche werden an einem Handlungsträger abgefragt:

Fertigungstechnik
Verbindungstechnik
Maschinen- und Gerätetechnik
Auftrags- und Funktionsanalyse
Werkstofftechnik
Instandhaltung
Prüftechnik
Automatisierungstechnik
Elektrotechnik
Qualitätsmanagement

Handlungsträger sind
- Schaltvorrichtung
- Bohrvorrichtung
- Schiebevorrichtung Ventilkegel
- Exzenterkugelverteiler
- Kugelsortierer
- Schiebevorrichtung Schwalbenschwanz

Das vorliegende Buch soll jedoch nicht nur auf die Abschlussprüfung vorbereiten, sondern auch Hilfestellung bei Klassenarbeiten und anderen Prüfungen geben. Deshalb befindet sich zusätzlich zu den sechs Prüfungsaufgaben ein Pool von Multiple-Choice-Aufgaben, die zehn Themenbereiche abfragen.

Das Lösungsbuch zu diesem Prüfungsvorbereitungsbuch beinhaltet didaktische Hinweise und ausführliche Lösungen zu den Aufgabenstellungen.

Die Autoren wünschen dem Nutzer des Buches viel Erfolg bei seinen Prüfungen und sind für Kritik, Verbesserungen und Hinweise dankbar.

Die Autoren — Herbst 2015

Inhaltsverzeichnis

Schaltvorrichtung ... 5
Gesamtzeichnung ... 15
Stückliste ... 16
Einzelteilzeichnungen ... 17
Pneumatik-Schaltplan ... 20

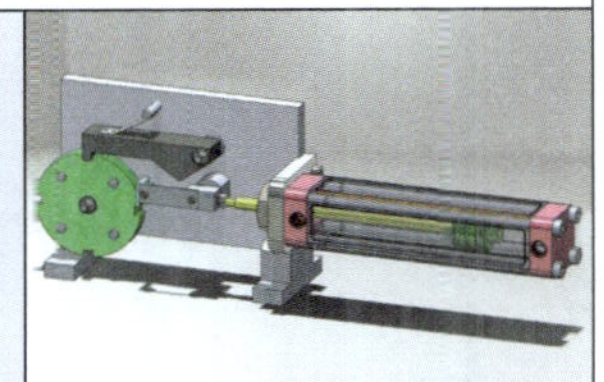

Bohrvorrichtung ... 21
Gesamtzeichnung ... 31
Stückliste ... 32
Einzelteilzeichnungen ... 33
Pneumatik-Schaltplan ... 36

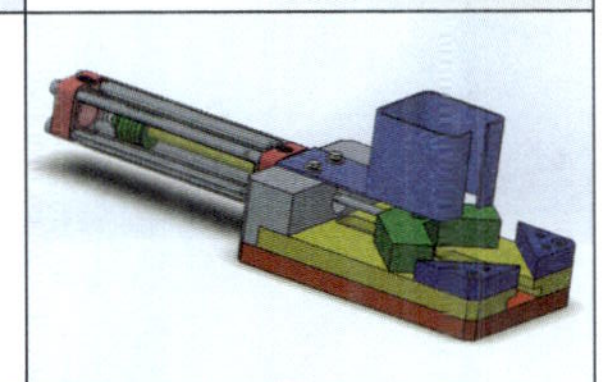

Schiebevorrichtung Ventilkegel ... 37
Grundplatte ... 45
Gesamtzeichnung mit Stückliste ... 46
Einzelteilzeichnungen ... 47
Elektro-Pneumatik-Schaltplan ... 50

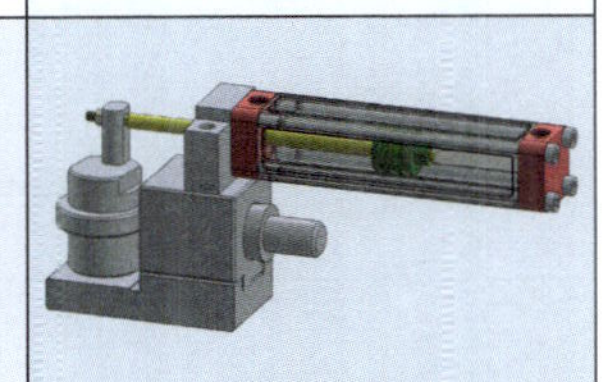

Exzenterkugelverteiler ... 51
Gesamtzeichnung ... 63
Stückliste ... 64
Einzelteilzeichnungen ... 65
Pneumatik-Schaltplan ... 68

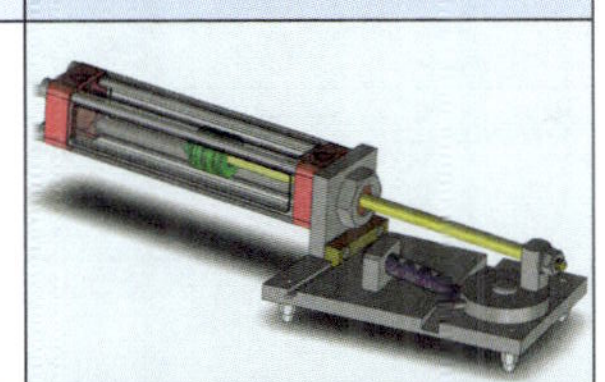

Kugelsortierer ... 69
Gesamtzeichnung ... 79
Stückliste ... 80
Einzelteilzeichnungen ... 81
Pneumatik-Schaltplan ... 84

Schiebevorrichtung Schwalbenschwanz ... 85
Grundplatte ... 93
Gesamtzeichnung mit Stückliste ... 94
Einzelteilzeichnungen ... 95
Elektro-Pneumatik-Schaltplan ... 98

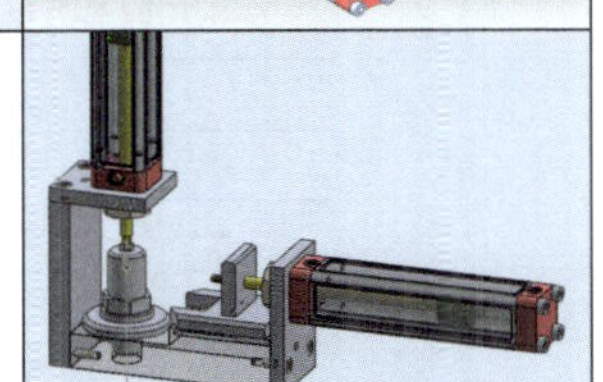

Multiple-Choice-Aufgaben ... 99
MC-Aufgaben

Schaltvorrichtung

Name: ______________________ Datum: ______________

Zeit: 90 Minuten

Arbeitsmittel: Tabellenbuch, TR, Zeichengeräte

9 offene Aufgaben

21 gebundene Aufgaben (nur eine Lösung ist richtig)

Punkteschlüssel:

52	–	48	=	Note 1
47	–	42	=	Note 2
40	–	35	=	Note 3
34	–	26	=	Note 4
25	–	16	=	Note 5
15	–	0	=	Note 6

Die in der Gesamtzeichnung dargestellte Schaltvorrichtung mit steuerungstechnischer Funktion soll hergestellt werden.

Bearbeiten Sie die Aufgaben, die sich auf die Schaltvorrichtung beziehen, größtenteils in richtiger Reihenfolge. Beantworten Sie die offenen Fragen mit möglichst kurzen Sätzen.

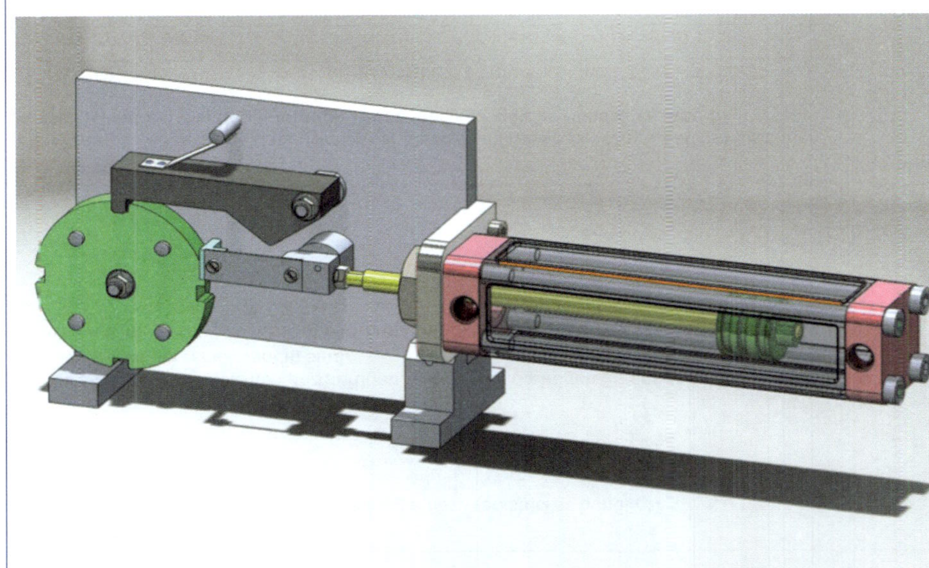

1. Aufgabe

Beschreiben Sie die Funktion der Baugruppe unter Angabe der Benennung und Positionsnummer.

Die Baugruppe Schaltvorrichtung ermöglicht 90°- Drehbewegungen des Drehtellers (Pos. 3).
Einsatzbereiche wären z. B. Weitergabe von Bauteilen im 90°-Takt, eine Umlenkung von Bewegungen.
Die Kolbenstange fährt aus in Richtung Drehteller (Pos. 3).
Der Drehteller wird um 90° gedreht und durch das Einrasten des Hebels (Pos. 6) in seiner Lage fixiert und gesichert.

Punkte /5

2. Aufgabe

Welche Bedeutung hat die Stückliste (Blatt 2/6)?

Die Stückliste ist Teil der Gesamtzeichnung. Gemeinsam mit der Gesamtzeichnung beschreiben sie eine Baugruppe vollständig.
In der Stückliste sind alle Teile nach Positionsnummern sortiert.

Punkte /2

3. Aufgabe

In der Stückliste (Blatt 2/6) steht unter der Spalte „Sachnr./Norm-/Kurzbezeichnung“ die Angabe **DIN EN ISO 1207**.
Was bedeutet hier **DIN**?

- [ ] **D**eutsche **I**ndustrie **N**orm
- [ ] **D**eutsche **I**ngenieur **N**utzung
- [ ] **D**eutsche **I**nteressengesellschaft für **N**ationalitäten
- [ ] **D**achgesellschaft für **i**nstitutionelle **N**ormung
- [x] **D**eutsches **I**nstitut für **N**ormung

Punkte /1

4. Aufgabe

Welche der aufgeführten Größen ist eine Basisgröße nach dem internationalen Einheitensystem (SI)?

- [x] Masse *(m)*
- [ ] Kraft *(F)*
- [ ] Druck *(p)*
- [ ] Geschwindigkeit *(v)*
- [ ] Widerstand *(R)*

Punkte /1

Punkte 1 bis 4: /9

5. Aufgabe

Wie viele Ansichten werden zur Darstellung eines Werkstückes benötigt?

- [ ] Die Begrenzung liegt bei drei Ansichten.
- [ ] Es sind maximal sechs Ansichten zulässig.
- [ ] Bei prismatischen Körpern reichen zwei Ansichten.
- [x] Es sind so viele Ansichten anzufertigen, wie zum endgültigen Erkennen und Bemaßen des Werkstückes notwendig sind.
- [ ] Die Anzahl der Ansichten hängt vom Blattmaßstab ab.

Punkte /1

6. Aufgabe

Sie sägen die Trägerplatte (Pos. 1) an einer Maschinenkreissäge. Warum haben Maschinenkreissägeblätter meist bogenförmige Zähne im Gegensatz zu Handsägeblättern?

Bogenförmige Zähne haben einen großen Freiwinkel und einen großen Spanwinkel. Dadurch ist der Keilwinkel eher klein und die Gefahr des Einhakens besteht. Um trotzdem zu trennen, braucht es eine große Kraft und einen großen Vorschub, den nur Maschinen aufbringen können.

Punkte /3

7. Aufgabe

Welches der aufgeführten Bauteile der mechanischen Baugruppe muss/sollte gehärtet sein?

- [ ] Trägerplatte (Pos. 1)
- [ ] Stützfuß vorne (Pos. 22)
- [x] Zylinderstift (Pos. 5)
- [ ] Buchse (Pos. 8)
- [ ] Zylinderbefestigung (Pos. 2)

Punkte /1

8. Aufgabe

Der Bezug SW13 bei Pos. 7 kennzeichnet die/den:

- [ ] Sicherungsbereich 13 m einer Werkzeugmaschine
- [x] Schlüsselweite 13 mm
- [ ] Schleifflächenweite 0,13 mm
- [ ] Strichmaßweite 13 mm
- [ ] Schraffurweite 0,13 mm

Punkte /1

Punkte 5 bis 8: /6

9. Aufgabe

Punkte

Berechnen Sie die Masse m (in kg) der Trägerplatte (Pos. 1) vor der Bearbeitung!

Geg.: $l = 160$ mm; $b = 100$ mm; $h = 10$ mm; $\rho_{\text{Stahl unlegiert}} = 7{,}85\ \frac{g}{cm^3}$

$m = V \cdot \rho_{\text{Stahl unlegiert}}$

$m = l \cdot b \cdot h \cdot \rho$

$m = 16\ cm \cdot 10\ cm \cdot 1\ cm \cdot 7{,}85\ \frac{g}{cm^3}$

$m = 1{,}256\ kg$

/3

10. Aufgabe

Punkte

Das Zylindergehäuse (Pos. 24) aus EN-GJL 100 hat eine Masse von 2,27 kg.
Was würde dasselbe Gehäuse aus einer Aluminiumlegierung mit einer Dichte von $\rho_{Al} = 2{,}7$ kg/dm³ wiegen?

- [x] 0,84 kg
- [ ] 1,1 kg
- [ ] 1,35 kg
- [ ] 1,5 kg
- [ ] Das Gewicht ändert sich nicht, da sich die Maße nicht ändern.

$\rho_{\text{Gusseisen}} = 7{,}25\ \frac{kg}{dm^3}$

$2{,}27\ kg \Rightarrow 7{,}25\ \frac{kg}{dm^3}$

$1\ kg \Rightarrow 2{,}7\ \frac{kg}{dm^3}$

$\dfrac{2{,}27\ kg \cdot 2{,}7\ \frac{kg}{dm^3}}{7{,}25\ \frac{kg}{dm^3}} \Rightarrow 0{,}84\ kg$

/1

11. Aufgabe

Punkte

In die Trägerplatte (Pos. 1) soll ein M5-Gewinde geschnitten werden. Geben Sie die Werkzeuge zum Herstellen in der richtigen Reihenfolge an.

- [ ] Bohrer ∅ 4,2, Vorschneider, Fertigschneider, Mittelschneider, Senker
- [x] Bohrer ∅ 4,2, Senker, Vorschneider, Mittelschneider, Fertigschneider
- [ ] NC-Anbohrer, Bohrer ∅ 4,4, Vorschneider, Mittelschneider, Fertigschneider
- [ ] Vorschneider, Mittelschneider, Fertigschneider, Senker, Bohrer ∅ 4,2
- [ ] Bohrer ∅ 4,2, Vorschneider, Mittelschneider, Fertigschneider, Senker

/1

12. Aufgabe

Punkte

Wie viel Aufmaß lassen Sie für die Herstellung einer Reibung ∅ 8H7 bei Pos. 8?
Begründen Sie Ihre Entscheidung!

Ca. 0,1 bis 0,5 mm Reibzugabe.
Es muss eine Mindestspanungsdicke gegeben sein und keine Überlastung der Reibahle.
(Schabende Spanabnahme durch negativen Freiwinkel)

/3

13. Aufgabe

Punkte

Welche Drehzahl n (in min⁻¹) ist für die Bohrung ∅ 5H7 bei einer Schnittgeschwindigkeit v_c von 30 m/min einzustellen?

- [ ] $n = 193\ min^{-1}$
- [ ] $n = 1093\ min^{-1}$
- [ ] $n = 1250\ min^{-1}$
- [x] $n = 1989\ min^{-1}$
- [ ] $n = 3000\ min^{-1}$

$n = \dfrac{v_c}{d \cdot \pi} = \dfrac{30\ \frac{m}{min} \cdot 1000\ \frac{mm}{m}}{4{,}8\ mm \cdot \pi} = 1989\ min^{-1}$

/1

14. Aufgabe

Punkte

Bei welchem Keilwinkel ist die Standzeit eines Trennwerkzeuges am größten?

- [ ] 15°
- [ ] 30°
- [ ] 45°
- [x] 60°
- [ ] Der Keilwinkel hat keinen Einfluss auf die Standzeit, sondern der Freiwinkel.

/1

15. Aufgabe

Punkte

Welches Bild zeigt eine normgerecht dargestellte Gewindedarstellung?

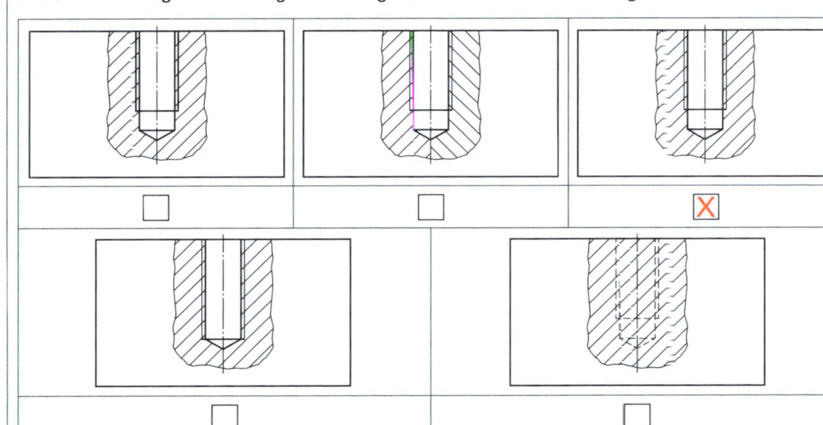

/1

16. Aufgabe Punkte

Wie bezeichnet man an einem Spiralbohrer den mit γ bezeichneten Winkel?

- [ ] Freiwinkel
- [x] Spanwinkel
- [ ] Schnittwinkel
- [ ] Keilwinkel
- [ ] Spitzenwinkel

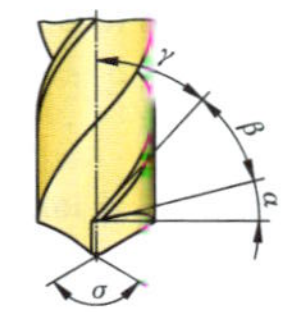

/1

17. Aufgabe Punkte

Die Kolbenstange aus legiertem Stahl mit der Länge 150 mm erwärmt sich im Betrieb von 20 °C auf 45 °C. Mit wie viel Längenänderung müssen Sie rechnen?

$\Delta l = \alpha \cdot l_1 \cdot \Delta t$

$\Delta l = 0{,}0000161 \frac{1}{°C} \cdot 150\,mm \cdot 25\,°C$

$\Delta l = 0{,}06\,mm$

/3

18. Aufgabe Punkte

Bei der Überprüfung des Hebels (Pos. 8) liegen einige Messwerte vor.
Welcher Messwert liegt innerhalb der Toleranz?

$6^{-0{,}1}_{-0{,}2}$

- [x] 5,80 mm
- [ ] 6,00 mm
- [ ] 6,05 mm
- [ ] 6,20 mm
- [ ] 6,50 mm

/1

19. Aufgabe Punkte

Mit welchen Prüfmitteln lassen sich die angegebenen Maße prüfen?

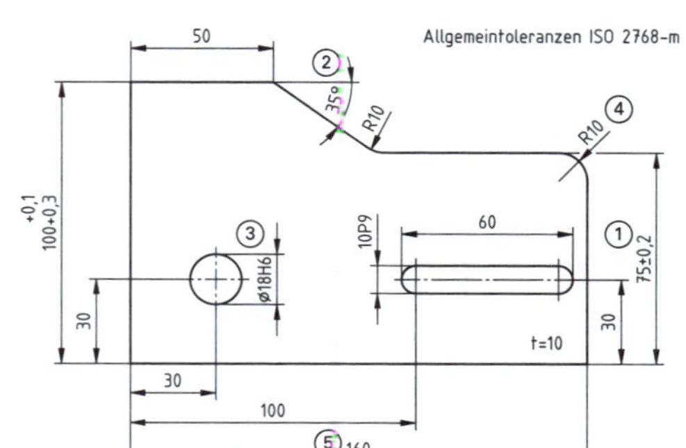

Lfd. Nr.	Prüfgröße/Maß	Prüfmittel
①	75+/−0,2	Messschieber A (0–150 mm)
②	35°	Universalwinkelmesser/Winkelmesser
③	Ø18H6	Grenzlehrdorn/Innenmessschraube
④	R10	Radienlehre
⑤	160	Messschieber B (0–300 mm)

/5

20. Aufgabe Punkte

Welche Bauteile der Schaltvorrichtung müssen unbedingt geschmiert werden?

- [ ] Zylinderstift (Pos. 4)
- [ ] Federblech (Pos. 11)
- [ ] Kippstück (Pos. 18)
- [ ] Mutter (Pos. 21)
- [x] Buchse (Pos. 8)

/1

21. Aufgabe Punkte

Die Zylinderschraube (Pos. 16) darf bei der Montage nicht überbelastet werden.
Welche Länge l (in mm) darf der Sechskantwinkelschraubendreher bei den vorgegebenen Kräften haben?

- [ ] 55 mm
- [ ] 65 mm
- [ ] 71,5 mm
- [x] 74,4 mm
- [ ] 106 mm

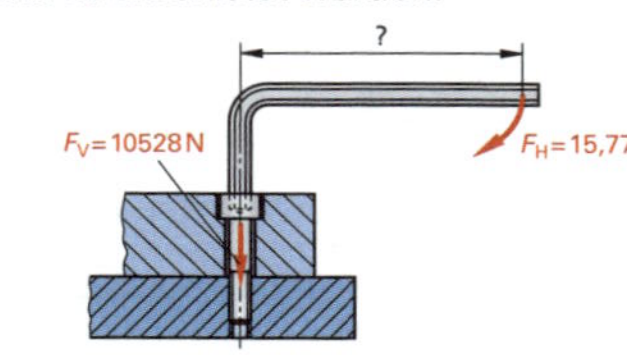

$F_V \cdot P = F_H \cdot 2 \cdot \pi \cdot l$

$l = \frac{F_V \cdot P}{F_H \cdot 2 \cdot \pi}$

$l = \frac{10528\,N \cdot 0{,}7\,mm}{15{,}77\,N \cdot 2 \cdot \pi} = 74{,}4\,mm$

/1

22. Aufgabe Punkte

Der Werkstoff von Pos. 2 enthält im Werkstoffkurzzeichen das Zusatzsymbol +N.
Welche Bedeutung hat das Symbol im Bezeichnungssystem?

- [ ] Es handelt sich um ein Blankerzeugnis.
- [x] Es ist ein warmgewalzter, unlegierter Baustahl, der normalgeglüht wurde.
- [ ] Es ist der Kennbuchstabe für Stickstoff.
- [ ] Das +N gibt an, dass der Werkstoff mit Niedertemperatur nachgeglüht wurde.
- [ ] Es handelt sich um einen thermomechanisch, neutral gewalzten Maschinenbaustahl.

/1

23. Aufgabe Punkte

Auf einem Kanister Kühlschmierstoff entdecken Sie das Gefahrstoffkennzeichen.
Durch welche Maßnahme können Sie sich beim Umgang mit Kühlschmierstoffen vor Gesundheitsschäden schützen?

- [ ] Durch Desinfizieren der Hände nach Berührung.
- [ ] Durch gründliches Waschen der Hände nach Beendigung der Arbeit.
- [ ] Durch ständige pH-Wert-Kontrolle des Kühlschmierstoffes.
- [x] Durch Tragen von Schutzhandschuhen.
- [ ] Durch Benutzen von Hautcreme vor Beginn der Arbeit.

/1

24. Aufgabe

Welche Funktion hat das in dem Schaltplan mit –QM1 gekennzeichnete Bauelement?

- [x] Es ist das Stellglied für das Bauteil –MM1.
- [ ] Es hat keine Funktion.
- [ ] Es reguliert den Überdruck im Bauteil –MM1.
- [ ] Es gibt einen Steuerimpuls an das Bauteil –SJ1.
- [ ] Es dient zur Entlüftung von Bauteil –MM1.

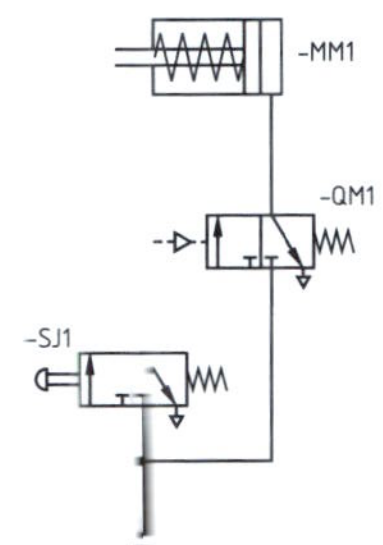

Punkte /1

25. Aufgabe

Welchen Widerstand hat eine Heizwendel in einem Glühofen, wenn sie an 400 V 5 A aufnimmt?

- [ ] R_H = 0,8 Ω
- [ ] R_H = 8 Ω
- [x] R_H = 80 Ω
- [ ] R_H = 800 Ω
- [ ] R_H = 8 kΩ

$R = \frac{U}{I}$

$R = \frac{400\ V}{5\ A} = 80\ \Omega$

Punkte /1

26. Aufgabe

Von wem oder was geht die Hauptgefährdung von Maschinen und Geräten aus?

- [ ] Von der Konstruktion der Maschine
- [x] Vom Energiefluss
- [ ] Vom Bediener selbst
- [ ] Von der Umgebungstemperatur
- [ ] Vom Aufstellort der Maschine

Punkte /1

27. Aufgabe

Geben Sie mindestens drei Umweltschutzmaßnahmen an, die Sie im Umgang mit Altöl treffen müssen!

- Persönliche Schutzausrüstung (PSA) benutzen.
- Schutzhandschuhe und Schutzbrille bei heißem Öl benutzen
- Ölbindemittel und Ölauffangwanne bereitstellen.
- Öl, ölhaltige Bauteile, Ölbindemittel vorschriftsmäßig und fachgerecht entsorgen.

Punkte /3

Punkte 24 bis 27: /6

28. Aufgabe

Die Werkshalle, in der die Schaltvorrichtungen montiert werden, wird in der warmen Jahreszeit von 10 Ventilatoren mit zusammen P = 8 kW Leistungsaufnahme belüftet. Die monatliche Betriebsdauer beträgt t = 120 h. Der Arbeitspreis wird mit 0,25 €/kWh kalkuliert.

a) Berechnen Sie die monatlich aufzuwendende elektrische Arbeit W in kWh.
b) Berechnen Sie die monatlich entstehenden Energiekosten K in €.

$W = P \cdot t$
$W = 8\ kW \cdot 120\ h$
$W = 960\ kWh$

$K = W \cdot Kosten/kWh$
$K = 960\ kWh \cdot 0{,}25\ €/kWh$
$K = 240\ €$ pro Monat

Punkte /4

29. Aufgabe

Das Diagramm zeigt die Optimierung der Qualitätsgesamtkosten für das Bauteil Exzenterscheibe (Pos. 3). Welche Aussage ist richtig?

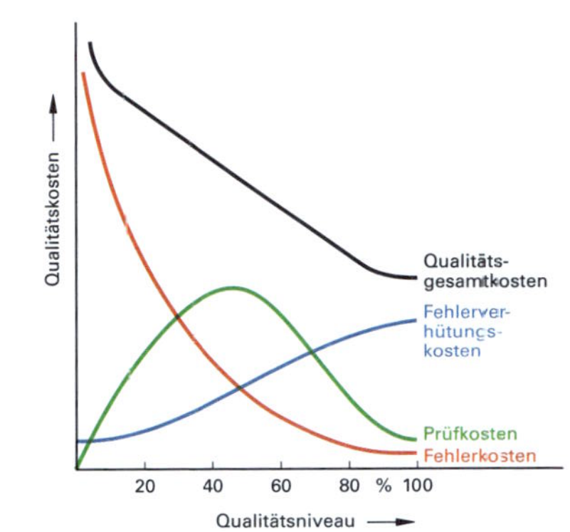

- [ ] Geringe Fehlerkosten führen zwangsläufig zu geringen Fehlerverhütungs- und Prüfkosten.
- [ ] Ein hohes Qualitätsniveau (Null-Fehler-Niveau) führt zwangsläufig zu hohen Qualitätskosten.
- [x] Geringe Fehler- und Prüfkosten sowie hohe Fehlerverhütungskosten führen zu geringen Qualitätsgesamtkosten.
- [ ] Ein mittleres Qualitätsniveau führt zu optimalen Qualitätsgesamtkosten.
- [ ] Hohe Qualitätsgesamtkosten entstehen immer durch niedrige Fehlerkosten.

Punkte /1

Punkte 28 bis 29: /5

30. Aufgabe

Punkte

Ein Mitarbeiter hat bei einem Unfall eine blutende Wunde an der Hand. Sie sind als erster an der Unfallstelle. Was unternehmen Sie bis der Rettungsdienst eintrifft?

- [ ] Sie tun so, als ob nichts geschehen wäre.
- [ ] Sie holen sofort Bindemittel, um das Blut am Boden zu binden.
- [x] Sie holen Verbandsmaterial und legen einen Druckverband an.
- [ ] Sie geben dem Verunglückten Schmerzmittel.
- [ ] Sie beten zu Gott um Hilfe.

/1

Notizen

Punkte 30: /1

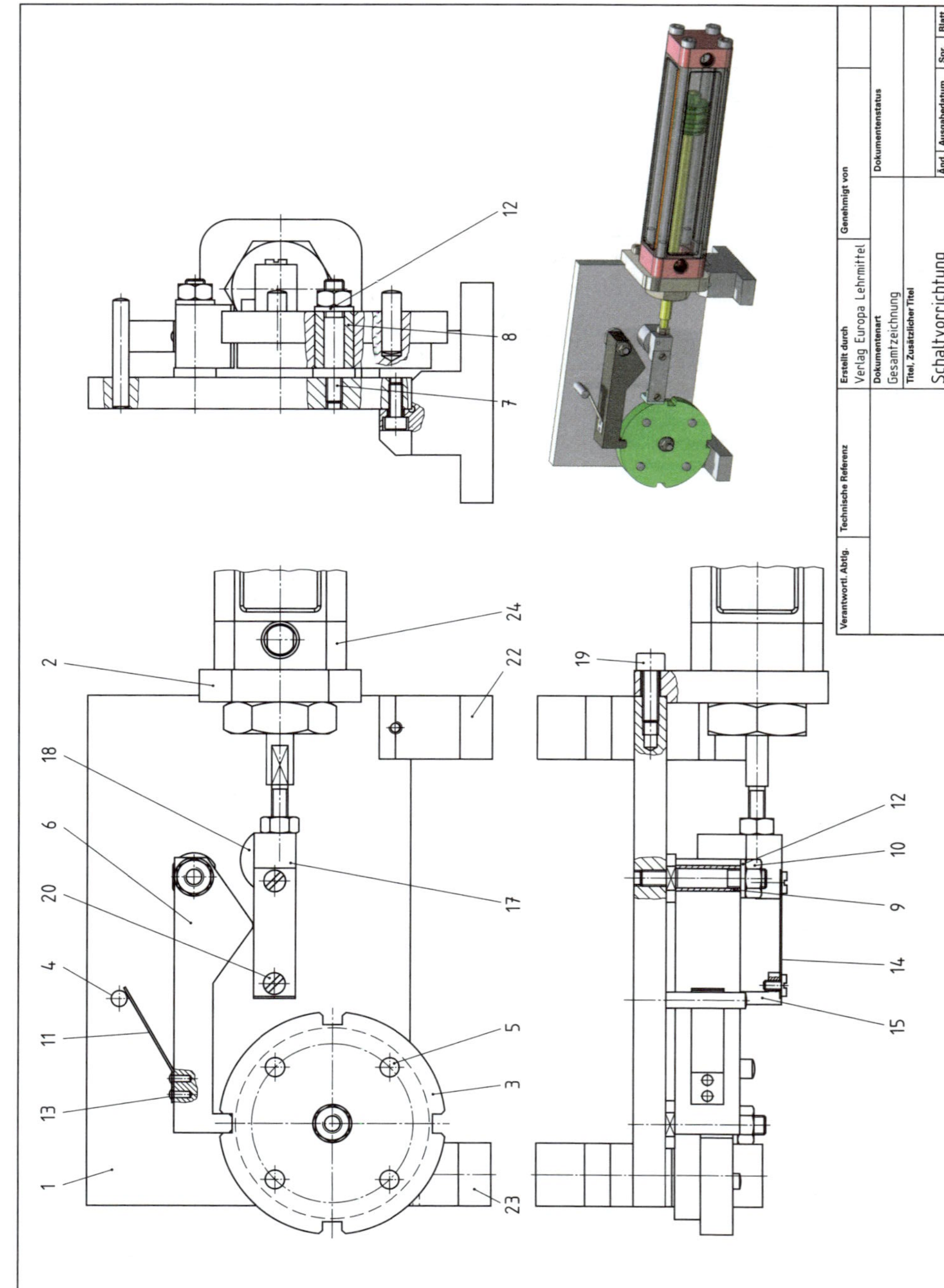

Pos.-Nr.	Stück	Benennung	Sachnr./Norm-/Kurzbezeichnung	Werkstoff	Bemerkung
24	1	Zylinder			
23	1	Stützfuß hinten		S235JR	
22	1	Stützfuß vorne		S235JR	
21	1	Mutter	ISO 8675 – M20x1,5 – 04		
20	2	Zylinderschraube	DIN EN ISO 1207 – M3x6 – 8.8		
19	2	Zylinderschraube	ISO 4762 – M5x20 – 8.8		
18	1	Kippstück		25CrMo4	gehärtet
17	1	Verbindungsstück		S235JR	
16	2	Zylinderschraube	ISO 4762 – M4x16 – 8.8		
15	1	Schieber		S235JR	
14	1	Distanzblech		FSt	
13	2	Halbrundkerbnagel	ISO 8764 – 2x4		
12	2	Scheibe	ISO 7090 – 6 – 200HV		
11	1	Federblech		FSt	
10	3	Mutter	ISO 4032 – M6 – 8		
9	1	Buchse		CuZn8	Ø10x22
8	1	Buchse		CuZn8	Ø14x20
7	2	Drehbolzen		95Mn8	Ø15x40
6	1	Hebel		25CrMo4	einsatzgehärtet
5	4	Zylinderstift	ISO 2338 – 3m6x20 – St		
4	1	Zylinderstift	ISO 2338 – 5m6x35 – St		
3	1	Drehteller		C15E	
2	1	Zylinderbefestigung		S235JR+N	
1	1	Trägerplatte		S235JR	

Verantwortl. Abtlg.	Technische Referenz	Erstellt durch: Verlag Europa Lehrmittel
Genehmigt von	Dokumentenart: Stückliste	Dokumentenstatus
Titel, Zusätzlicher Titel: Schaltvorrichtung	Änd. / Ausgabedatum: 2015 / Spr.: de	Blatt: 2/6

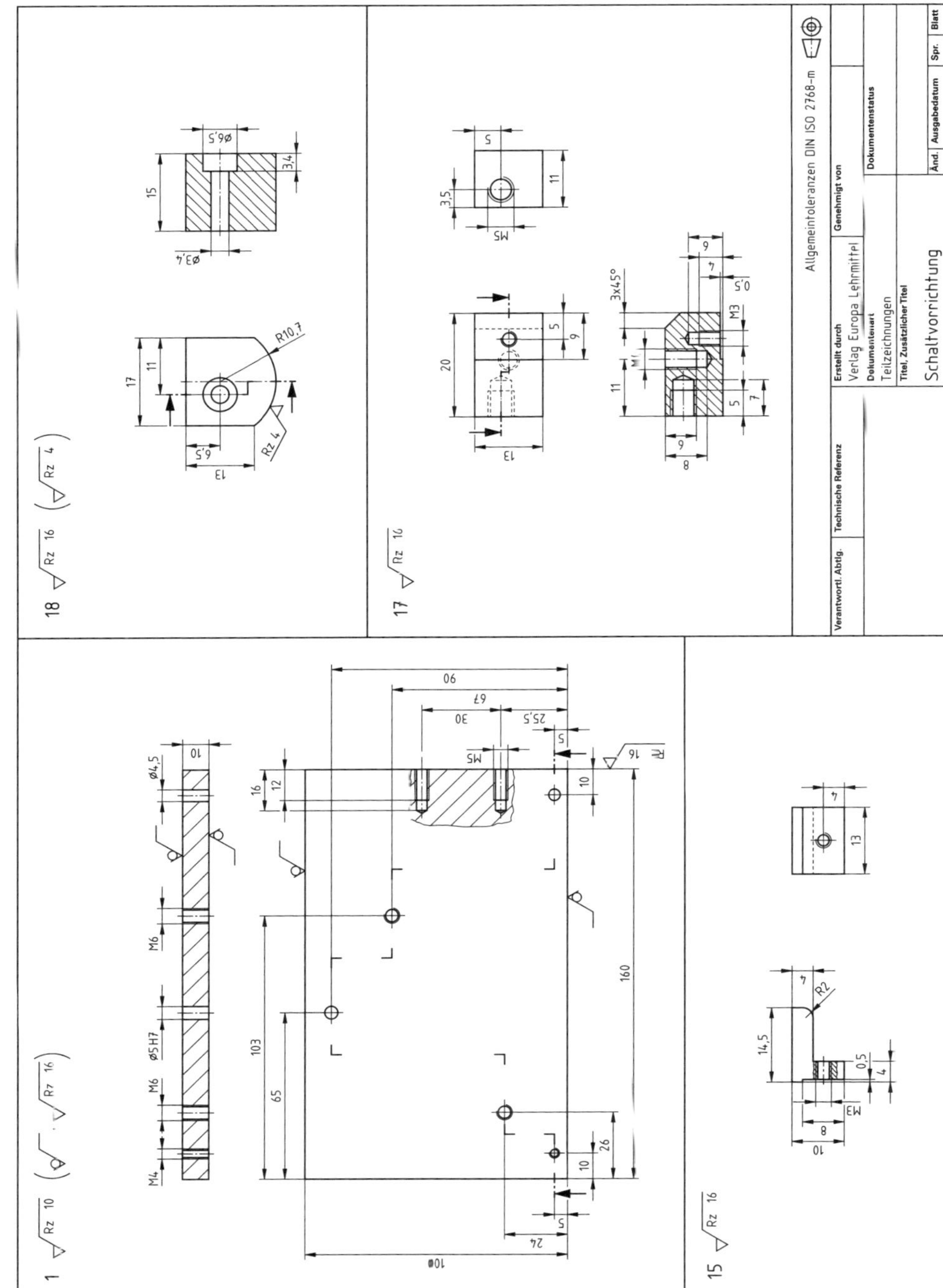

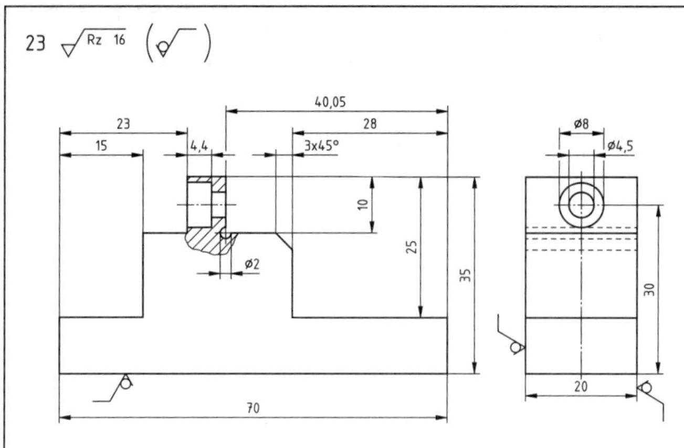

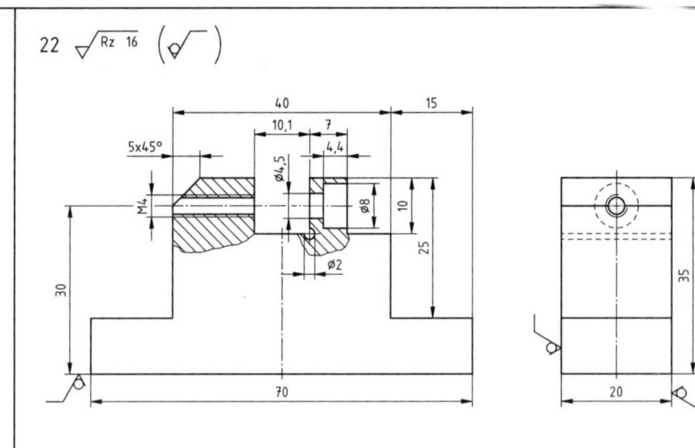

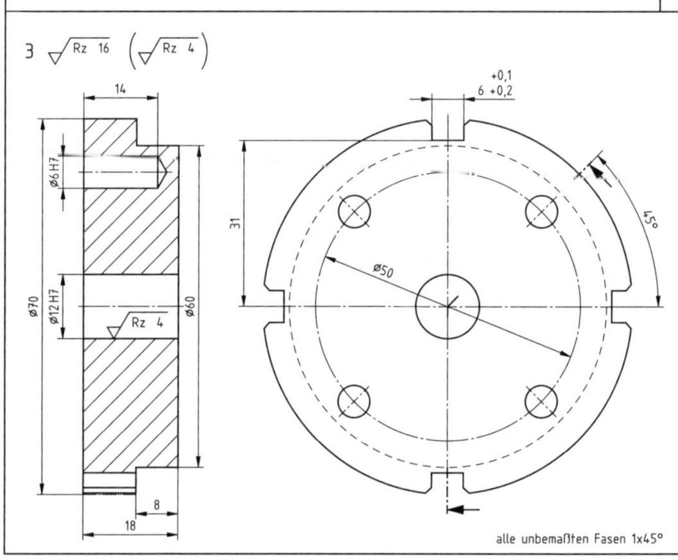

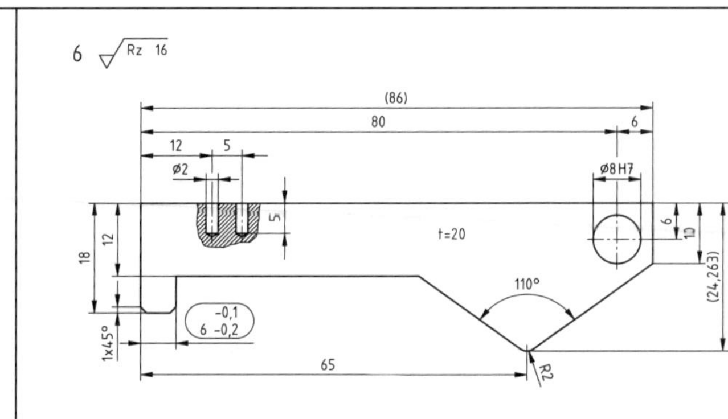

Allgemeintoleranzen DIN ISO 2768-m

Verantwortl. Abtlg.	Technische Referenz	Erstellt durch	Genehmigt von	
		Verlag Europa Lehrmittel		
		Dokumentenart: Gesamtzeichnung	Dokumentenstatus	
		Titel, Zusätzlicher Titel: Schaltvorrichtung	Änd. / Ausgabedatum: 2015	Spr.: de / Blatt: 4/6

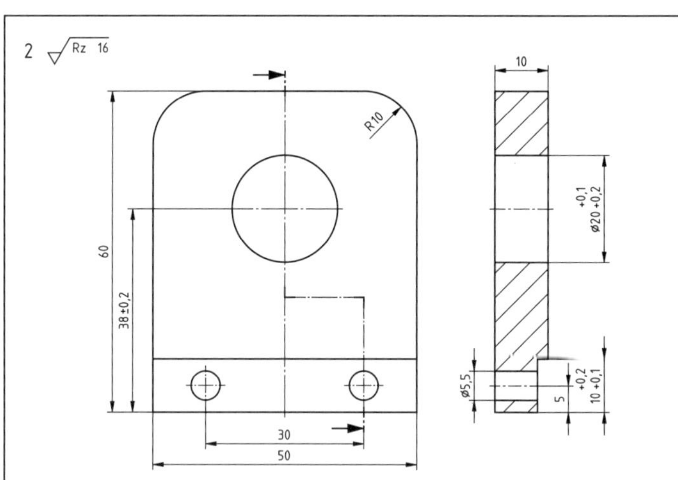

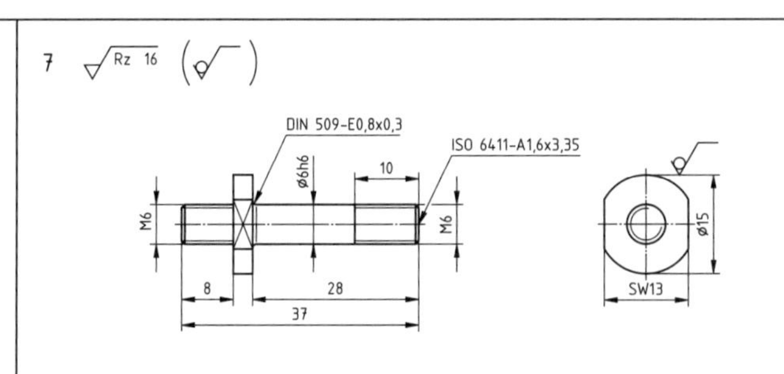

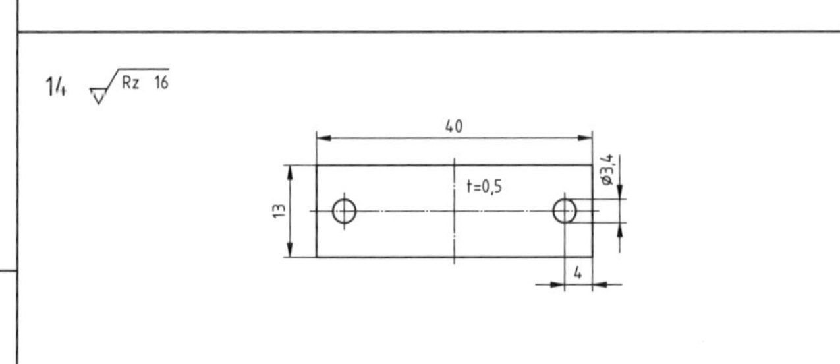

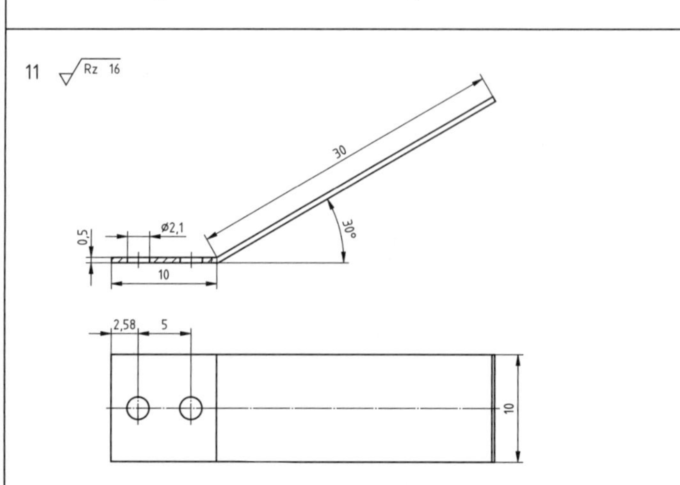

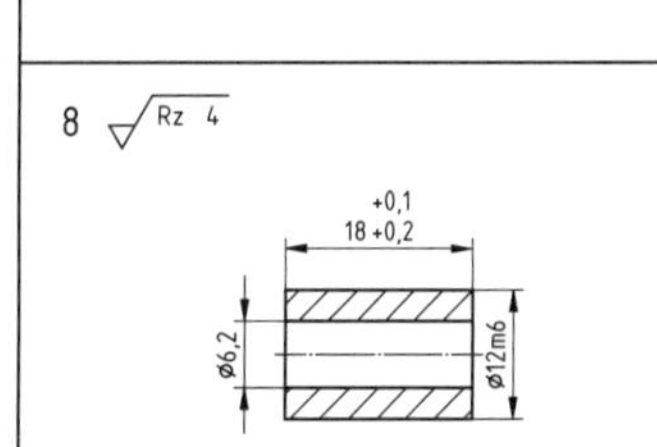

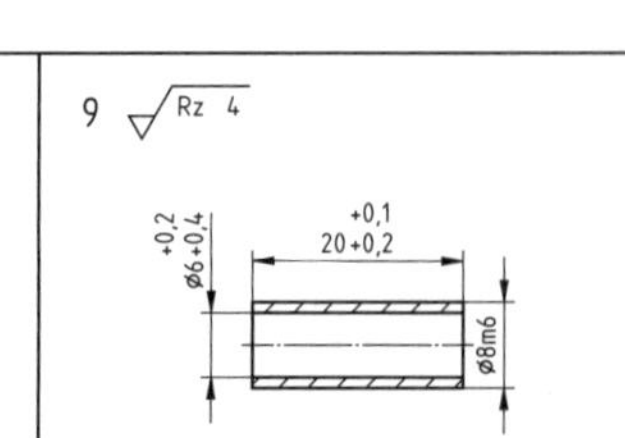

Allgemeintoleranzen DIN ISO 2768-m

Verantwortl. Abtlg.	Technische Referenz	Erstellt durch	Genehmigt von	
		Verlag Europa Lehrmittel		
		Dokumentenart: Teilzeichnungen	Dokumentenstatus	
		Titel, Zusätzlicher Titel: Schaltvorrichtung	Änd. / Ausgabedatum: 2015	Spr.: de / Blatt: 5/6

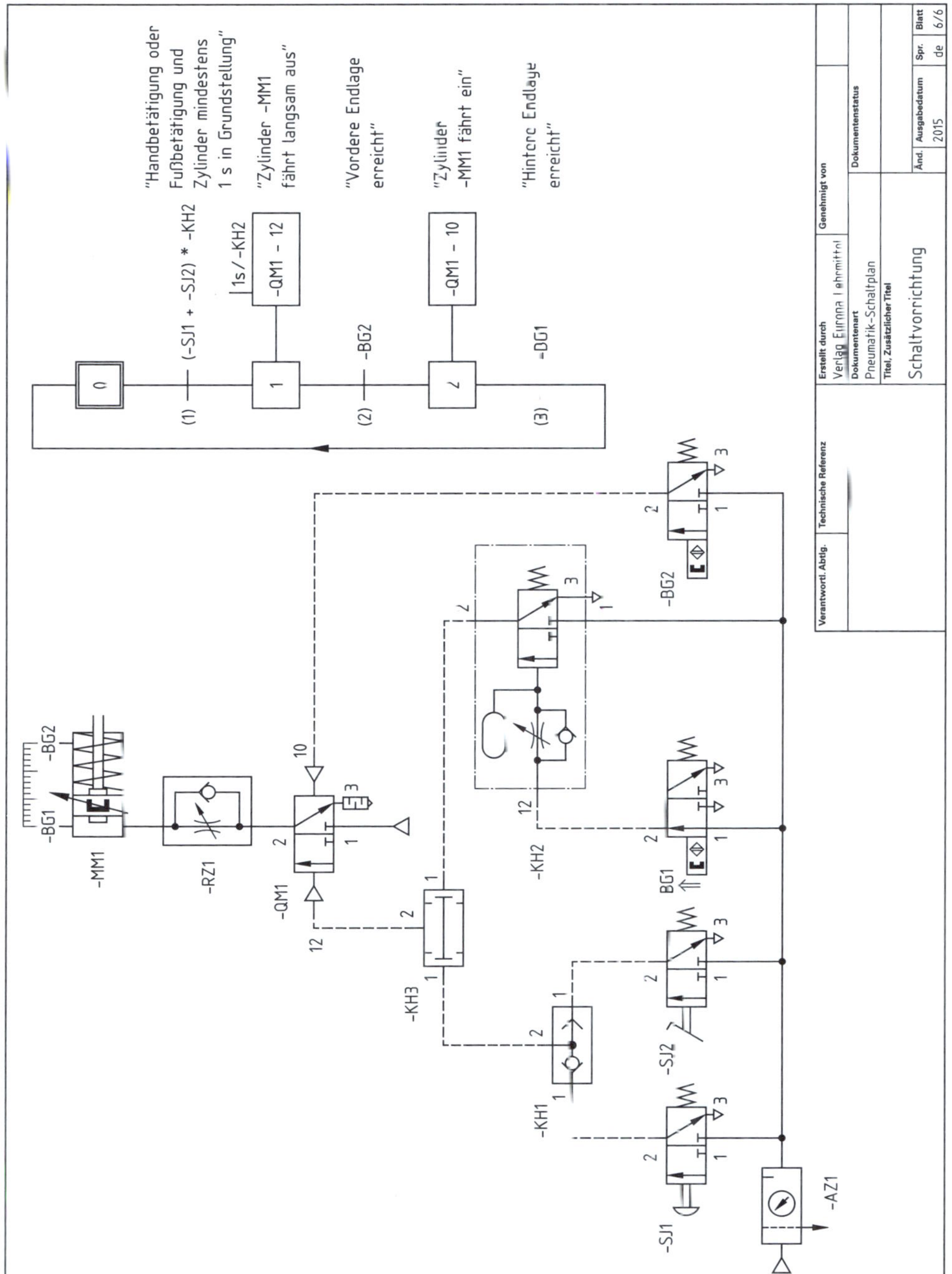

Bohrvorrichtung

Name: ______________________ Datum: ______________

Zeit: 90 Minuten

Arbeitsmittel: Tabellenbuch, TR, Zeichengeräte

9 offene Aufgaben

23 gebundene Aufgaben (nur eine Lösung ist richtig)

Punkteschlüssel:

58	–	50	=	Note 1
49	–	44	=	Note 2
43	–	37	=	Note 3
36	–	27	=	Note 4
26	–	16	=	Note 5
15	–	0	=	Note 6

Mit dieser Bohrvorrichtung können Bauteile halbautomatisiert bearbeitet werden.

Bearbeiten Sie die Aufgaben wenn möglich in der richtigen Reihenfolge und die offenen Fragen mit kurzen Sätzen.

Den Zeichensatz finden Sie im Anhang.

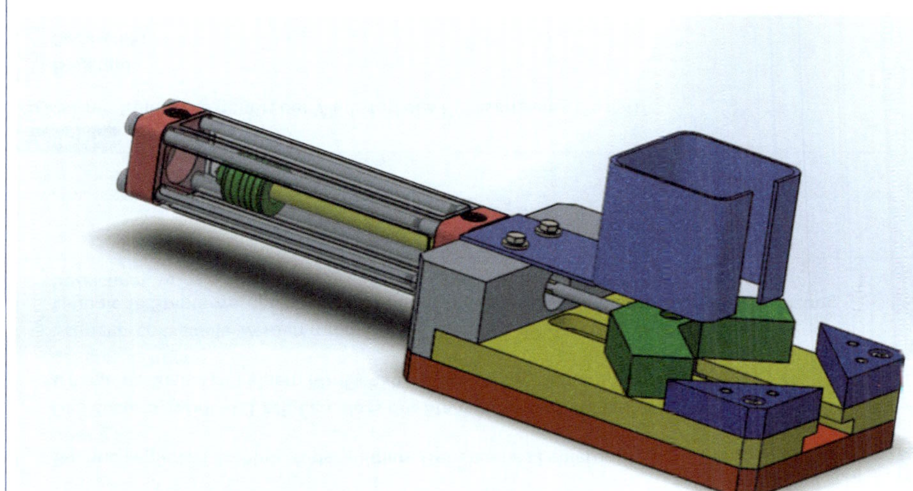

1. Aufgabe

Erklären Sie die Funktion der Baugruppe.

Die Bohrvorrichtung fixiert zylindrische Bauteile zwischen den Klemmbacken und dem Klemmhalter. Nach einem händischem Entfernen der bearbeiteten Bauteile wird ein unbearbeitetes Bauteil über das Magazin zugeführt.

Punkte /3

2. Aufgabe

Benennen Sie den kleinstmöglichen zylindrischen Durchmesser, der mit dieser Klemmvorrichtung gespannt werden kann.

Aus dem Bauteil Klemmarm (Pos. 5) kann das Maß abgelesen werden: Größer 56 mm.

Punkte /1

3. Aufgabe

Der Kulissensteins (Pos. 4) soll gefertigt werden. Skizzieren Sie den Querschnitt durch den in der Zeichnung angegebenen Schnitt A – A. Maßstab: 2 : 1 mit Bemaßung.

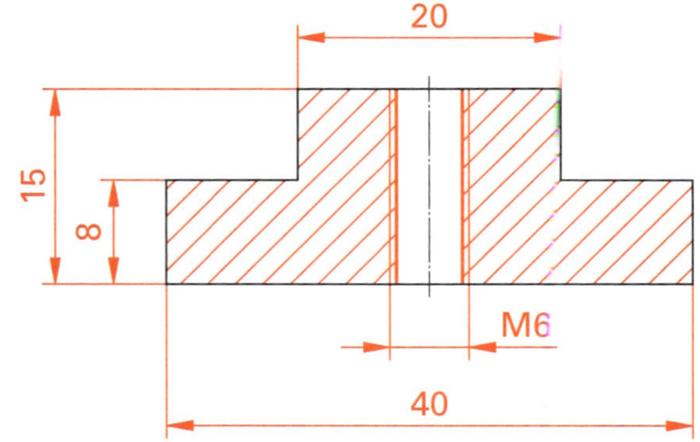

Punkte /3

4. Aufgabe

Kreuzen Sie die richtige Bezeichnung für den Stahl S235JRC+C der Basisplatte (Pos. 1) an.

	Bezeichnung	Streckgrenze R_e in $\frac{N}{mm^2}$	Kerbschlagbarkeit	gezogen
☐	Stahl für Stahlbau	235	27 J bei 0 °C	Nein
☐	Schnellarbeitsstahl	23,5	27 J bei 20 °C	Ja
☐	Nitrierstahl	235	27 J bei 0 °C	Ja
☒	Stahl für Stahlbau	235	27 J bei 20 °C	Ja
☐	Stahl für Stahlbau	2,35	27 J bei 20 °C	Ja

Punkte /1

Punkte 1 bis 4: /8

5. Aufgabe

Welche Aussage über die für die Baugruppe verwendeten Stähle ist **falsch**?

- ☐ Bei hochlegierten Stählen ist der mittlere Gehalt eines Legierungselementes mindestens über 5 %.
- ☒ Das Zusatzsymbol +QT zeigt an, dass der Stahl nicht vergütet werden darf.
- ☐ Unlegierte Stähle mit einem Mn-Gehalt < 1 % werden mit dem Hauptsymbol „C“ gekennzeichnet.
- ☐ Schnellarbeitsstähle werden mit dem Hauptsymbol „HS“ gekennzeichnet.
- ☐ Unlegierte Stähle werden nach Verwendungszweck oder Chemischer Zusammensetzung bezeichnet.

Punkte /1

6. Aufgabe

Zu welcher Stahlsorte gehört der Werkstoff des Kulissensteins (Pos. 4)?

- ☒ Baustahl
- ☐ Federstahl
- ☐ Kaltarbeitsstahl
- ☐ Schnellarbeitsstahl
- ☐ Warmarbeitsstahl

Punkte /1

7. Aufgabe

Zur Fertigung dieser Baugruppe werden verschiedene trennende Verfahren eingesetzt. Welches Verfahren gehört **nicht** zu den trennenden Fertigungsverfahren?

- ☐ Schleifen
- ☐ Fräsen
- ☒ Schweißen
- ☐ Drehen
- ☐ Feilen

Punkte /1

8. Aufgabe

Zur Fertigung der Bauteile werden keilförmige Werkzeuge verwendet. Welche der Aussagen zu dem im nachfolgenden dargestellten Keil ist **richtig**?

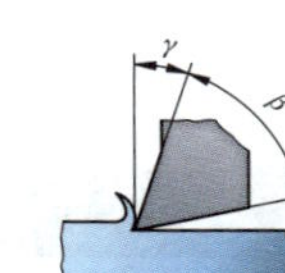

- ☐ α bezeichnet den Keilwinkel.
- ☐ Für harte Werkstoffe wird ein großer Spanwinkel verwendet.
- ☐ β bezeichnet den Freiwinkel.
- ☒ Für weiche Werkstoffe wird ein kleiner Keilwinkel gewählt.
- ☐ Die Summe der Winkel $\alpha + \beta + \gamma$ ist immer größer 90°.

Punkte /1

Punkte 5 bis 8: /4

9. Aufgabe Punkte

Der Kulissenstein (Pos. 4) muss neu gefertigt werden. Zum Ablängen des Rohbauteils muss das richtige Sägeblatt ausgewählt werden. Welche Zuordnung ist falsch?

- [ ] a) Sägeblatt
- [ ] b) Eingriffslänge
- [ ] c) Spanraum
- [x] d) Schnittfuge
- [ ] e) Sägekeil

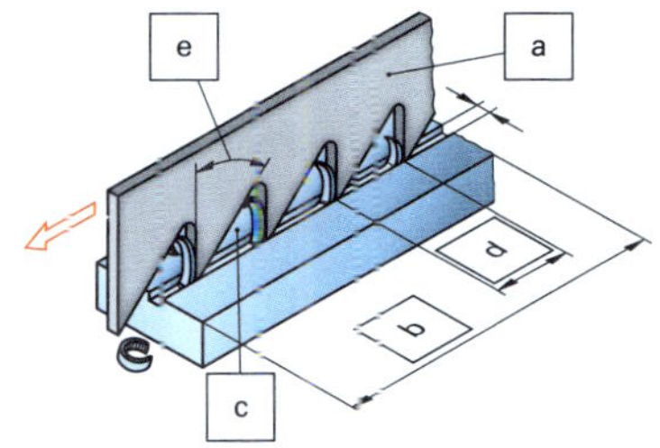

/1

10. Aufgabe Punkte

Beim Fräsen der Bauteile werden Späne abgetrennt. Welche Spanart ist günstig?

- [x] Fließspan
- [ ] Schubspan
- [ ] Scherspan
- [ ] Druckspan
- [ ] Reißspan

/1

11. Aufgabe Punkte

Wodurch können Aufbauschneiden beim Fräsen **nicht** vermieden werden?

- [ ] Erhöhung der Schnittgeschwindigkeit
- [ ] Beschichtete Fräswerkzeuge
- [x] Weicher Werkstoff des Werkstücks
- [ ] Glatte Spanflächen
- [ ] Große Mengen Kühlschmierstoff

/1

12. Aufgabe Punkte

Zum Ablängen des Rohmaterials wird das nachfolgend dargestellte Sägeblatt verwendet. Welche Aussage bezüglich dieses Sägeblattes ist **falsch**?

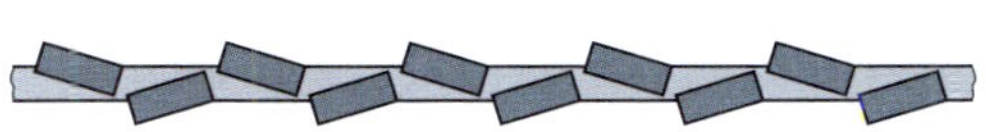

- [ ] Das Sägeblatt zeigt eine Rechts-Links-Schränkung.
- [x] Die Schränkung ist wichtig, damit die Schnittflächen glatte Oberflächen erhalten.
- [ ] Die Schnittrichtung dieses Sägeblattes ist von rechts nach links.
- [ ] Eine grobe Zahnteilung wird für weiche Werkstoffe verwendet.
- [ ] Eine feine Zahnteilung wird für dünnwandige Bauteile benötigt.

/1

Punkte 9 bis 12: /4

13. Aufgabe Punkte

Welchen Bohrerdurchmesser wählen Sie zur Herstellung des Gewindes M5 im Zylinderträger (Pos. 3)?

- [ ] d = 5 mm
- [ ] d = 4 mm
- [x] d = 4,2 mm
- [ ] d = 4,9 mm
- [ ] d = 4,5 mm

/1

14. Aufgabe Punkte

Welche Aussage über das Biegeumformen mit großen Biegeradien ist **falsch**?

- [ ] Bleche sollten möglichst senkrecht zur Walzrichtung gebogen werden.
- [x] Bei einem gleich bleibendem Radius und einem kleiner werdenden Biegewinkel wird die gestreckte Länge größer.
- [ ] Die Außenseite eines Werkstücks wird gestreckt, die Innenseite gestaucht.
- [ ] In der neutralen Faser kommt es zu keiner Längenänderung.
- [ ] Bei einem gleich bleibendem Biegewinkel und einem größer werdenden Radius ist auch die gestreckte Länge größer.

/1

15. Aufgabe Punkte

Die spanend hergestellte Oberfläche des Klemmarms (Pos. 5) soll eine gemittelte Rautiefe von 8 µm haben. Welche Angabe der Oberflächenbeschaffenheit ist richtig?

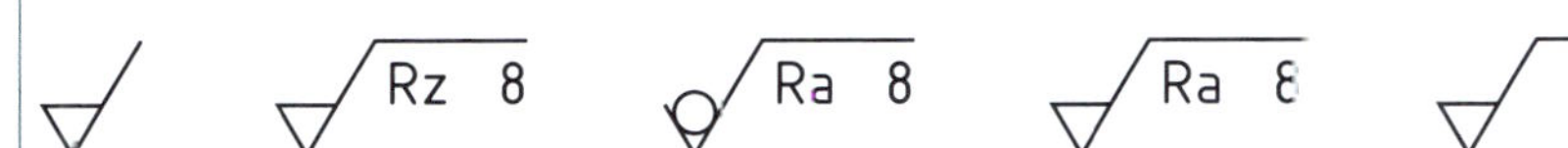

- [ ] (1)
- [x] (2) Rz 8
- [ ] (3) Ra 8
- [ ] (4) Ra 8
- [ ] (5) 8

/1

16. Aufgabe Punkte

Ergänzen Sie den Montageplan für die Baugruppe mithilfe der nachfolgenden Tabelle.

Lfd. Nr.	Arbeitsschritte	Werkzeuge/Hilfsmittel
10	Führungsplatte (Pos. 2) auf die Basisplatte (Pos. 1) auflegen.	
20	*Zylinderträger (Pos. 3) mit den Zylinderschrauben (Pos. 8) auf der Basisplatte (Pos. 1) befestigen.*	Innensechskantschlüssel
30	Kulissenstein (Pos. 4) in die Führungsplatte (Pos. 2) einschieben und mit dem Klemmarm (Pos. 5) mithilfe der Zylinderschraube (Pos. 9) verbinden.	Innensechskantschlüssel
40	Klemmbacken (Pos. 6) mit den Zylinderstiften (Pos. 10) mit der Basisplatte (Pos. 1) und der Führungsplatte (Pos. 2) verbinden.	*Hammer, Messingbolzen*
50	*Klemmbacken (Pos. 6) mit den Zylinderschrauben (Pos. 8) befestigen.*	Innensechskantschlüssel
60	Magazin (Pos. 7) mit den Sechskantschrauben (Pos. 12) und den Scheiben (Pos. 13) auf dem Zylinderträger (Pos. 3) befestigen	*Schraubenschlüssel*

/9

Punkte 13 bis 16: /12

17. Aufgabe

Welche Streckgrenze haben die verwendeten Schrauben mit der Festigkeitsklasse 8.8?

- [ ] $R_e = 90 \frac{N}{mm^2}$
- [ ] $R_e = 800 \frac{N}{mm^2}$
- [ ] $R_e = 900 \frac{N}{mm^2}$
- [ ] $R_e = 80 \frac{N}{mm^2}$
- [x] $R_e = 640 \frac{N}{mm^2}$

Punkte /1

18. Aufgabe

Wozu dienen die vier Zylinderstifte (Pos. 10)?

- [ ] Zur Positionierung des Pneumatikzylinders.
- [x] Zur Positionierung des Klemmarms (Pos. 5).
- [ ] Zur Positionierung der Führungsplatte (Pos. 2) auf der Basisplatte (Pos. 1).
- [ ] Zur Erzeugung der Klemmkraft auf das zu klemmende Werkstück.
- [ ] Sie haben keine Funktion.

Punkte /1

19. Aufgabe

Bei der Baugruppe wird eine formschlüssige Verbindungsmöglichkeit verwendet. Was ist **keine** formschlüssige Verbindung?

- [ ] Passfeder
- [ ] Zylinderstift
- [ ] Passfeder Keil, Form A
- [ ] Keilwelle
- [x] Pressverbindung

Punkte /1

20. Aufgabe

In dieser Baugruppe wurde das Fügeverfahren Schraubenverbindung angewandt. Welches der nachfolgenden Fügeverfahren ist auch lösbar?

- [ ] Schweißen
- [x] Stiftverbindung
- [ ] Kleben
- [ ] Löten
- [ ] Reibschweißen

Punkte /1

Punkte 17 bis 20: /4

21. Aufgabe

Welche Zeichnung stellt eine Senkschraube nach ISO 10642 dar?

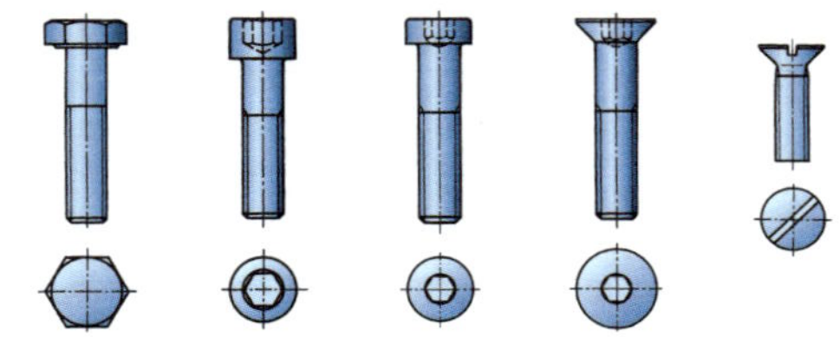

- [ ] 1
- [ ] 2
- [ ] 3
- [x] 4
- [ ] 5

Punkte /1

22. Aufgabe

In der Baugruppe werden Zylinderschrauben ISO 4762 – M6x30 verwendet. Geben Sie an, welches Maß in der nachfolgenden Zeichnung durch die Zahl 30 gekennzeichnet wird.

- [ ] 1
- [x] 2
- [ ] 3
- [ ] 4
- [ ] 5

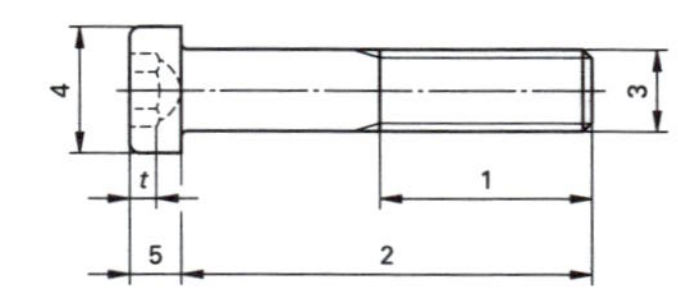

Punkte /1

23. Aufgabe

Nach der Montage kann der Kulissenstein (Pos. 4) mit dem Klemmarm (Pos. 5) nicht ausfahren. Nennen Sie drei mögliche Fehlerursachen der Baugruppe.

Die Passung zwischen dem Kulissenstein und der Führungsplatte ist eine Übermaßpassung.
Die Höhe des Kulissensteins (Maß: 7 mm) wurde beim Fertigen unterschritten.
Es befinden sich Verunreinigungen zwischen dem Kulissenstein und der Führungsplatte.

Punkte /3

24. Aufgabe

Wie wird die für die Verbindung des Zylinderstifts (Pos. 10) mit der Führungsplatte (Pos. 2) genutzte Passung H7/m6 benannt?

- [ ] Presspassung
- [ ] Übermaßpassung
- [ ] Spielpassung
- [x] Übergangspassung
- [ ] Einheitspassung

Punkte /1

Punkte 21 bis 24: /6

25. Aufgabe — Punkte

Geben Sie das Höchstmaß G_{oB} des bei der Führungsplatte (Pos. 2) verwendeten Passmaßes 20H7 an.

- [ ] G_{oB} = 20 mm
- [ ] G_{oB} = 21 mm
- [ ] G_{oB} = 20,11 mm
- [ ] G_{oB} = 10 µm
- [x] G_{oB} = 20,021 mm

Nebenrechnung:

$N = 20\text{ mm}, ES = 21\text{ µm};$
$G_{oB} = N + ES = 20\text{ mm} + 0{,}021\text{ mm}$
$G_{oB} = 20{,}021\text{ mm}$

/2

26. Aufgabe — Punkte

Welches pneumatische Bauteil ist dargestellt?

- [ ] Rückschlagventil
- [ ] Pneumatische Druckquelle
- [ ] Wasserabscheider
- [x] Geräuschdämpfer
- [ ] Lufttrockner

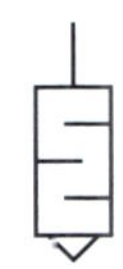

/1

27. Aufgabe — Punkte

Auf die Klemmbacke soll durch die Zylinderstange eine Kraft F = 1100 N wirken. Welcher Druck p in bar muss im Zylinder, der einen Kolbendurchmesser D = 50 mm hat, mindestens herrschen?

$p = \frac{F}{A}; \quad A = \frac{D^2 \cdot \pi}{4} = \frac{(50\text{ mm})^2 \cdot \pi}{4} = 1963{,}5\text{ mm}^2 = 19{,}6\text{ cm}^2$

$p = \frac{1100\text{ N}}{19{,}6\text{ cm}^2} = 56{,}1\frac{\text{N}}{\text{cm}^2} = 5{,}6\text{ bar}$

/4

28. Aufgabe — Punkte

Wie erfolgt die Rückstellung des Kolbens des in der Anlage verwendeten Pneumatik-Zylinders?

- [ ] Nicht festgelegt
- [ ] Per Hand
- [x] Mit Druckluft
- [ ] Mit einer Feder
- [ ] Hydraulisch

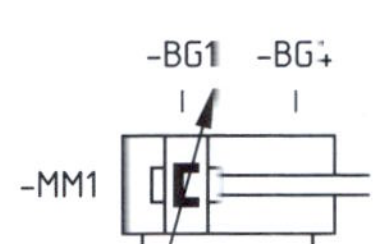

/1

Punkte 25 bis 28: /8

29. Aufgabe — Punkte

Ergänzen Sie den Ablauf des Spannvorgangs anhand der Pneumatik-Schaltung und des Graph-Set-Plans mit den korrekten Schaltzeichen.

Wird der Druckknopf des Ventils –SJ1 gedrückt und das Ventil –BG1 durch die korrekte Kolbenposition des Kolbens –MM1 betätigt, so schaltet das Zweidruckventil –KH1. Ist ein Bauteil eingelegt, so schaltet das Ventil –BG3 und steuert somit das 5/2-Wegeventil –QM1 an. Dieses schaltet durch und lässt die Kolbenstange des Zylinders –MM1 ausfahren. Ist die Klemmbacke in der Position –BG4, so beginnt der Bohrvorgang. Nach Beendigung des Bohrvorgangs und Erreichen der Ursprungsposition –BG2 wird das Ventil –QM1 angesteuert und die Kolbenstange fährt gedämpft in die Grundposition –BG1.

/4

30. Aufgabe — Punkte

Berechnen Sie die Masse des Kulissensteins (Pos. 4) ohne die Gewindebohrung in Gramm.

$V = (b_1 \cdot h_1 + b_2 \cdot h_2) \cdot l$
$V = (40\text{ mm} \cdot 8\text{ mm} + 7\text{ mm} \cdot 20\text{ mm}) \cdot 30\text{ mm}$
$V = 13800\text{ mm}^3$
$V = 13{,}8\text{ cm}^3$

$m = \rho \cdot V = 7{,}85\frac{\text{g}}{\text{cm}^3} \cdot 13{,}8\text{ cm}^3 = 108{,}33\text{ g}$

/3

31. Aufgabe — Punkte

Die Bauteile des Klemmhalters werden größtenteils gefräst. Welche UVV gilt **nicht** an der Fräsmaschine?

- [ ] Der Schlüssel der Fräsmaschine ist vor dem Start immer abzuziehen.
- [ ] Die Spannbacken dürfen nicht weit aus dem Futter herausragen.
- [ ] Bei spröden Werkstoffen soll eine Schutzbrille getragen werden.
- [ ] Späne sind nie mit der Hand zu entfernen.
- [x] Beim Fräsen müssen Handschuhe getragen werden.

/1

32. Aufgabe — Punkte

Welche Kraft in N ist notwendig, damit sich der Klemmarm (Pos. 5) in Bewegung setzt? Die Masse der Klemmbacke beträgt m = 560 g, der Haftreibungskoeffizient zwischen Klemmbacke und Führungsplatte (Pos. 2) beträgt μ = 0,11.

$F_R = \mu \cdot F_N$
$F_N = m \cdot g = 0{,}560\text{ kg} \cdot 9{,}81\frac{\text{m}}{\text{s}^2} = 5{,}49\text{ N}$
$F_R = 0{,}11 \cdot 5{,}49\text{ N} = 0{,}6\text{ N}$

/4

Punkte 29 bis 32: /12

Notizen

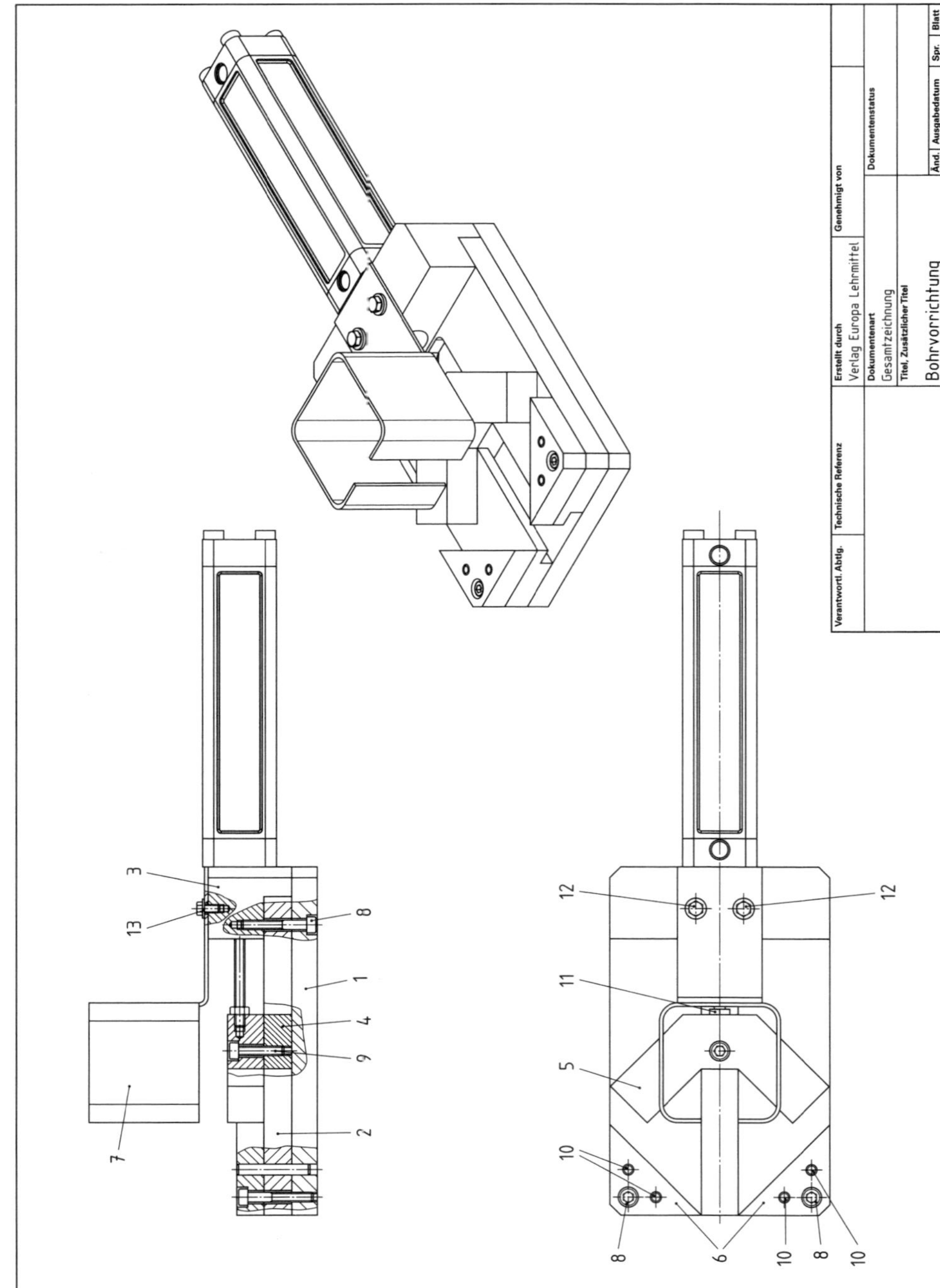

Verantwortl. Abtlg.
Technische Referenz
Erstellt durch
Verlag Europa Lehrmittel
Genehmigt von
Dokumentenart
Gesamtzeichnung
Dokumentenstatus
Titel, Zusätzlicher Titel
Bohrvorrichtung
Änd.
Ausgabedatum
2015
Spr.
de
Blatt
1/6
1
2
3
4
5
6
7
8
9
10
11
12
13

Pos.-Nr.	Stück	Benennung	Sachnr./Norm-/Kurzbezeichnung	Werkstoff	Bemerkung
13	2	Scheibe	ISO 7091-5-100HV		
12	2	Sechskantschraube	ISO 4017 – M5x10 – 8.8		
11	1	Mutter	ISO 4035 – M6 – A2-035		
10	4	Zylinderstift	ISO 8734 6x40 – St		
9	1	Zylinderschraube	DIN 7984 – M5x25 – 8.8		
8	4	Zylinderschraube	DIN 7984 – M5x35 – 8.8		
7	1	Magazin		S235JRC+QT	
6	2	Klemmbacken		E295	
5	1	Klemmarm		E295	
4	1	Kulissenstein		E295	
3	1	Zylinderträger		S235JRC+C	
2	1	Führungsplatte		E295	
1	1	Basisplatte		X1NiCrMoCu25-20-5	

Verantwortl. Abtg.	Technische Referenz	Erstellt durch	Genehmigt von		
		Verlag Europa Lehrmittel			
		Dokumentenart: Stückliste	Dokumentenstatus		
		Titel, Zusätzlicher Titel: Bohrvorrichtung	Änd.	Ausgabedatum: 2015	Spr.: de / Blatt: 2/6

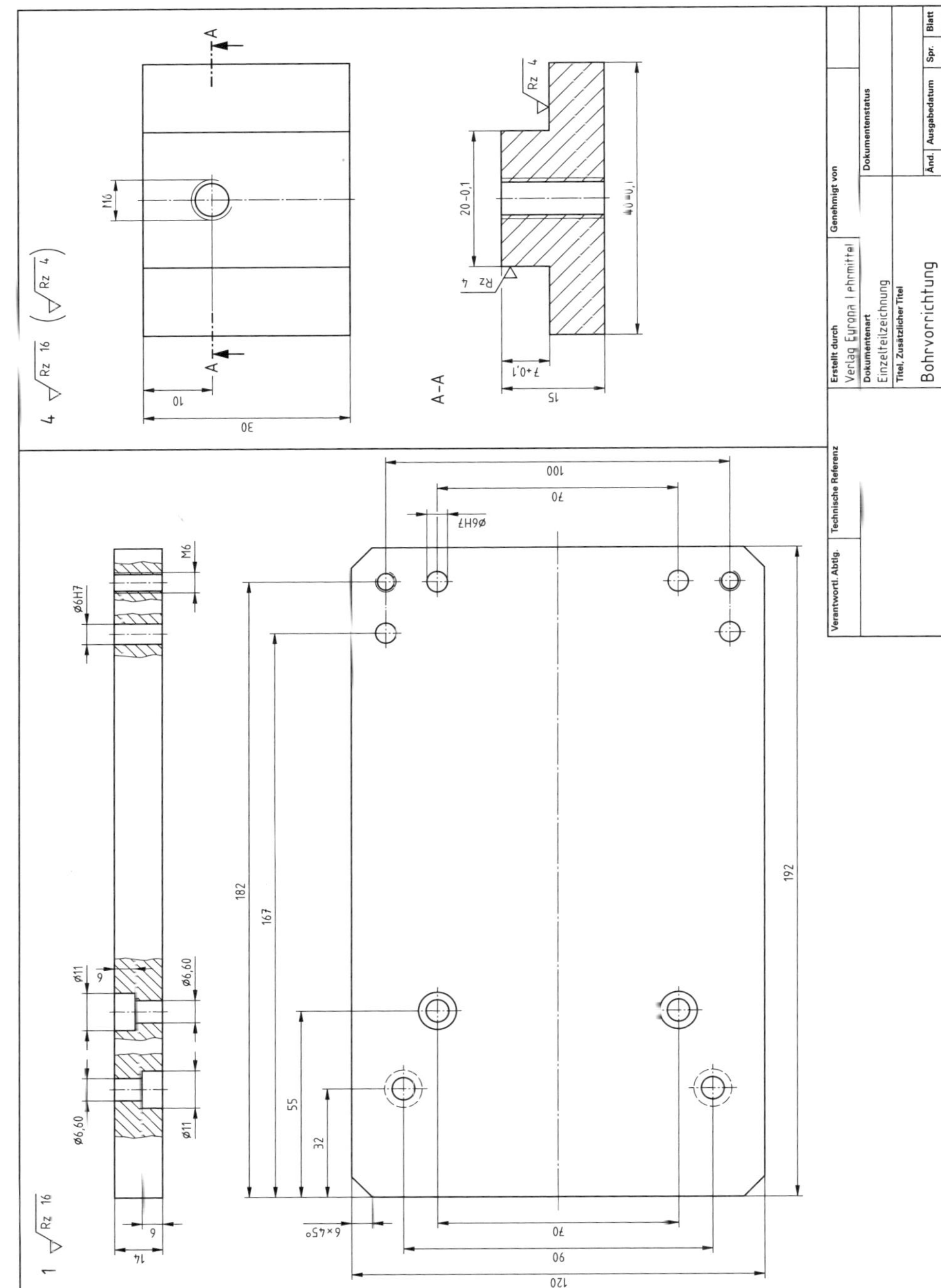

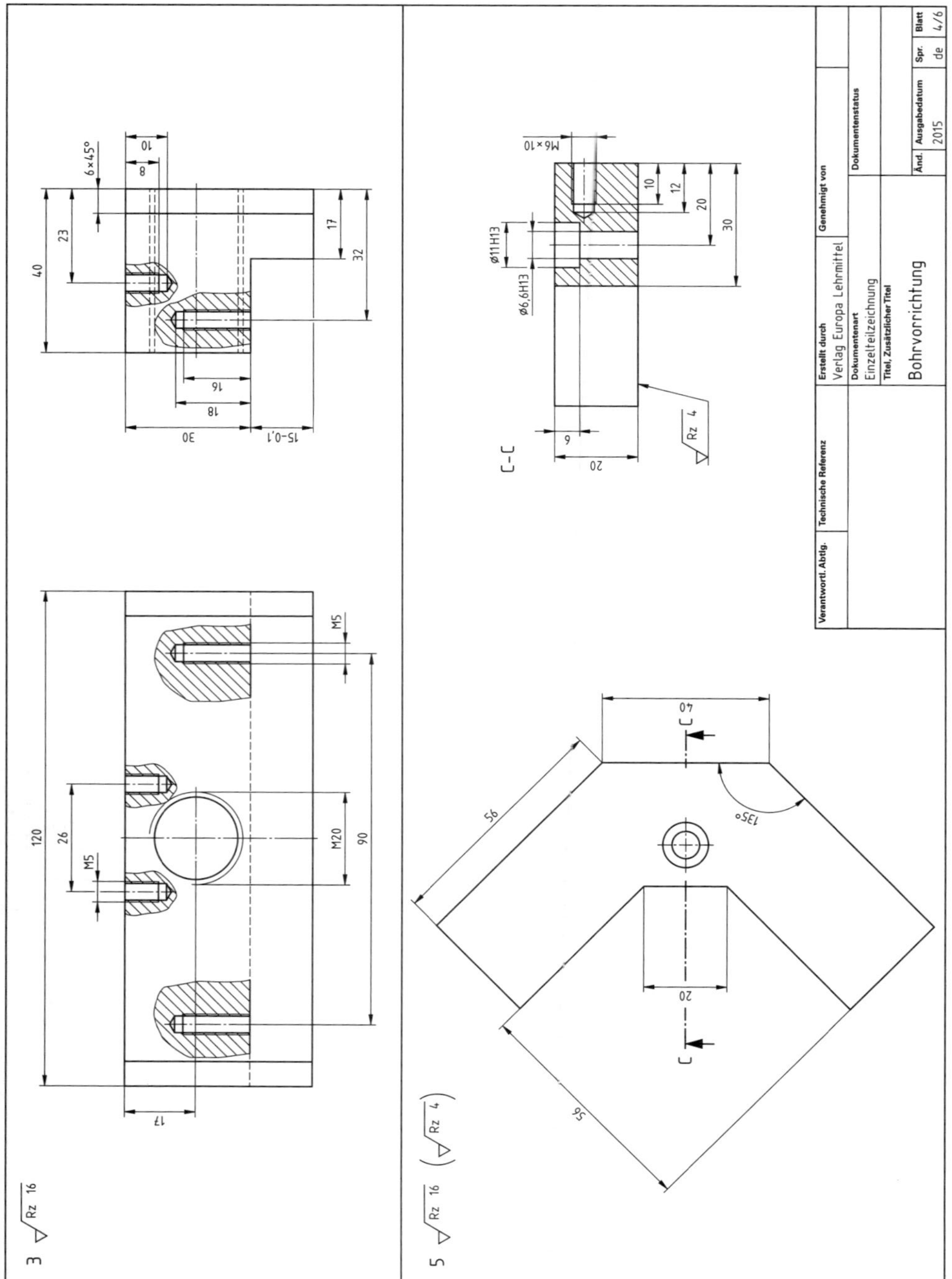
3
Rz 16
120
26
M5
M20
90
17
40
23
6×45°
10
8
32
16
18
30
15-0,1
5
Rz 16
(Rz 4)
56
56
40
135°
20
C
C–C
M6×10
Ø11H13
Ø6,6H13
10
12
20
30
6
20
Rz 4
Verantwortl. Abtlg.
Technische Referenz
Erstellt durch
Verlag Europa Lehrmittel
Genehmigt von
Dokumentenart
Einzelteilzeichnung
Dokumentenstatus
Titel, Zusätzlicher Titel
Bohrvorrichtung
Änd.
Ausgabedatum
2015
Spr.
de
Blatt
4/6

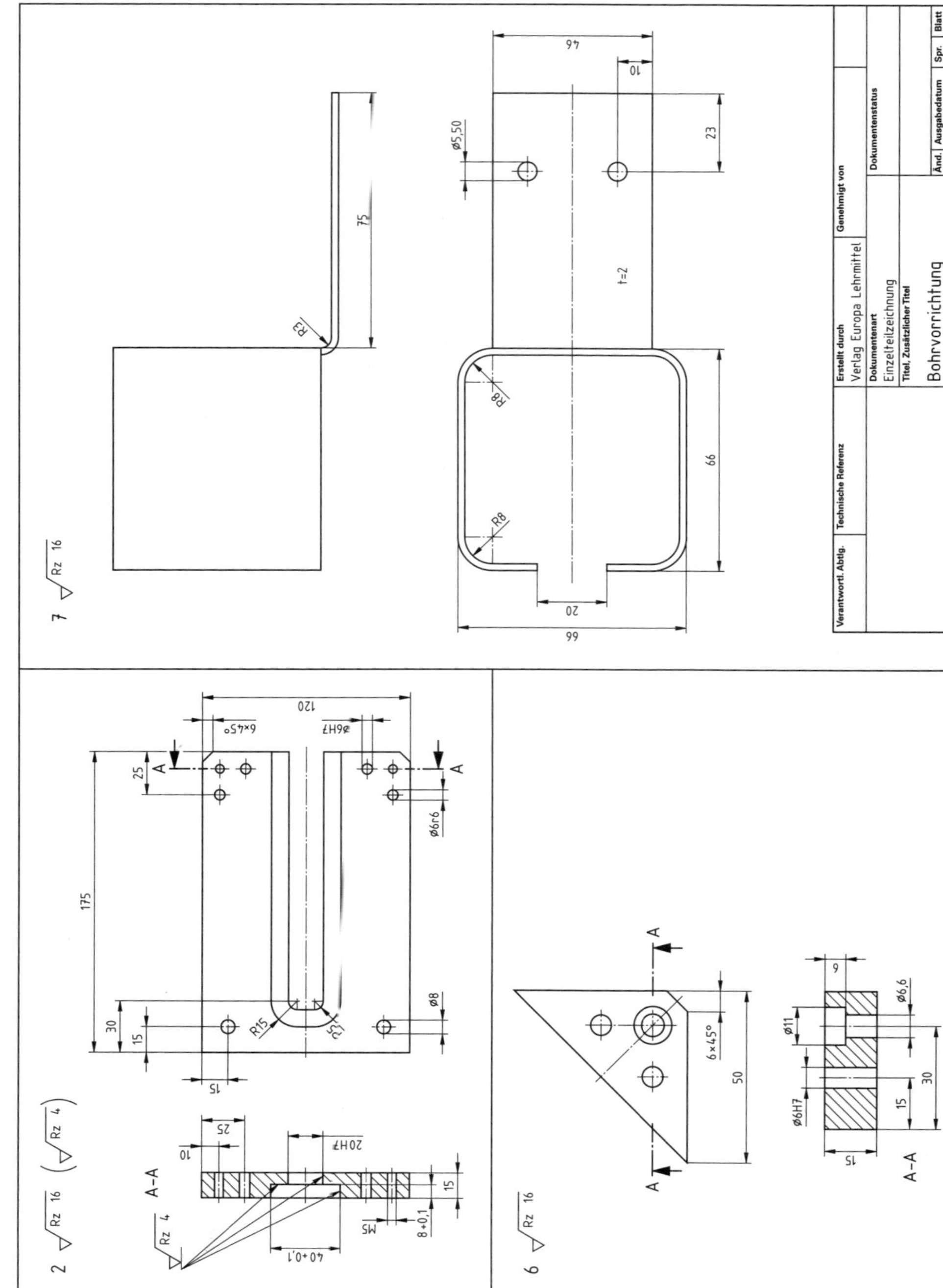
7
Rz 16
46
10
Ø5,50
23
t=2
75
R3
R8
R8
66
20
66
2
Rz 16
(Rz 4)
120
6×45°
Ø6H7
25
A
Ø6r6
175
Ø8
30
15
R15
25
15
A–A
Rz 4
10
25
20H7
15
M5
8+0,1
40+0,1
6
Rz 16
A
6×45°
50
Ø11
Ø6,6
6
30
15
Ø6H7
15
A–A
Verantwortl. Abtlg.
Technische Referenz
Erstellt durch
Verlag Europa Lehrmittel
Genehmigt von
Dokumentenart
Einzelteilzeichnung
Dokumentenstatus
Titel, Zusätzlicher Titel
Bohrvorrichtung
Änd.
Ausgabedatum
2015
Spr.
de
Blatt
5/6

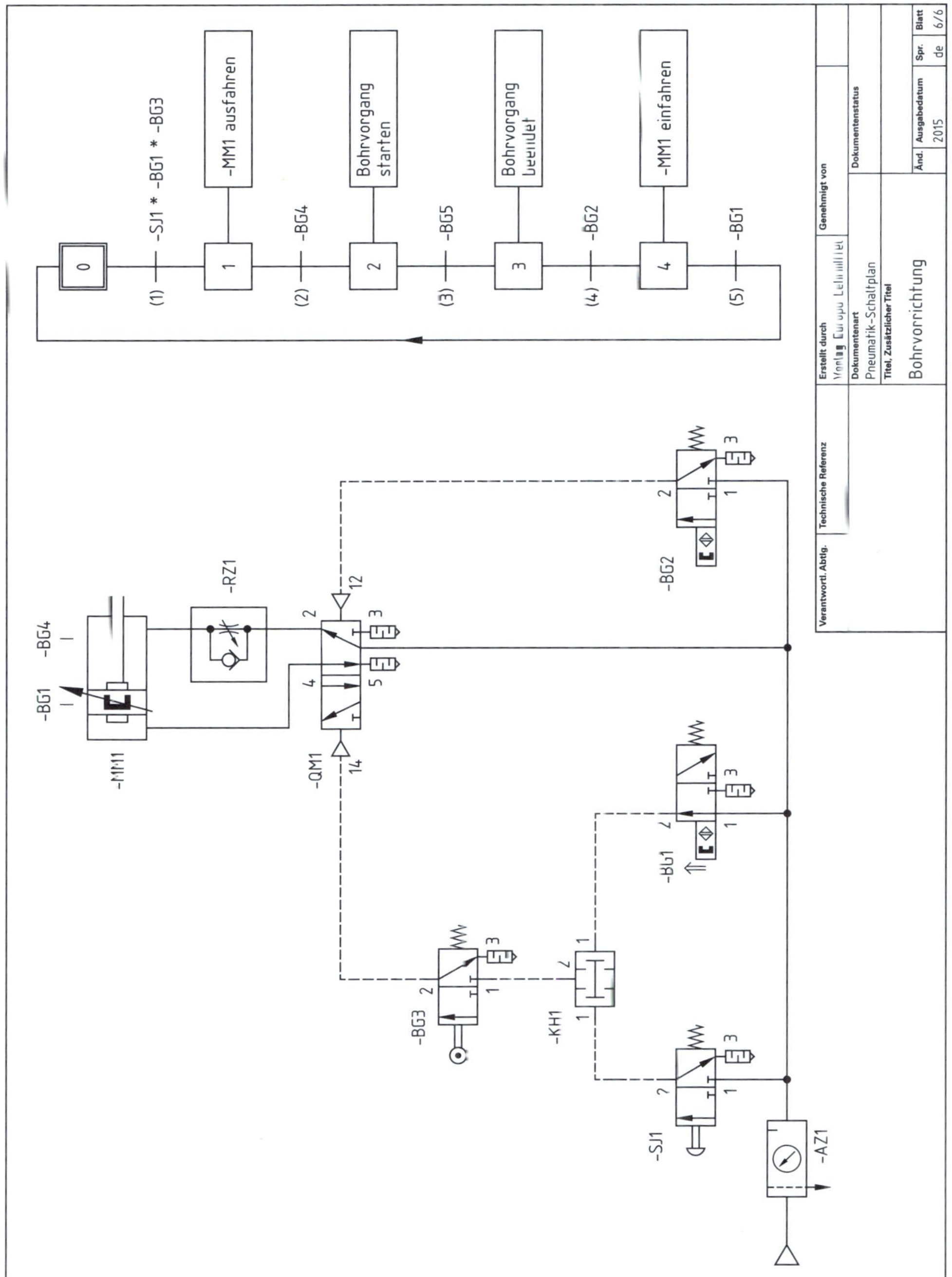

Schiebevorrichtung Ventilkegel

Name: ______________________ Datum: ____________

Zeit: 90 Minuten

Arbeitsmittel: Tabellenbuch, TR, Zeichengeräte

10 offene Aufgaben

22 gebundene Aufgaben (nur eine Lösung ist richtig)

Punkteschlüssel:

55	–	50	=	Note 1
49	–	44	=	Note 2
43	–	37	=	Note 3
36	–	27	=	Note 4
26	–	16	=	Note 5
15	–	0	=	Note 6

Die in der Gesamtzeichnung dargestellte Schiebevorrichtung Ventilkegel soll angefertigt, optimiert und betriebsbereit gemacht werden. Die nachfolgenden Aufgaben beziehen sich hauptsächlich auf diese Baugruppe.

Den Zeichensatz zur abgebildeten Schiebevorrichtung finden Sie im Anhang.

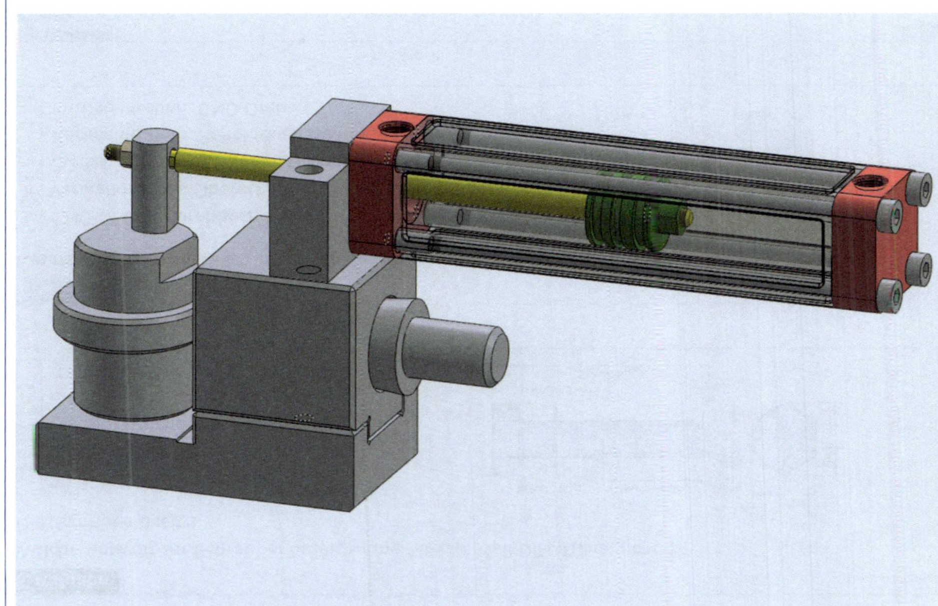

1. Aufgabe

Beschreiben Sie die Funktion der Vorrichtung (Benennung der Bauteile inkl. Pos.).

Die Vorrichtung löst (entlastet) pneumatisch betätigt einen Ventilkegel (Pos. 2/Pos. 3). Der Ventilkegelsitz wird über eine Druckfeder (Pos. 6) vorgespannt. Durch die pneumatische Betätigung (Selbsthaltung) – Drehen der Exzenterscheibe am Bauteil (Pos. 4) – wird Bauteil (Pos. 3) entlastet.

Punkte /6

2. Aufgabe

Der Stahl des Ventilkegels (Pos. 3) gehört zur Gruppe der:

- [ ] Vergütungsstähle
- [ ] Nitrierstähle
- [ ] Manganstähle
- [ ] Automatenstähle
- [x] Einsatzstähle

Punkte /1

3. Aufgabe

Welche Aussage zur Materialangabe des Ventilbocks (Pos. 2) ist richtig?
Der Ventilbock besteht unter anderem aus

- [ ] 16 % Mangan
- [ ] 1,6 % Kohlenstoff
- [ ] unlegiertem Werkzeugstahl
- [x] 0,16 % Kohlenstoff
- [ ] 5 % Chrom

Punkte /1

4. Aufgabe

Die Druckfeder wurde aus Federstahl gefertigt.
Erklären Sie die besonderen Werkstoffeigenschaften von Federstahl.

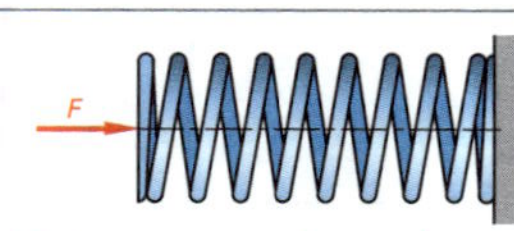

Federstahl besitzt die notwendige Elastizität und Härte, um auch nach vielen Lastspielen wieder in den Ausgangszustand zurückzufedern.

Punkte /4

5. Aufgabe

Wenn die Druckfeder aus Baustahl gefertigt würde, ändert sich folgende Werkstoffeigenschaft gravierend:

- [ ] Die elektrische Leitfähigkeit
- [ ] Die Wärmeleitfähigkeit
- [ ] Die Korrosionsbeständigkeit
- [x] Die Elastizität
- [ ] Die Dichte

Punkte /1

Punkte 1 bis 5: /13

6. Aufgabe

Welche Antwort zur Schraubenbezeichnung M6x20 – 8.8 DIN 912 ist richtig?
Die Schraube besitzt

- [ ] 20 mm Kerndurchmesser
- [ ] 6 mm Kerndurchmesser
- [ ] 8,8 mm Bruchdehnung
- [x] 6 mm Gewindeaußendurchmesser
- [ ] 640 N/mm² Mindestzugfestigkeit

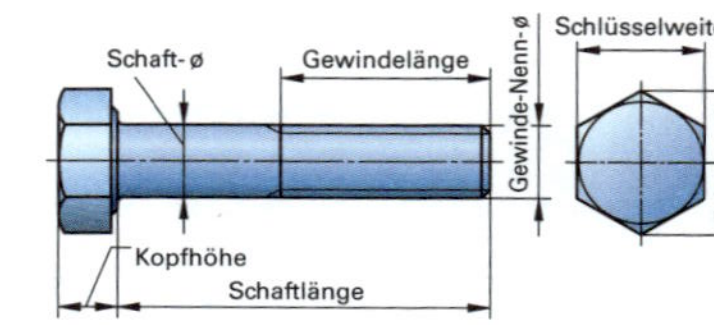

Punkte /1

7. Aufgabe

Nennen Sie ausschließlich Verfahren des Kegeldrehens?

- [ ] CNC-Drehen, Drehherz, Reitstockverstellung
- [x] Verstellung des Oberschlittens, Reitstockverstellung
- [ ] Zwischen Spitzen Drehen, Drehherz
- [ ] Karuselldrehen, Reitstockverstellung
- [ ] Karuselldrehen, CNC-Drehen

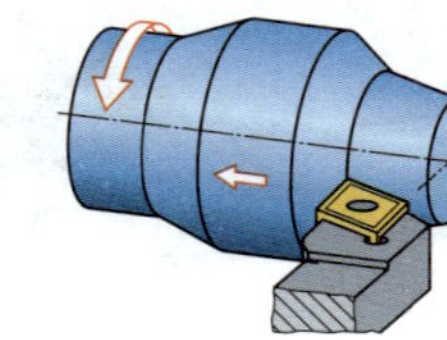

Punkte /1

8. Aufgabe

Der Ventilkegel (Pos. 3) lässt sich nicht mehr bewegen. Erklären Sie eine mögliche Ursache.

Auf der Dichtfläche des Ventilkegels hat sich Korrosion gebildet. Dieser „Rost" hält die Bauteile (Pos. 2/Pos. 3) zusammen.

Punkte /3

9. Aufgabe

Die Bezeichnung SW32 am Exzenter (Pos. 4) hat folgende Bedeutung?

- [ ] Einstich mit 32 Mikrometern Tiefe
- [ ] Schlüsselweite 3,2 mm
- [x] Schlüsselweite 32 mm
- [ ] Toleranzangabe
- [ ] Freistich mit 32 mm Weite

Punkte /1

10. Aufgabe

Benennen Sie die

a) Art der Kraftübertragung zwischen Ventilkegel (Pos. 3) und Ventilbock (Pos. 2) und
b) erläutern Sie, welche Auswirkung eine flachere Kegelausführung auf die übertragbare Kraft hätte.

a) Kraftschluss (Reibschluss)

b) Durch eine flachere Ausführung wird die Reibfläche geringer → es kann weniger Kraft übertragen werden.

Punkte /4

Punkte 6 bis 10: /10

11. Aufgabe

Punkte

Warum sind am Ventilkegel (Pos. 3) Prüfzylinder mit ∅ 10 mm dargestellt?

- [ ] Sie dienen zum Messen der Länge des Kegels.
- [x] Sie dienen der Messung des Durchmessers des Kegels.
- [ ] Sie sind für die Funktion der Vorrichtung wichtig.
- [ ] Sie werden bei der Fertigung des Kegels benötigt.
- [ ] Sie müssen nach der Fertigung eingesetzt werden, um die Flächen vor Beschädigung zu schützen.

/1

12. Aufgabe

Punkte

Welche Bedeutung hat dieses Zeichen?

Rz 2,5

- [ ] Rautiefe 2,5 mm
- [ ] Rautiefe 25 mm
- [ ] Rautiefe 0,025 cm
- [ ] Rautiefe 0,25 mm
- [x] Rautiefe 0,0025 mm

/1

13. Aufgabe

Punkte

Berechnen Sie eine geeignete Drehzahl für das Rundschleifen des kegeligen Durchmessers am Ventilkegel (Pos. 3).

Hinweise: ∅ Scheibe: 120 mm – Entnehmen Sie v_c aus dem Tabellenbuch.

$n = \frac{v_c}{d \cdot \pi}$

$n = \frac{30\ m/s}{0{,}12\ m \cdot \pi} = 79{,}577\ \frac{1}{s} \cdot 60\ \frac{s}{min}$

$n = 4774{,}65\ \frac{1}{min}$

/4

14. Aufgabe

Punkte

Die Bauteile Ventilbock und Ventilkegel (Pos. 2 und Pos. 3) werden einsatzgehärtet. Welche Bedeutung hat die Angabe 65 HRC?

- [ ] Härtetemperatur 65 x 100 °C
- [ ] Härtehaltetemperatur 65 min
- [x] Härteangabe nach Rockwell
- [ ] Abschreckzeit 6,5 min
- [ ] Allgemeine Härteangabe nach Brinell

/1

15. Aufgabe

Punkte

In welcher Antwort stehen ausschließlich Verfahren des Abschreckens beim Härten?

- [ ] Abschrecken in Luft, Öl bzw. Benzin
- [ ] Abschrecken in Luft, Bohremulsion und Wasser
- [x] Abschrecken in Luft, Wasser bzw. Öl
- [ ] Abschrecken im Stickstoff, Sauerstoff bzw. Luft
- [ ] Abschrecken in Stickstoff, Sauerstoff bzw. Öl

/1

16. Aufgabe

Punkte

Nennen Sie zwei geeignete Schleifmittel, die zum Rundschleifen des kegeligen Durchmessers am Ventilkegel (Pos. 3) geeignet sind.
Begründen Sie Ihre Entscheidung.

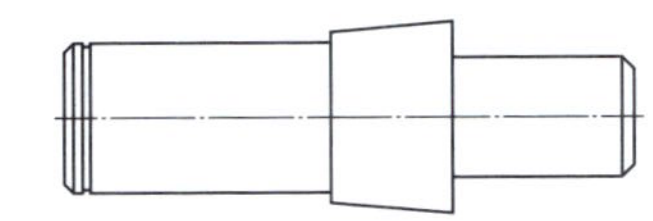

- Normalkorund: „Allround"-Schleifmittel
- Edelkorund: Besonders geeignet, insbesondere für Einsatz- und Werkzeugstahl

/4

17. Aufgabe

Punkte

Sie fertigen die Passung an der Grundplatte (Pos. 1) anhand der Einzelteilzeichnung.
Worauf nimmt die Toleranzangabe Bezug?

- [ ] Koaxialität
- [ ] Parallelität
- [x] Symmetrie
- [ ] Mittigkeit
- [ ] Planlauf

/1

18. Aufgabe

Punkte

Welche Aufgabe erfüllt der Wellensicherungsring (Pos. 7).

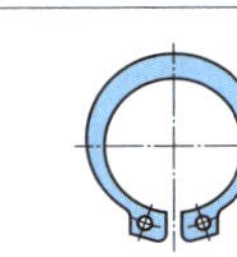

Er verhindert ein Herausfallen der Feder (Pos. 5).

/1

19. Aufgabe

Punkte

Nennen Sie ein geeignetes Prüfmittel zum Ermitteln der Nutbreite (Nennmaß 30) an der Grundplatte (Pos. 1)?

- [ ] Messschieber
- [ ] Messuhr
- [x] Innenbügelmessschraube
- [ ] Grenzrachenlehrer
- [ ] Feinzeiger

/1

20. Aufgabe

Punkte

Welche Passungsart entsteht zwischen dem Exzenter (Pos. 4) und der Grundplatte (Pos. 1)?

Es muss eine Spielpassung sein.

/1

21. Aufgabe

Die Oberfläche des Konus am Ventilkegel (Pos. 3) muss exakt kontrolliert und dokumentiert werden?
Ein geeignetes Verfahren dazu ist:

- [ ] Das Röntgenverfahren
- [ ] Das Ultraschallverfahren
- [ ] Ein Vergleichsverfahren, wie z. B. die Nagelprobe
- [x] Das Tastschnittverfahren
- [ ] Die Prüfung nach Vickers

Punkte /1

22. Aufgabe

Eine der Aussagen über das Tastschnittverfahren ist korrekt:

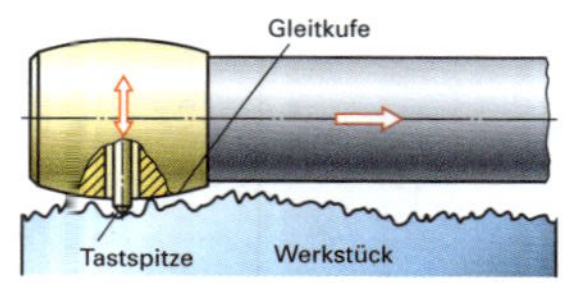

- [ ] Es gehört zu den zerstörenden Werkstoffprüfverfahren.
- [x] Es unterteilt den Messbereich in der Regel in fünf Teilabschnitte.
- [ ] Es gibt eine genaue Angabe über die Werkstoffzusammensetzung.
- [ ] Es gibt Aufschluss über innere Werkstofffehler.
- [ ] Die Messergebnisse können direkt am Sensor abgelesen werden.

Punkte /1

23. Aufgabe

Die Ecken der Passungen (siehe z. B. Pos. 1 bzw. Pos. 2) sind ausgefräst?
Warum ist dies notwendig?

- [ ] Es ist nicht notwendig, da es an der Funktion nichts ändert.
- [x] Passungen können durch Staub- und Schmutzpartikel verunreinigt sein. Die Ausfräsungen dienen dazu als Aufnahme.
- [ ] An den Passungsflächen setzt sich nicht so schnell Flugrost an.
- [ ] Um das Gesamtgewicht zu verringern.
- [ ] Um bei Wärmeausdehnung keine Verspannungen entstehen zu lassen.

Punkte /1

24. Aufgabe

Welche Aussage trifft auf das dargestellte Bauteil zu?
Das Ventil besitzt

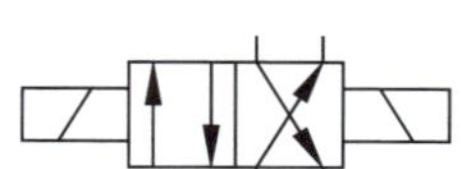
4/2-Wegeventil

- [ ] 2 Anschlüsse, 4 Schaltstellungen
- [ ] 4 Anschlüsse, 2 Schaltstellungen, nur per Hand zu schalten
- [x] 4 Anschlüsse, 2 Schaltstellungen, nur elektrisch zu schalten
- [ ] 2 Anschlüsse, 4 Schaltstellungen, nur elektrisch zu schalten
- [ ] 4 Anschlüsse, 2 Schaltstellungen, kann Schaltstellung a und Schaltstellung b einnehmen

Punkte /1

Punkte 21 bis 24: /4

25. Aufgabe

Was passiert, wenn das Drosselrückschlagventil zur Geschwindigkeitsregelung mit der Drosselfunktion zuluftseitig eingebaut wird?

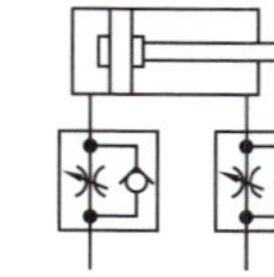

- [ ] Es ändert nichts an der Funktion.
- [x] Der Zylinder fährt mit verringerter Kraft aus und es entsteht der sogenannte Stick-Slip-Effekt.
- [ ] Der Zylinder fährt schneller ein.
- [ ] Die benötigte Luftmenge vergrößert sich.
- [ ] Der Zylinder erwärmt sich stärker.

Punkte /1

26. Aufgabe

Welches der genannten Eigenschaften ist ein Vorteil einer Pneumatikanlage?

- [ ] Luft ist kompressibel.
- [ ] Luftdruckanlagen sind relativ laut.
- [ ] Luftdruckanlagen sind äußerst wartungsarm.
- [x] Luftdruckanlagen sind optimal für die Steuerung von Produktionslinien.
- [ ] keine der genannten Möglichkeiten.

Punkte /1

27. Aufgabe

Erklären Sie das Grundprinzip der im Stromlaufplan dargestellten „Dominant EIN" – Schaltung.

Wenn -SF1 und -SF2 gleichzeitig betätigt werden, dann fließt durch -KF1 trotzdem Strom.

Punkte /3

28. Aufgabe

Das 5/2-Wegeventil soll elektrisch angesteuert werden. Wie kann hier elektropneumatisch eine UND-Schaltung realisiert werden?

- [ ] Parallelschaltung von zwei Signalgliedern
- [ ] Parallelschaltung von zwei Steuergliedern
- [ ] Reihenschaltung von zwei Steuergliedern
- [x] Reihenschaltung von zwei Signalgliedern
- [ ] Selbsthalteschaltung, dominant ein

Punkte /1

29. Aufgabe

Das 5/2-Wegeventil soll elektrisch angesteuert werden. Wie kann hier elektropneumatisch eine ODER-Schaltung realisiert werden?

- [x] Parallelschaltung von zwei Signalgliedern
- [ ] Parallelschaltung von zwei Steuergliedern
- [ ] Reihenschaltung von zwei Steuergliedern
- [ ] Reihenschaltung von zwei Signalgliedern
- [ ] Selbsthalteschaltung, dominant aus

Punkte /1

Punkte 25 bis 29: /7

30. Aufgabe Punkte

Eine pneumatische Wartungseinheit besteht aus folgenden Bauteilen:

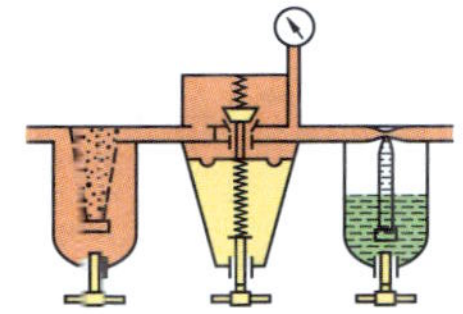

- [ ] 5/2-Wegeventil, Öler und Manometer
- [ ] 3/2-Wegeventil, Öler und Filter
- [ ] Öler, Filter und Drosselrückschlagsventil
- [x] Öler, Filter und Manometer
- [ ] Filter, Manometer und Drosselrückschlagsventil

/1

31. Aufgabe Punkte

Welche grundsätzlichen Sicherheitsvorschriften sind bei pneumatischen Anlagen zu beachten?

- [ ] Geölte Luft ist besonders gefährlich beim Einatmen – immer Mundschutz tragen.
- [x] Bevor die Anlage unter Druck gesetzt wird, sind immer alle Leitungen auf festen Sitz zu prüfen.
- [ ] Gefahr durch austretende Öle.
- [ ] Keine besonderen Vorschriften, da es keine nennenswerten Gefahren gibt.
- [ ] Bevor die Anlage unter Druck gesetzt wird, ist immer die Funktion des Kompressors zu prüfen.

/1

32. Aufgabe Punkte

Beschreiben Sie die Funktion des induktiven Sensors.

Wenn das Magnetfeld des Sensors gestört wird, dann schaltet das Bauteil.

/3

Notizen

Punkte 30 bis 32: /5

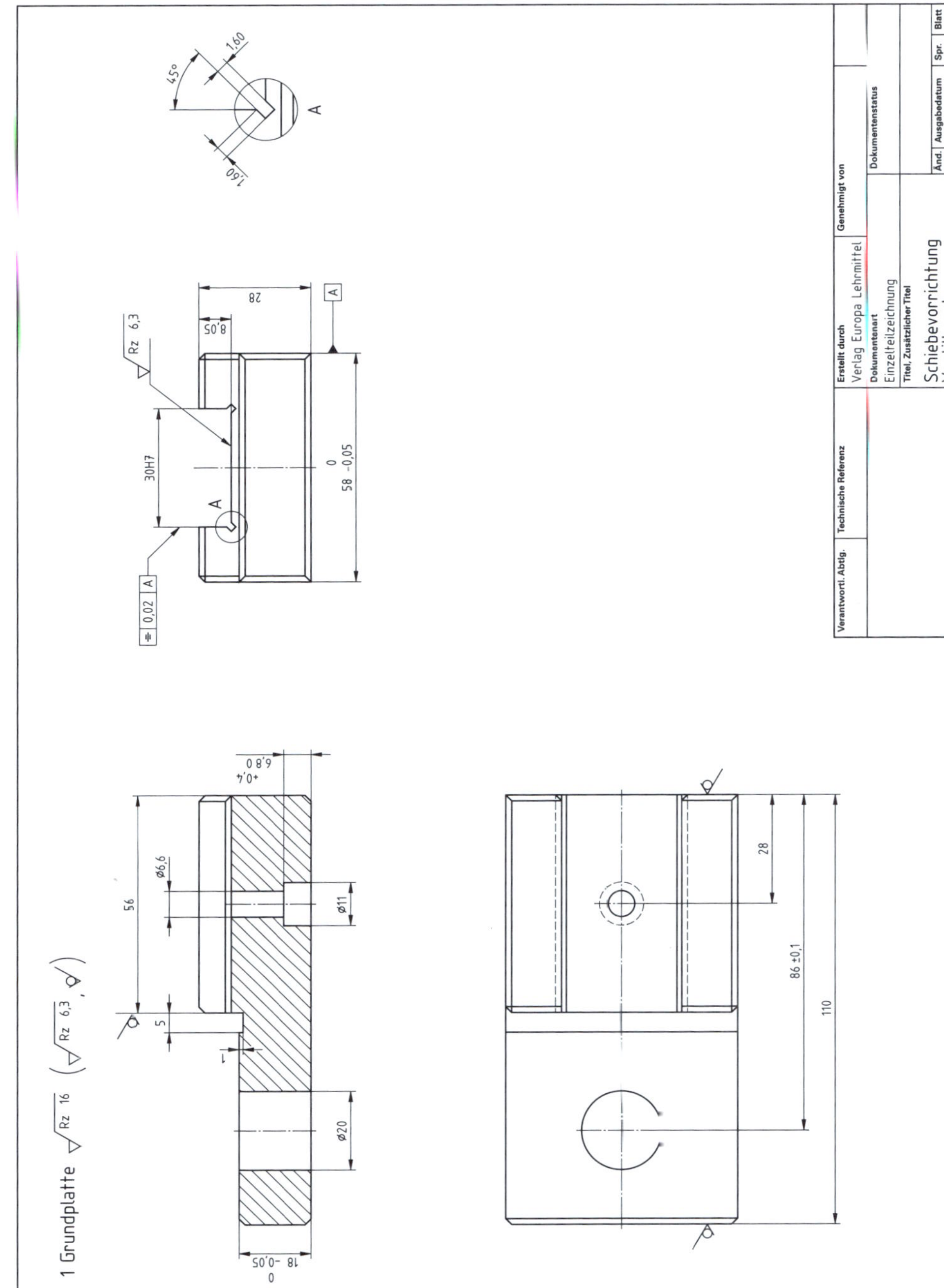

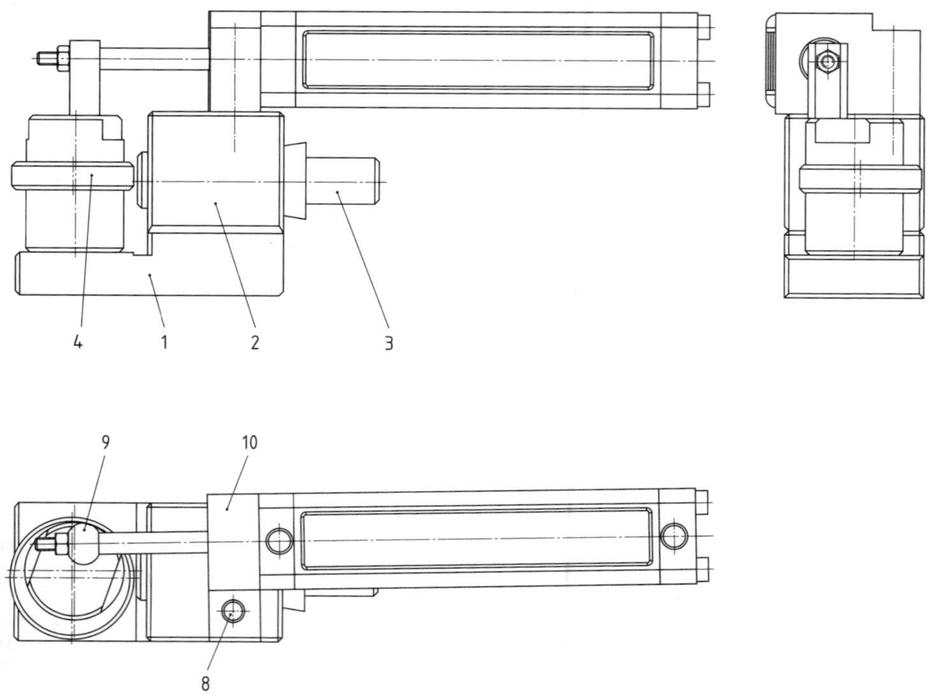

Pos.-Nr.	Stück	Benennung	Sachnr./Norm-/Kurzbezeichnung	Werkstoff	Bemerkung
10	1	Drehdurchführung		16MnCr5	
9	1	Exzenterstift		16MnCr5	
8	1	Zylinderstift		ISO 2338	
7	1	Sicherungsring		Federstahl	
6	1	Sicherungsring		Federstahl	
5	1	Druckfeder		Federstahl	
4	1	Exzenter		16MnCr5	
3	1	Ventilkegel		16MnCr5	
2	1	Ventilbock		16MnCr5	
1	1	Grundplatte		16MnCr5	

Verantwortl. Abtlg.	Technische Referenz	Erstellt durch	Genehmigt von
		Verlag Europa Lehrmittel	
		Dokumentenart: Gesamtzeichnung	Dokumentenstatus
		Titel, Zusätzlicher Titel: Schiebevorrichtung Ventilkegel	Änd. / Ausgabedatum: 2015 / Spr.: de / Blatt: 2/6

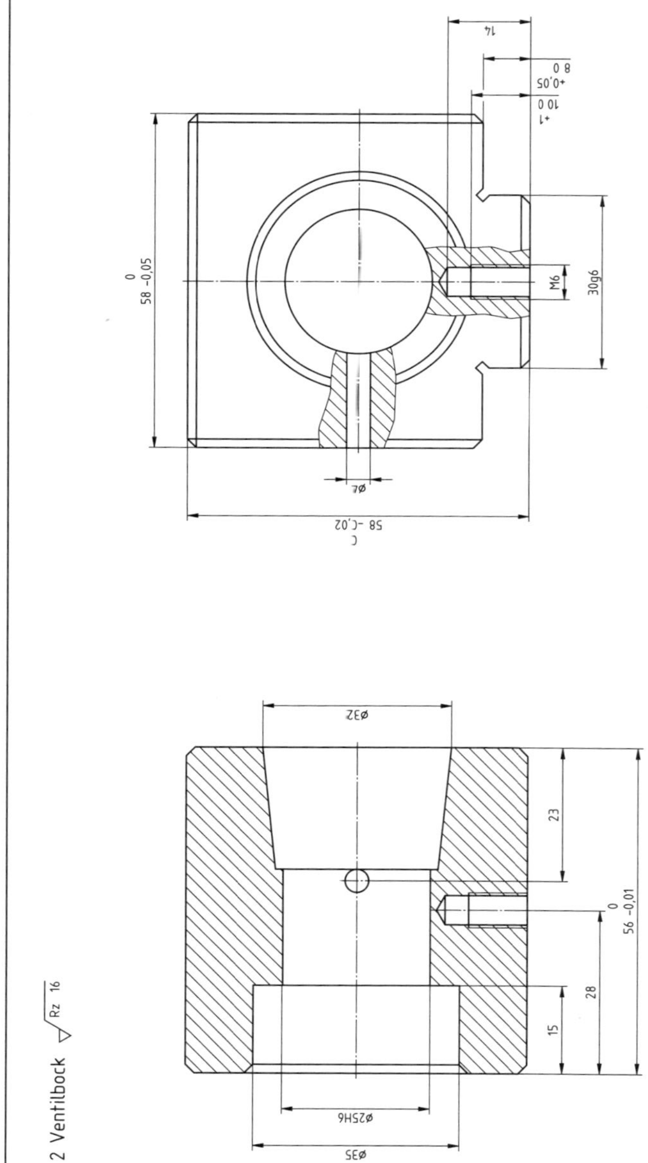

2 Ventilbock Rz 16

Verantwortl. Abtlg.	Technische Referenz	Erstellt durch	Genehmigt von
		Verlag Europa Lehrmittel	
		Dokumentenart: Einzelteilzeichnung	Dokumentenstatus
		Titel, Zusätzlicher Titel: Schiebevorrichtung Ventilkegel	Änd. / Ausgabedatum: 2015 / Spr.: de / Blatt: 3/6

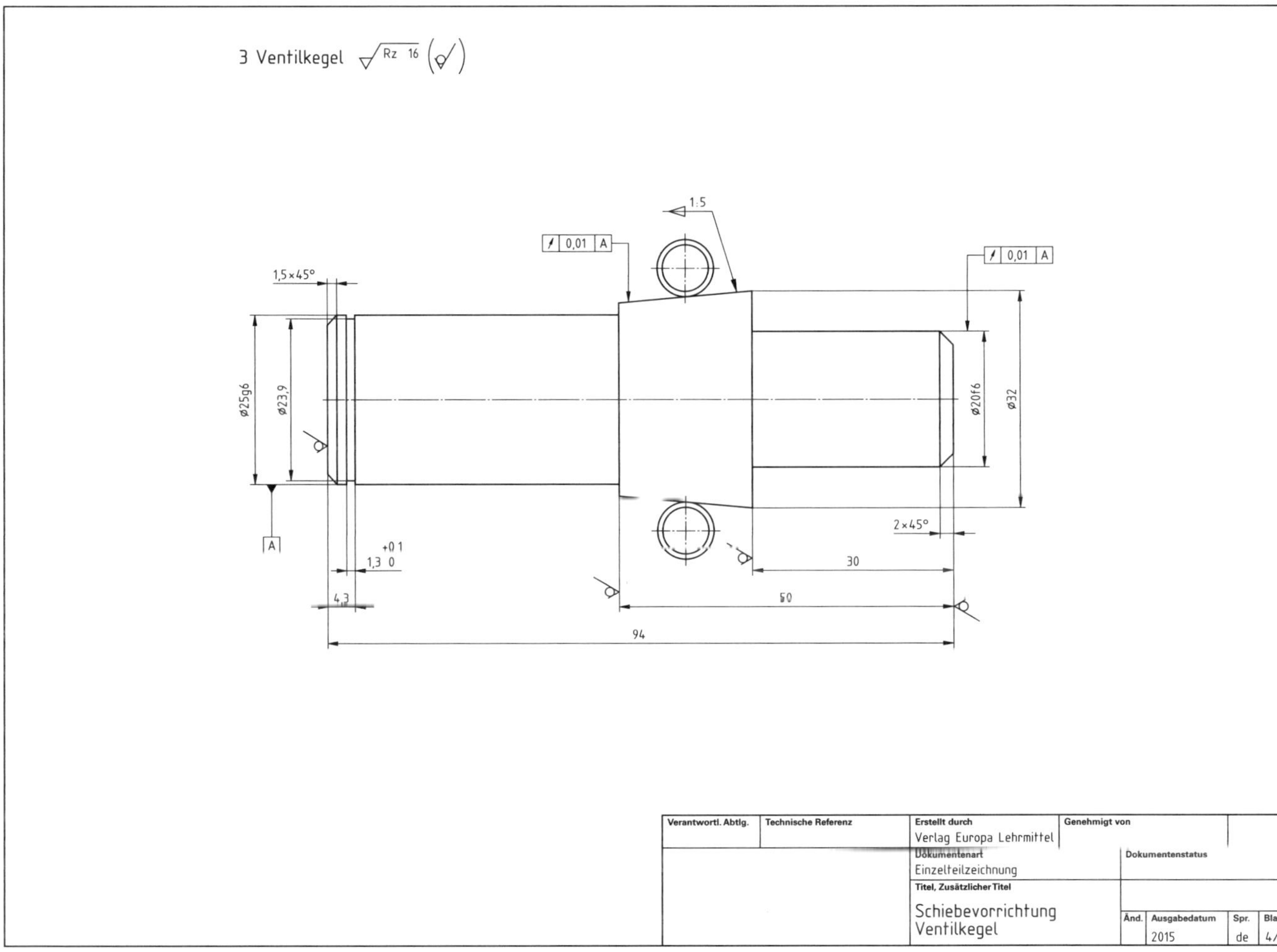
3 Ventilkegel Rz 16
1.5
0,01 A
0,01 A
1,5×45°
Ø25g6
Ø23,9
Ø20f6
Ø32
A
+0,1
1,3 0
4,3
2×45°
30
60
94
Verantwortl. Abtlg.
Technische Referenz
Erstellt durch
Verlag Europa Lehrmittel
Genehmigt von
Dokumentenart
Einzelteilzeichnung
Dokumentenstatus
Titel, Zusätzlicher Titel
Schiebevorrichtung
Ventilkegel
Änd.
Ausgabedatum
2015
Spr.
de
Blatt
4/6

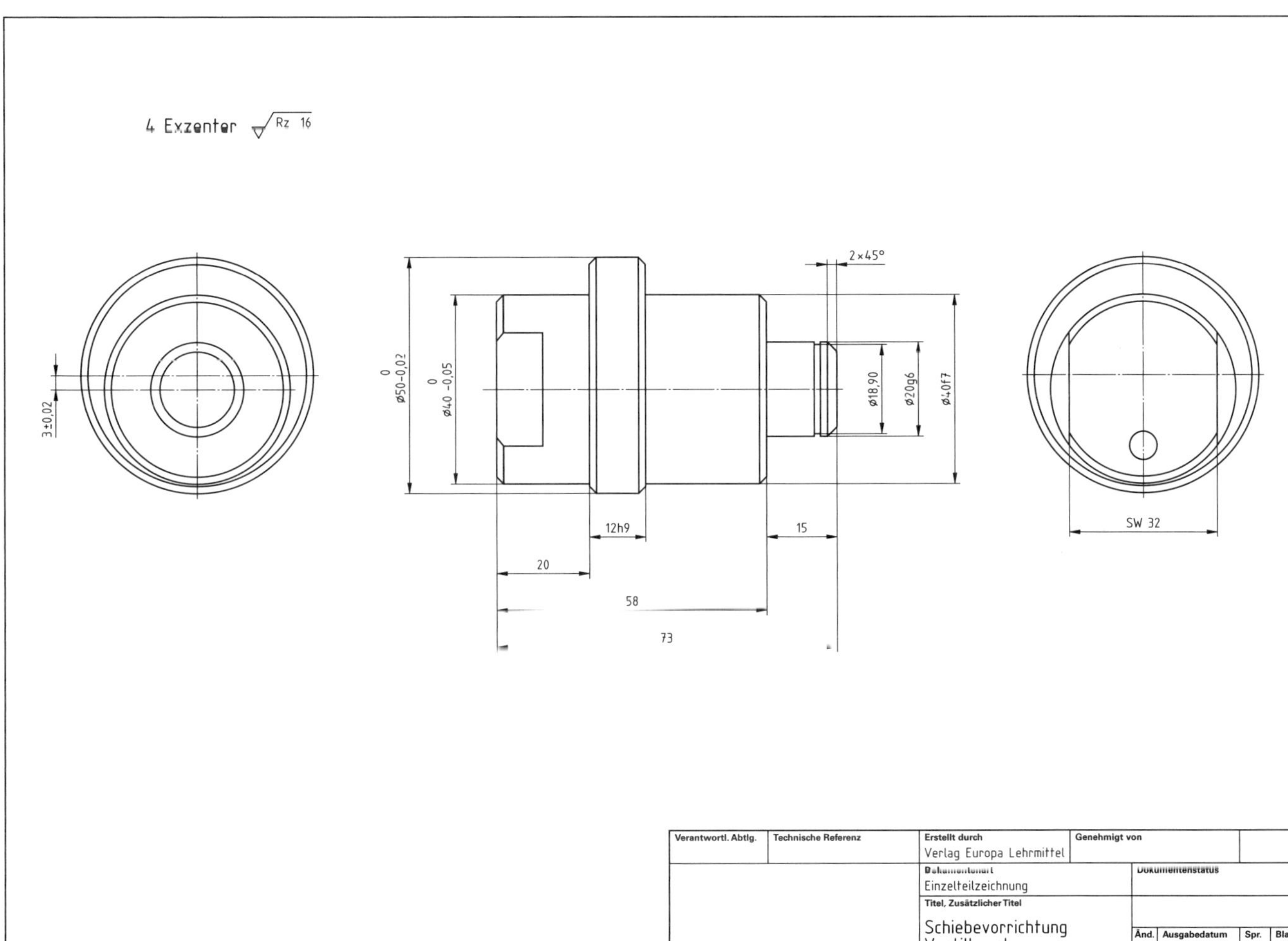
4 Exzenter Rz 16
2×45°
3±0,02
Ø50-0,02 0
Ø40-0,05 0
Ø18,90
Ø20g6
Ø40f7
12h9
15
20
58
73
SW 32
Verantwortl. Abtlg.
Technische Referenz
Erstellt durch
Verlag Europa Lehrmittel
Genehmigt von
Dokumentenart
Einzelteilzeichnung
Dokumentenstatus
Titel, Zusätzlicher Titel
Schiebevorrichtung
Ventilkegel
Änd.
Ausgabedatum
2015
Spr.
de
Blatt
5/6

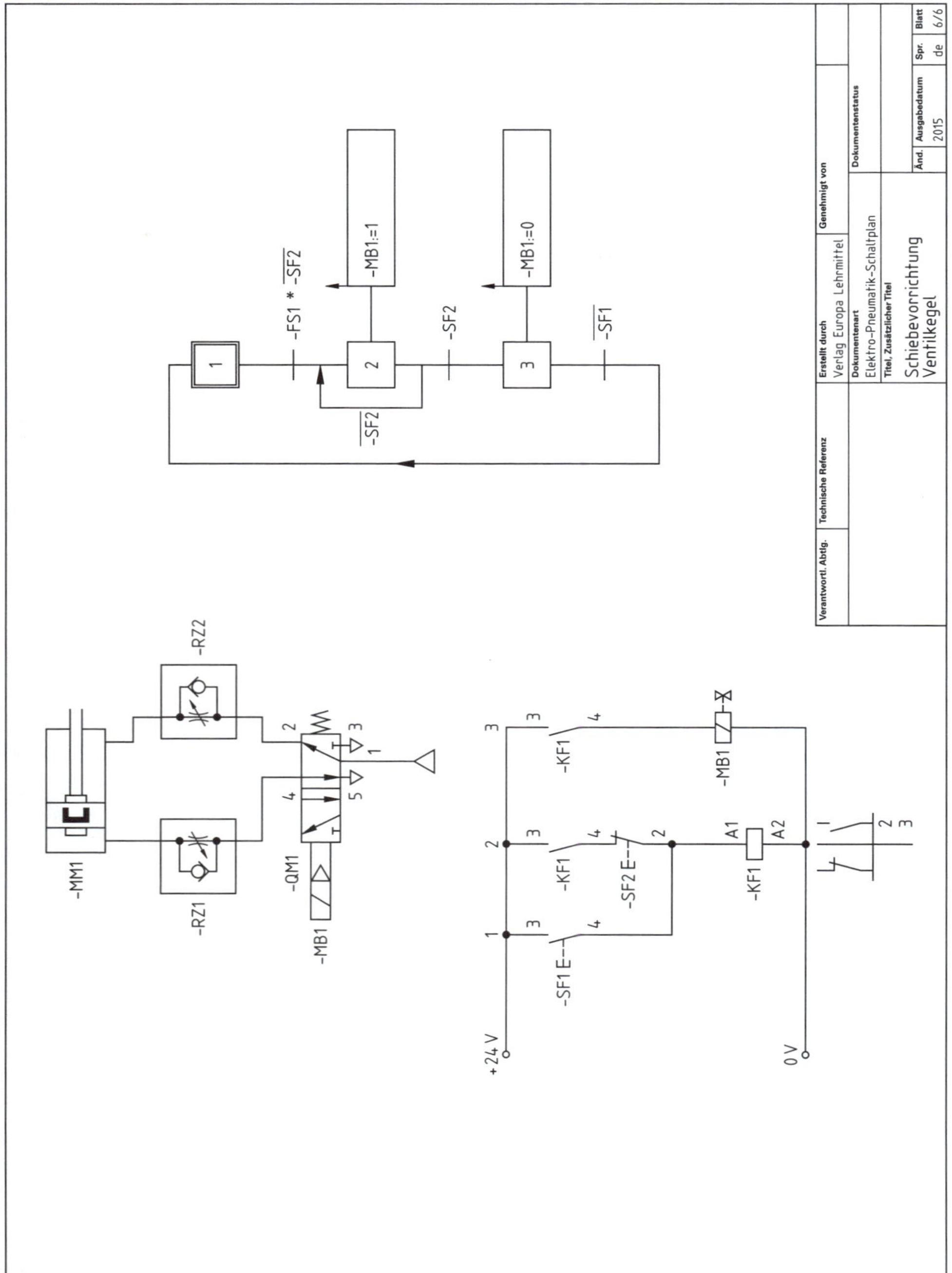

Exzenterkugelverteiler

Name: ______________________ Datum: ______________

Zeit: 90 Minuten

Arbeitsmittel: Tabellenbuch, TR, Zeichengeräte

11 offene Aufgaben

24 gebundene Aufgaben (nur eine Lösung ist richtig)

Punkteschlüssel:

68	–	63	=	Note 1
62	–	55	=	Note 2
54	–	46	=	Note 3
45	–	34	=	Note 4
33	–	20	=	Note 5
19	–	0	=	Note 6

Der abgebildete Exzenterkugelverteiler soll angefertigt und betriebsbereit gemacht werden.
Die nachfolgenden Aufgaben beziehen sich hauptsächlich auf diese Baugruppe. Arbeiten Sie sich in die Zeichnung ein und bearbeiten Sie die Aufgaben in der vorgegebenen Reihenfolge.

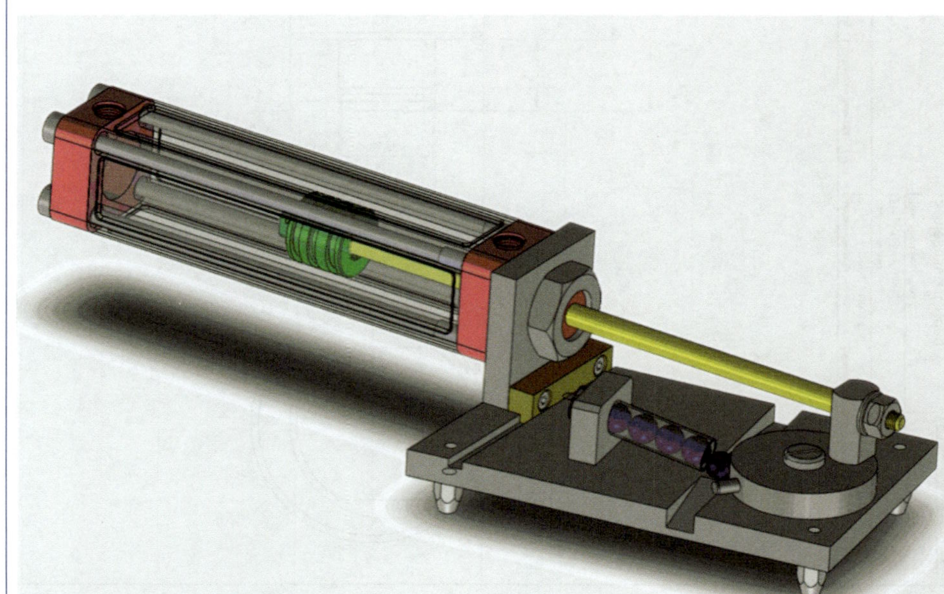

1. Aufgabe Punkte

Beschreiben Sie die Verteilung der Kugeln und nennen Sie dabei die beteiligten Einzelteile mit Benennung und Positionsnummern.

Beim Ausfahren des Zylinders (Pos. 17) wird die Ausfahrkraft über das Exzentergelenk (Pos. 4) auf die Exzenterscheibe (Pos. 2) übertragen. Die Exzenterscheibe (Pos. 2) dreht sich, der am Umfang befindliche Zylinderstift (Pos. 9) drückt die unterste Kugel (Pos. 16) nach links oder rechts. Die Exzenterscheibe (Pos. 2) bewegt sich weiter. Eine weitere Kugel rutscht durch die Kugelzuführung (Pos. 7) in die Bohrung, und die Verteilung beginnt von vorne.

/5

2. Aufgabe Punkte

Die Nut der Grundplatte (Pos. 1) soll mit einem Scheibenfräser ∅ 80x4 aus HSS gefertigt werden. Welche Drehzahl müssen Sie bei einer Schnittgeschwindigkeit v_c = 50 m/min einstellen?

- [ ] 98 m n^{-1}
- [x] 198 min^{-1}
- [ ] 298 min^{-1}
- [ ] 400 m n^{-1}
- [ ] 1200 min^{-1}

$$n = \frac{v_c}{d \cdot \pi}$$

$$n = \frac{50\,\frac{m}{min}}{0{,}08\,m \cdot \pi} = 198\,\frac{1}{min}$$

/1

3. Aufgabe Punkte

Die Nut der Grundplatte (Pos. 1) für das Schiebestück (Pos. 5) soll eine Breite von $5^{+0,1}$ aufweisen. Welches ISO-Passmaß liegt **nicht** in der Toleranz?

- [ ] 5H7
- [ ] 5H8
- [ ] 5H11
- [ ] 5G7
- [x] 5S7

/1

4. Aufgabe Punkte

Die Oberfläche der Nut auf der Grundplatte soll eine Oberflächengüte von R_z 4 aufweisen (Blatt 3/6). Welche Einstellungen müssen Sie treffen?

Ordnen Sie die Begriffe **größer, kleiner** zu!

Schnittgeschwindigkeit: größer

Drehzahl: größer

Schnitttiefe: kleiner

Vorschub: kleiner

/4

Punkte 1 bis 4: /11

5. Aufgabe Punkte

Trotz der Einstellungen aus Aufgabe 4 stellen Sie eine „schlechte" Oberflächengüte fest. Welche zwei weiteren Ursachen können dafür verantwortlich sein?

Der Scheibenfräser ist stumpf.

Vibrationen der Fräsmaschine.

Werkstück ist nicht fest genug eingespannt.

Kühlung nicht ausreichend.

/2

6. Aufgabe Punkte

Das Kühlmittel in der Fräsmaschine riecht „eigenartig". Welche Entscheidung haben Sie zu treffen?

- [ ] Gar keine, darüber entscheidet der Vorgesetzte.
- [ ] Ich empfehle, mehr Leitungswasser in den Behälter zu kippen.
- [ ] Bei Geruchsbelästigung kippe ich etwas mehr Natriumchlorid in den Behälter.
- [x] Das Kühlmittel ist sofort fachgerecht zu entsorgen.
- [ ] Ich arbeite ohne Bedenken weiter.

/1

7. Aufgabe Punkte

Aus welchen Bestandteilen besteht ein normaler KSS?

- [ ] Aus Spiritus, Mineralöl und Petroleum
- [ ] Wasser, Milch und Alkohol
- [x] Wasser und ca. 6 % Mineralöl
- [ ] Benzin, Wasser und ca. 20 % Synthetiköl
- [ ] Kaltreiniger, Wasser, Öl und Alkohol

/1

8. Aufgabe Punkte

Auf den Zeichnungen finden Sie im Schriftfeld folgendes Symbol: Was bedeutet dieses?

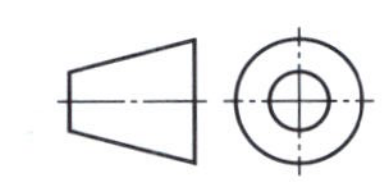

- [ ] Ein Kegelstumpf
- [x] Projektionsmethode 1
- [ ] Oberflächenangabe
- [ ] Sinnbild für Schweißen
- [ ] Härteprüfungssymbol

/1

9. Aufgabe Punkte

Welches Werkzeug benötigen Sie für das Festziehen von Pos. 10?

- [x] Sechskantwinkelschraubendreher SW3
- [ ] Schlitzschraubendreher 0,8x8
- [ ] Schraubendreher mit Außenvielverzahnung
- [ ] Wasserpumpenzange
- [ ] Maulschlüssel SW13

/1

Punkte 5 bis 9: /6

10. Aufgabe

Die persönliche Schutzausrüstung (PSA) ist ein elementarer Bestandteil Ihrer Arbeit.
Zählen Sie die vier wichtigsten Teile der PSA auf!

Arbeitskleidung
Schutzbrille
Sicherheitsschuhe
Haarnetz/Kappe

Punkte /4

11. Aufgabe

In der Exzenterscheibe (Pos. 2) ist eine Bohrung ∅ 5H7 durch Reiben zu fertigen.
Welche Aussage über das Reiben ist richtig?

- [ ] Beim Reiben muss der Vorschub erhöht werden.
- [ ] Die Drehzahl beim Reiben soll das eineinhalbfache der Bohrerdrehzahl betragen.
- [ ] Die Reibzugabe muss umso größer sein, je kleiner der zu fertigende Bohrungsdurchmesser ist.
- [ ] Beim Reiben muss immer Schneidöl verwendet werden.
- [x] Reiben ist eine Feinbearbeitung zur Herstellung von Bohrungspassmaßen.

Punkte /1

12. Aufgabe

Welches Prüfmittel nehmen Sie zur Kontrolle der Reibung ∅ 5H7?

- [ ] Messschieber Form A
- [ ] Bügelmessschraube
- [x] Grenzlehrdorn
- [ ] Parallelendmaß
- [ ] gehärteter Zylinderstift mit 60HRC

Punkte /1

13. Aufgabe

Warum hat eine Reibahle eine ungleiche Teilung?

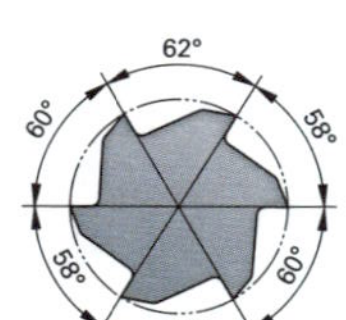

- [ ] Dies hängt von der Herstellungsfertigung ab.
- [ ] Dadurch kann die Reibahle besser in die Bohrung eingeführt werden.
- [ ] Dadurch wird der Spanwinkel zu einem negativen Spanwinkel.
- [x] Dadurch wird die Oberflächengüte erhöht und Rattermarken vermieden.
- [ ] Durch eine ungleiche Teilung wird die Standzeit der Reibahle erhöht.

Punkte /1

Punkte 10 bis 13: /7

14. Aufgabe

Unter welchem Prüfmittel steht die richtige Bezeichnung?

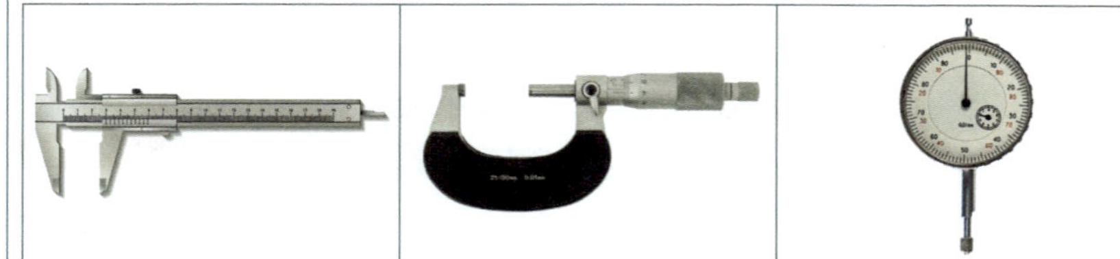

Bügelmessschraube	Gewindelehre	Feinzeiger
☐	☐	☐

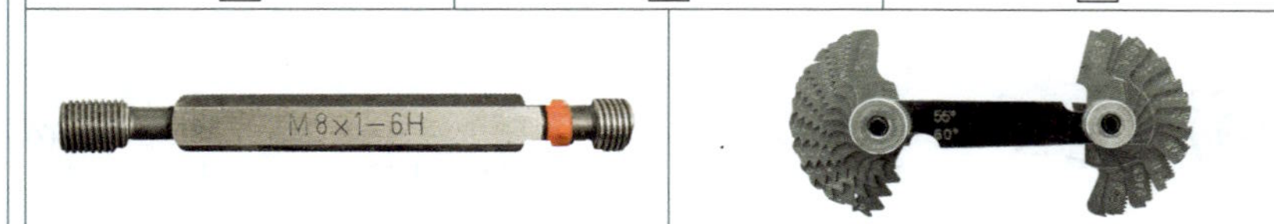

Grenzlehrdorn	Gewindelehre
☐	☒

Punkte /1

15. Aufgabe

Welche Abmaße hat die Bohrung ∅ 20 in der Zylinderbefestigung (Pos. 3)?

- [ ] +/– 0,1 mm
- [x] +/– 0,2 mm
- [ ] +/– 0,3 mm
- [ ] 20,2/19,8 mm
- [ ] 19,8/19,5 mm

Punkte /1

16. Aufgabe

Bei der Fertigung der Einzelteile der Baugruppe können Sie als Schneidstoff auch Hartmetall einsetzen. Was versteht man unter Hartmetall?

- [x] Eine Mischung aus Metallkarbiden und meist Kobalt als Bindemittel.
- [ ] Ein besonders hartes Metall aus Wolframlegierung.
- [ ] Ein härtbarer Stahl.
- [ ] Ein in Öl gehärtetes Metall.
- [ ] Alle Metalle, die eine Härte von mindestens 56 HRC aufweisen.

Punkte /1

17. Aufgabe

Die Kolbenstange des Zylinders (Pos. 17) besteht aus einem 34CrAlNi7-10.
Zu welcher Stahlgruppe gehört dieser?

- [ ] Warm gewalzte Federstähle
- [ ] Maschinenbaustählen
- [ ] Werkzeugstählen
- [x] Nitrierstählen
- [ ] Automatenstählen

Punkte /1

Punkte 14 bis 16: /4

18. Aufgabe

Punkte

Die Kugelzuführung (Pos. 7) könnte auch aus Kunststoff gefertigt werden.
In welche drei Gruppen werden Kunststoffe unterteilt?

Thermoplaste

Duroplaste

Elastomere

/3

19. Aufgabe

Punkte

Welche besonderen Eigenschaften weisen im Besonderen Thermoplaste auf?

- [ ] Sie sind schwer zerspanbar.
- [ ] Sie korrodieren leicht.
- [ ] Die Zugfestigkeit von Kunststoffen liegt meist über der von Aluminium.
- [x] Sie lassen sich gut umformen.
- [ ] Als Gleitlagerbuchse sind sie so gut wie wartungsfrei.

/1

20. Aufgabe

Punkte

Skizzieren Sie den Schnitt durch die Zylinderbefestigung (Pos. 3) ohne Bemaßung.
(Hinweis: Alle Bohrungen und Gewinde sollen sichtbar sein!)

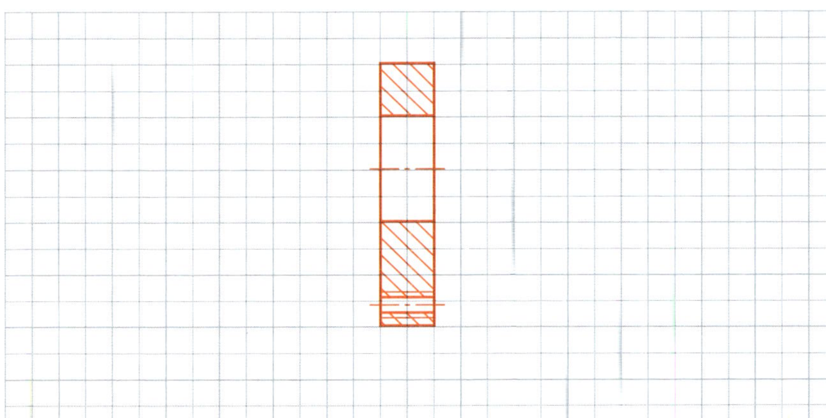

/5

21. Aufgabe

Punkte

Die Rohraufnahme (Pos. 6) soll auf einer CNC-Werkzeugmaschine gefertigt werden.
Welches Bauelement besitzt eine konventionelle Werkzeugmaschine im Vergleich zu einer CNC-Werkzeugmaschine in der Regel **nicht**?

- [x] Spielfreie Kugelumlaufspindel
- [ ] Antriebsmotor an der X-Achse
- [ ] Dateneingabe
- [ ] Gestell aus Grauguss
- [ ] Automatischen Vorschub

/1

22. Aufgabe

Punkte

Ergänzen Sie den Arbeitsplan für die Rohraufnahme (Pos.6)
(ohne Angabe der Werkzeuge).

Lfd. Nr.	Arbeitsschritt
10	Halbzeug 22x30x12 an der Hubbügelsäge sägen.
20	Auf Maß 10 fräsen.
30	Tisch auf 10° einstellen, Bohrung Ø 12H7 anreißen, körnen, vorbohren Ø 5.
40	Bohren mit Ø 11,8 mm, Senken, Reiben auf Ø 12H7.
50	Anreißen der M4 Gewinde, Bohren mit Ø 3,3, Senken
60	Gewindeschneiden M4.
70	Fasen 2 × 45° anbringen.
80	Werkstück säubern.
90	Maßkontrolle.

/6

23. Aufgabe

Punkte

Was zeigt dieses Bild?

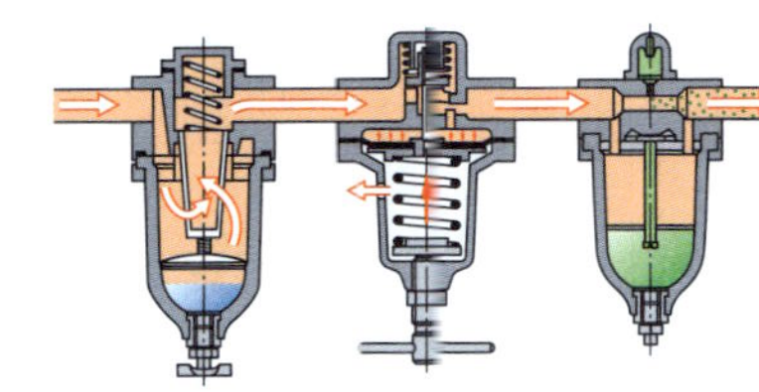

- [ ] Ein Absperrventil mit Öler
- [x] Eine Wartungseinheit
- [ ] Einen Druckluftkühler
- [ ] Ein Dreistufenrückschlagventil
- [ ] Eine Trocknungseinheit

/1

24. Aufgabe

Punkte

Im untenstehenden Schaltplan soll der Zylinder von zwei Stellen aus (Hand oder Fuß) betätigt werden. Zeichnen Sie das fehlende Bauelement ein.

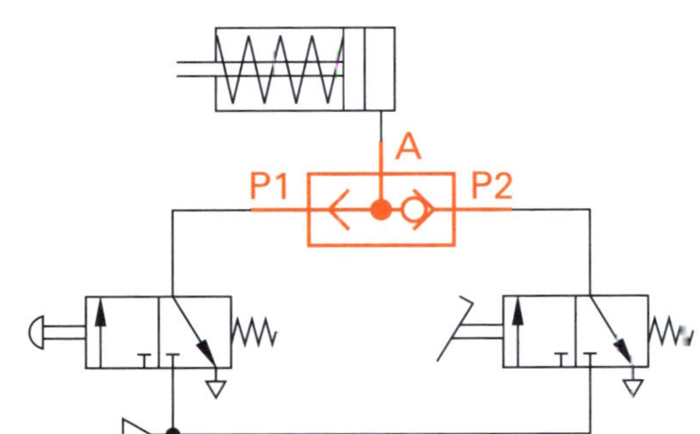

/3

25. Aufgabe

Der Zylinder (Pos. 17) hat eine gedrosselte Ausfahrzeit von 2,5 s bei einem Kolbenhub von 75 mm. Mit welcher Geschwindigkeit v fährt die Kolbenstange aus?

- [ ] v = 0,3 m/s
- [ ] v = 0,3 cm/s
- [x] v = 0,03 m/s
- [ ] v = 3 mm/min
- [ ] v = 1500 mm/min

$v = \frac{s}{t}$

$v = \frac{75\ \text{mm}}{2{,}5\ \text{s}} = 30\ \frac{\text{mm}}{\text{s}} \Rightarrow 0{,}03\ \frac{\text{m}}{\text{s}}$

Punkte /1

26. Aufgabe

Mit welcher Kolbenkraft fährt der Zylinder (Pos. 17) bei einem Betriebsdruck von p = 4 bar aus, wenn der Kolbendurchmesser d = 10 mm beträgt?

- [ ] 12,3 N
- [x] 31,4 N
- [ ] 51,2 N
- [ ] 62,8 N
- [ ] 124 N

$p = \frac{F}{A} \Rightarrow p = 4\ \text{bar} = 40\ \frac{\text{N}}{\text{cm}^2}$

$A = \frac{d^2 \cdot \pi}{4} = \frac{1^2\ \text{cm}^2 \cdot \pi}{4} = 0{,}785\ \text{cm}^2$

$F = p \cdot A$

$F = 40\ \frac{\text{N}}{\text{cm}^2} \cdot 0{,}785\ \text{cm}^2 = 31{,}4\ \text{N}$

Punkte /1

27. Aufgabe

Bei der Prüfung der Baugruppe nach erfolgter Montage, stellen Sie fest, dass die Kolbenstange des Zylinders (Pos. 17) nicht einfährt, obwohl ein Betriebsdruck p = 4 bar anliegt und die Verschlauchung keine Fehler aufweist.
Nennen Sie mindestens zwei Maßnahmen zur pneumatischen Fehlersuche!

Schlauchleitungen auf richtigen Anschluss nach Schaltplan überprüfen.
Ventilfunktion überprüfen.
Drosselrückschlagventil überprüfen.
Näherungsschalter justieren/einstellen.

Punkte /2

Punkte 25 bis 27: /4

28. Aufgabe

Berechnen Sie die Gesamtmasse der Grundplatte (Pos. 1)
(ohne Bohrungen/Gewinde/Ausfräsungen).

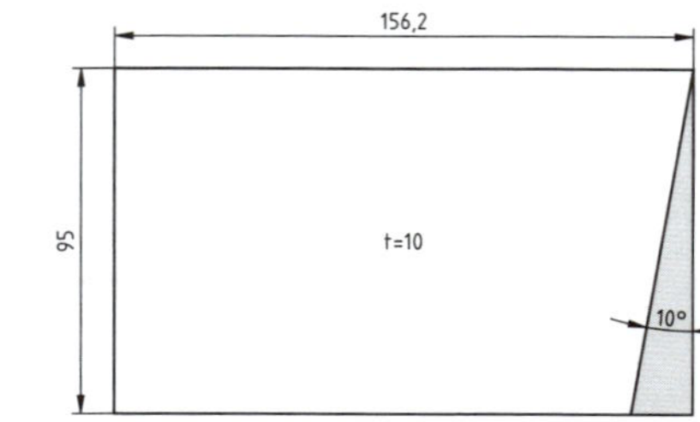

$V_{Rechteck} = a \cdot b \cdot t = 156{,}2\ \text{mm} \cdot 95\ \text{mm} \cdot 10\ \text{mm}$

$V_{Rechteck} = 148390\ \text{mm}^3 = 0{,}14839\ \text{dm}^3$

$\tan\alpha = \frac{GK}{AK} \Rightarrow GK = \tan\alpha \cdot AK = \tan 10° \cdot 95\ \text{mm} = 16{,}75\ \text{mm}$

$V_{Dreieck} = \frac{1}{2} \cdot g \cdot h \cdot t = \frac{1}{2} \cdot 16{,}75\ \text{mm} \cdot 95\ \text{mm} \cdot 10\ \text{mm}$

$V_{Dreieck} = 7956{,}25\ \text{mm}^3 = 0{,}007956\ \text{dm}^3$

$V_{ges} = V_{Rechteck} - V_{Dreieck} = 0{,}14839\ \text{dm}^3 - 0{,}007956\ \text{dm}^3 = 0{,}140434\ \text{dm}^3$

$m = V_{ges} \cdot \rho_{Stahl} = 0{,}140434\ \text{dm}^3 \cdot 7{,}85\ \frac{\text{kg}}{\text{dm}^3} = 1{,}102\ \text{kg}$

Punkte /6

29. Aufgabe

Welche Aussage über das Bauelement (Pos. 9) ist richtig?

- [ ] Die Aufnahmebohrung muss nicht ausgerieben werden.
- [ ] Nach dem Herausschlagen aus einem Werkstück kann es nicht mehr wiederverwendet werden.
- [ ] Die Aufnahmebohrung muss mit einer Kegelreibahle aufgerieben werden.
- [ ] Dieses Maschinenelement gibt es nur in gehärteter und geschliffener Ausführung.
- [x] Dieses Maschinenelement wird bei hohen Ansprüchen an die Genauigkeit verwendet.

Punkte /1

30. Aufgabe

Welche Einheit und welches Formelzeichen ist für den elektrischen Widerstand festgelegt?

- [ ] Einheit: Ohm (Ω): Formelzeichen: U
- [ ] Einheit: Ampere (A): Formelzeichen: I
- [x] Einheit: Ohm (Ω): Formelzeichen: R
- [ ] Einheit: Ohm (Ω): Formelzeichen: I
- [ ] Einheit: Volt (V): Formelzeichen: U

Punkte /1

Punkte 28 bis 30: /8

31. Aufgabe Punkte

Auf dem Leistungsschild eines Härteheizofens, der für die Härtung der Kugeln zur Verfügung steht, stehen folgende Angaben: $U = 240\,V$, $I = 15\,A$.

a) Berechnen Sie die elektrische Heizleistung des Ofens.

b) Der Wirkungsgrad des Heizofens beträgt 87 %. Wieviel Leistung muss zugeführt werden, damit der Heizofen, die Leistung aus a) erzielt?

a) $P = U \cdot I$

$P = 240\,V \cdot 15\,A = 3600\,W = 3{,}6\,kW$

b) $\eta = \frac{P_2}{P_1} \Rightarrow P_1 = \frac{P_2}{\eta}$

$P_1 = \frac{3{,}6\,kW}{0{,}87} = 4{,}14\,kW$

/4

32. Aufgabe Punkte

Eine Nachkalkulation der Fertigung der Baugruppe hat ergeben, dass die veranschlagte Summe von 535 € um 4 % niedriger angesetzt werden kann
Welcher Betrag (in €/Baugruppe) ergibt sich nun?

- [ ] 459,22 €
- [x] 513,60 €
- [ ] 514,42 €
- [ ] 524,58 €
- [ ] 529,99 €

535 € ≙ 100 %
5,35 € ≙ 1 %
21,40 € ≙ 4 %
535 € − 21,40 € = 513,60 €

/1

33. Aufgabe Punkte

Was gehört zu einem ergonomisch gestalteten Montagearbeitsplatz?

- [ ] Ein gemütlicher Aufenthaltsraum.
- [x] Ein an die Körpergröße angepasster Arbeitsplatz.
- [ ] Eine übertarifliche Bezahlung.
- [ ] Eine Erste-Hilfe-Ausstattung am Arbeitsplatz.
- [ ] Die Verwendung von Normmaschinenbauteilen.

/1

34. Aufgabe Punkte

Im Umgang mit Gefahrstoffen ist Hautkontakt unbedingt zu vermeiden. Mit welchem Gefahrensymbol sind Stoffe der Kategorie „Gesundheitsschädlich" gekennzeichnet?

Symbol 1	Symbol 2	Symbol 3	Symbol 4	Symbol 5
☐	☐	☐	☒	☐

/1

Punkte 31 bis 34: /7

35. Aufgabe Punkte

Welche Hilfeleistungen muss ein Ersthelfer bei Erreichen eines Unfallortes **mindestens** leisten?

- [ ] „Mund zu Mund"-Beatmung.
- [ ] Die Personalien des Unfallopfers notieren.
- [ ] Sofort einen Feuerlöscher organisieren.
- [x] Sofort einen Notruf absetzen.
- [ ] Nur ausgebildete Rettungskräfte müssen Hilfe leisten.

/1

Notizen

Punkte 35: /1

Notizen

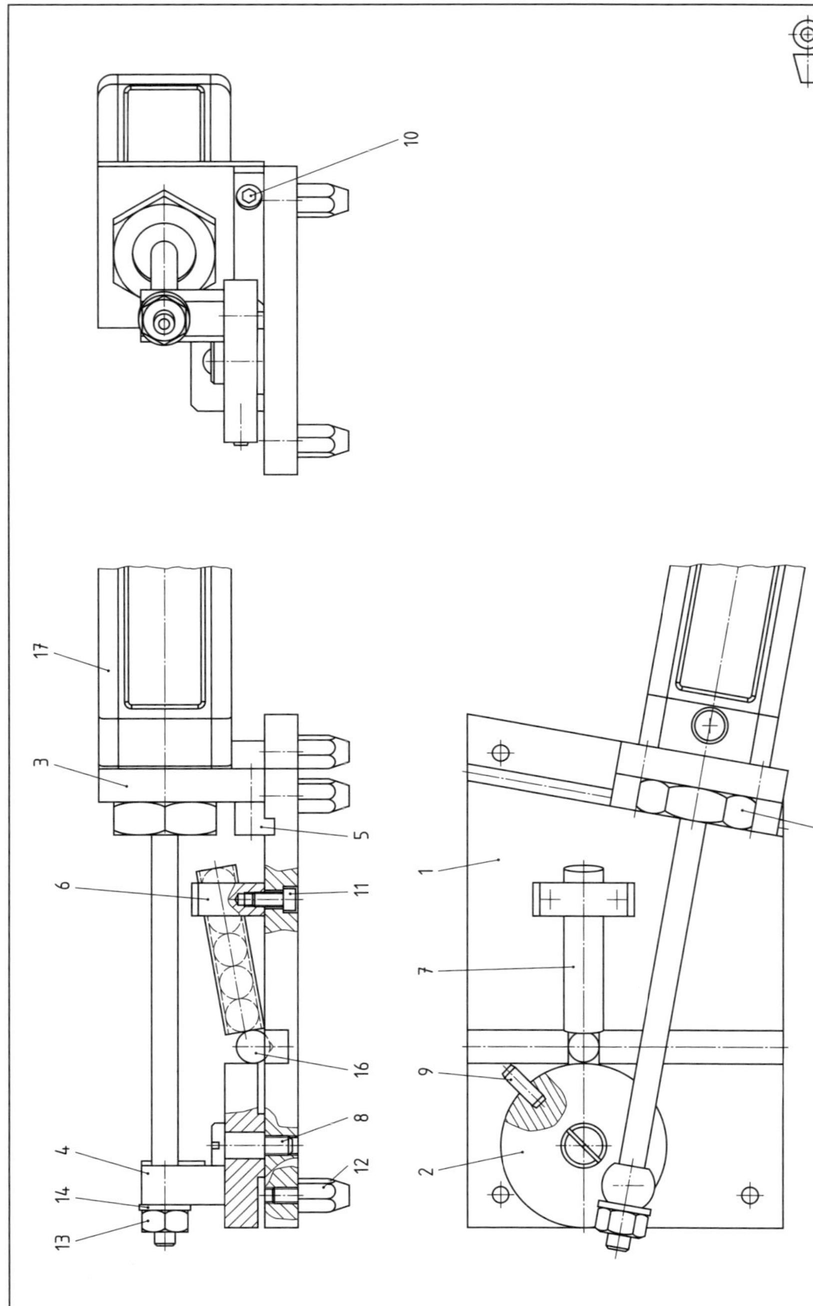

Verantwortl. Abtlg.	Technische Referenz	Erstellt durch	Genehmigt von
		Verlag Europa Lehrmittel	
		Dokumentenart: Gesamtzeichnung	Dokumentenstatus
		Titel, Zusätzlicher Titel: Exzenterkugelverteiler	Änd. / Ausgabedatum: 2015 / Spr.: de / Blatt: 1/6

Pos.-Nr.	Stück	Benennung	Sachnr./Norm/Kurzbezeichnung	Werkstoff	Bemerkung
17	1	Zylinder			
16	x	Werkstücke	Kugeln ⌀ 10	100Cr6	
15	1	Mutter	ISO 8675 – M24x1,5 – 04		
14	1	Scheibe	ISO 7090 – 8 – 150HV		
13	1	Mutter	ISO 4032 – M8 – 8		
12	4	Fuß	DIN 6320 – 20xM5	St	
11	2	Zylinderschraube	ISO 4762 – M4x12 – 8.8		
10	2	Zylinderschraube	ISO 4762 – M5x16 – 8.8	St	
9	1	Zylinderstift	ISO 2338 – 5m6x15	St	
8	1	Flachkopfschraube	DIN 923 – M6x10 – 5.8		
7	1	Kugelzuführung	DIN EN 10305 – 10,5x1	[illegible]	
6	1	Rohraufnahme		S235JR	
5	1	Schiebestück		CuZn31Si	
4	1	Exzentergelenk		S235JR	
3	1	Zylinderbefestigung		S235JR	
2	1	Exzenterscheibe		S235JR	
1	1	Grundplatte		S235JR	

Verantwortl. Abtlg.	Technische Referenz	Erstellt durch	Genehmigt von		
		Verlag Europa Lehrmittel			
		Dokumentenart: Stückliste	Dokumentenstatus		
		Titel, Zusätzlicher Titel: Exzenterkugelverteiler	Änd.	Ausgabedatum: 2015	Spr.: de / Blatt: 2/6

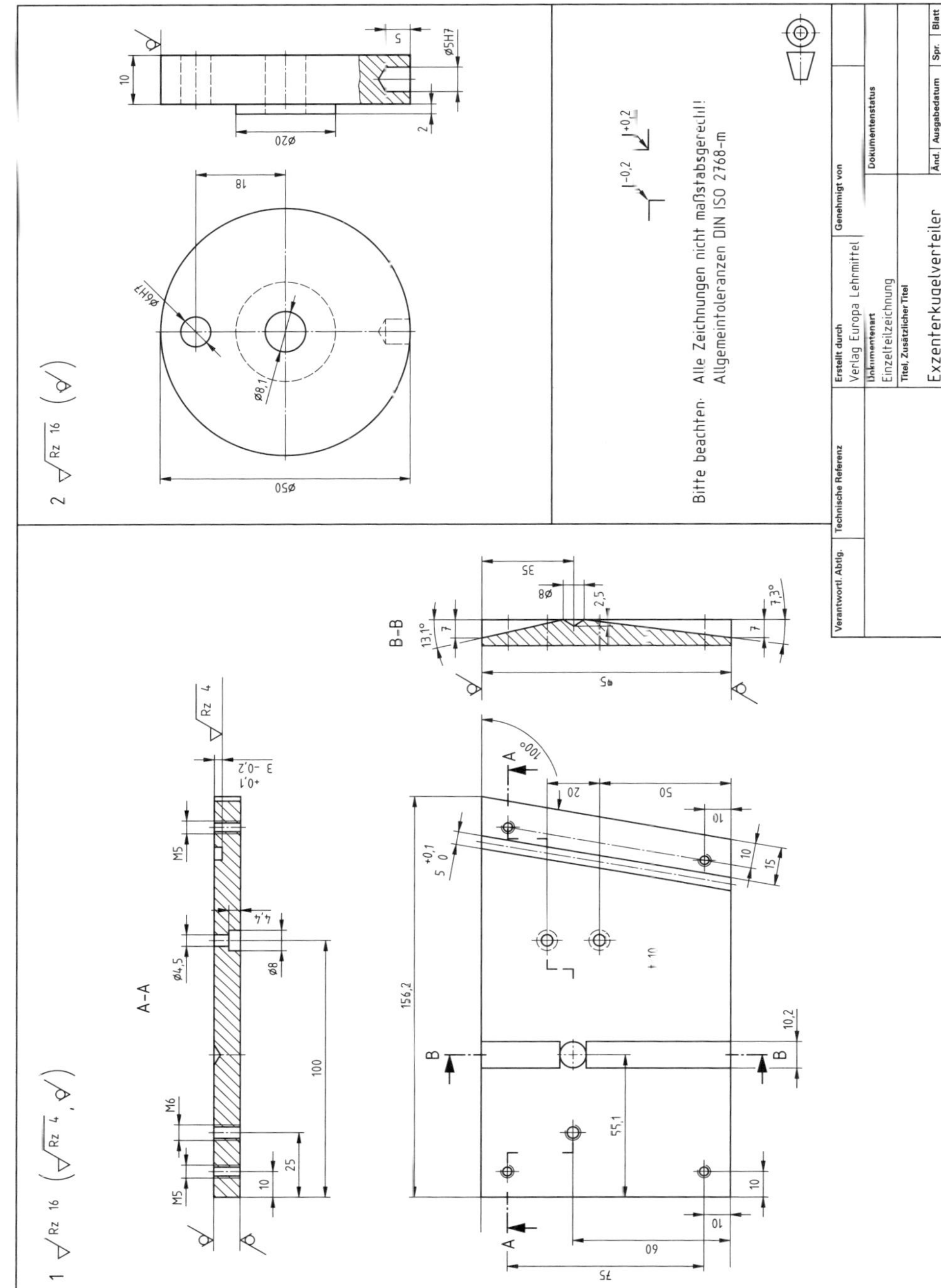

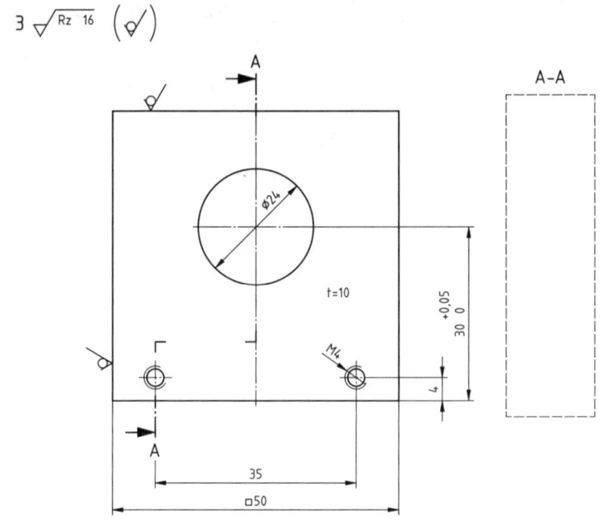

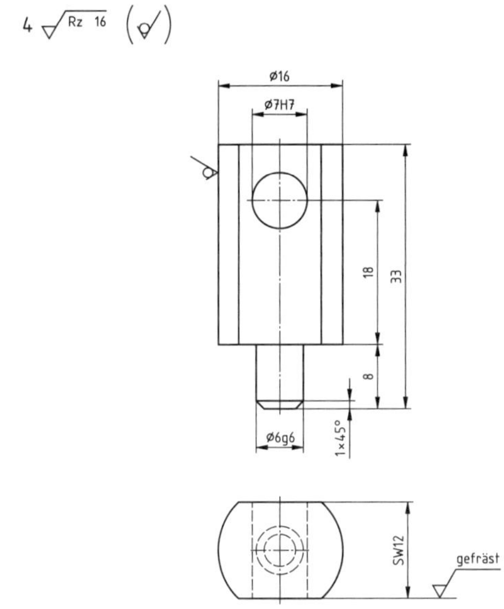

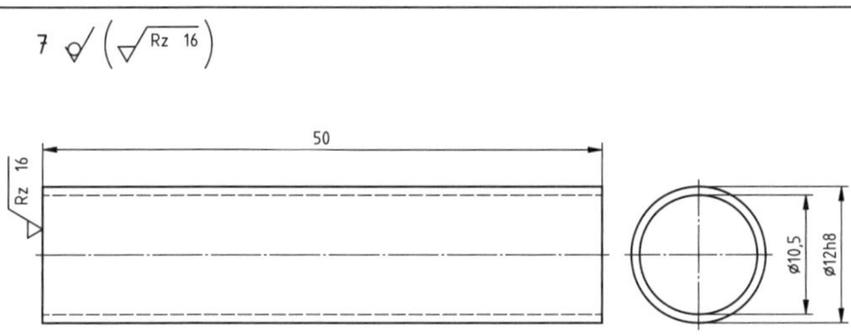

Bitte beachten: Alle Zeichnungen nicht maßstabsgerecht!
Allgemeintoleranzen DIN ISO 2768-m

Verantwortl. Abtlg.	Technische Referenz	Erstellt durch	Genehmigt von			
		Verlag Europa Lehrmittel				
		Dokumentenart: Einzelteilzeichnung	Dokumentenstatus			
		Titel, Zusätzlicher Titel: Exzenterkugelverteiler	Änd.	Ausgabedatum 2015	Spr. de	Blatt 4/6

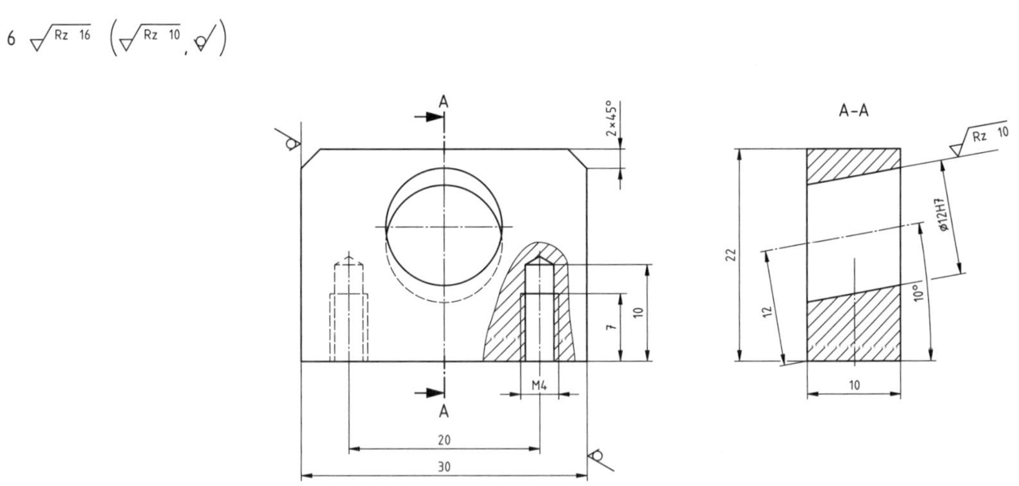

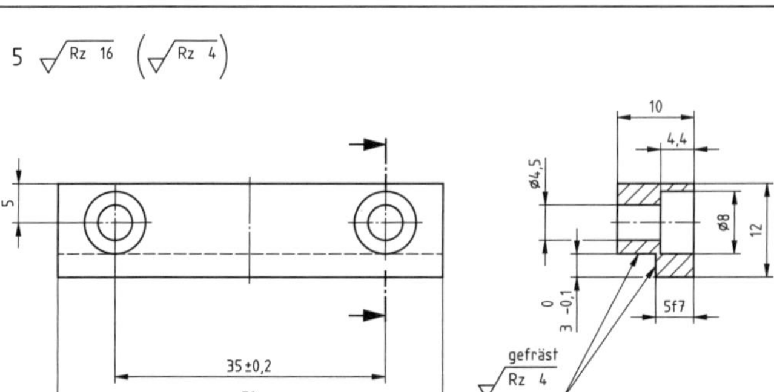

Bitte beachten: Alle Zeichnungen nicht maßstabsgerecht!
Allgemeintoleranzen DIN ISO 2768-m

Verantwortl. Abtlg.	Technische Referenz	Erstellt durch	Genehmigt von			
		Verlag Europa Lehrmittel				
		Dokumentenart: Einzelteilzeichnung	Dokumentenstatus			
		Titel, Zusätzlicher Titel: Exzenterkugelverteiler	Änd.	Ausgabedatum 2015	Spr. de	Blatt 5/6

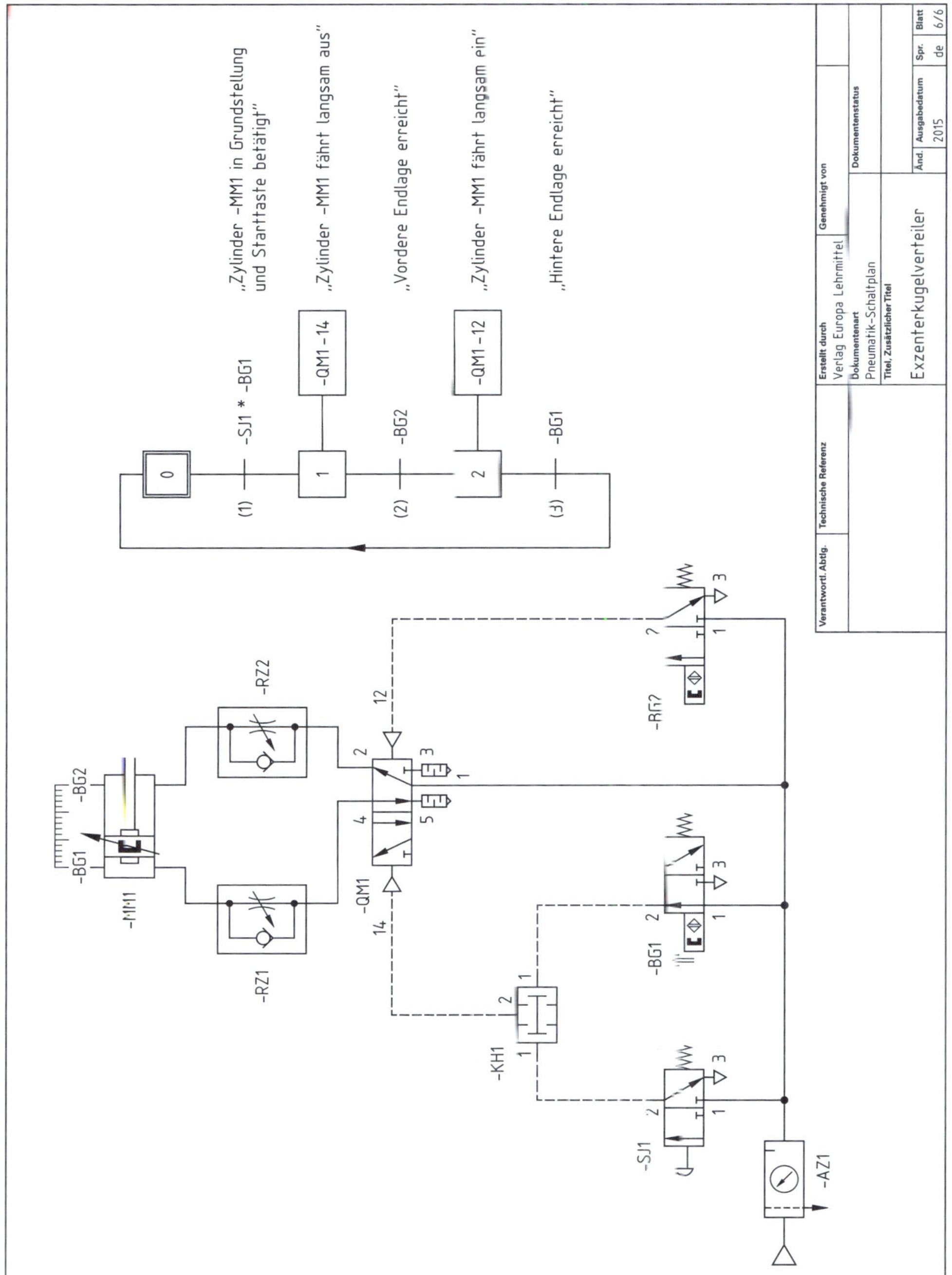

Kugelsortierer

Name: ______________________ Datum: ______________

Zeit: 90 Minuten

Arbeitsmittel: Tabellenbuch, TR, Zeichengeräte

6 offene Aufgaben

26 gebundene Aufgaben (nur eine Lösung ist richtig)

Punkteschlüssel:

49	–	42	=	Note 1
41	–	37	=	Note 2
36	–	30	=	Note 3
28	–	22	=	Note 4
21	–	13	=	Note 5
12	–	0	=	Note 6

Diese Baugruppe sortiert Kugeln mit unterschiedlichen Durchmessern.

Bearbeiten Sie die Aufgaben, wenn möglich in der richtigen Reihenfolge, und die offenen Fragen mit kurzen Sätzen.

Den Zeichensatz finden Sie im Anhang.

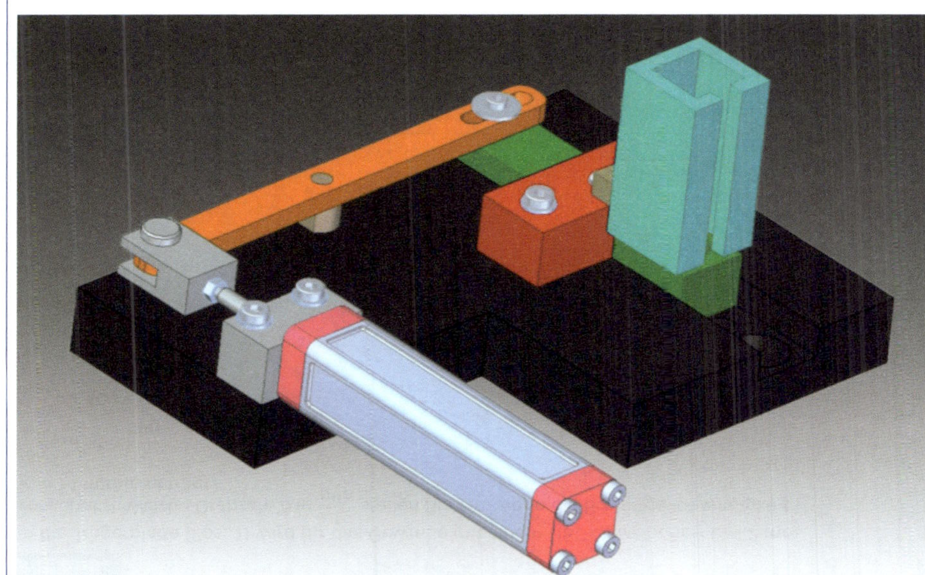

1. Aufgabe

Erklären Sie die Funktion der Baugruppe.

Der Kugelsortierer selektiert verschiedene Kugeldurchmesser. Die Kugeln werden in das Magazin (Pos. 9) gelegt. Durch den Schieber (Pos. 3) werden die Kugeln nach vorne geschoben und fallen je nach Durchmesser durch die Bohrungen der Trägerplatte (Pos. 1).

Punkte /3

2. Aufgabe

Welche Aussage über die Stückliste (Blatt 2/5) der Baugruppe ist richtig?

- [ ] Die Stückliste ersetzt den Montageplan.
- [ ] Normteile werden in einer Extra Tabelle aufgeführt.
- [x] Alle verbauten Teile müssen enthalten sein.
- [ ] Die Werkstoffe der Bauteile müssen nicht verzeichnet werden.
- [ ] Die Mengenangaben der Bauteile erfolgt immer in Gramm.

Punkte /1

3. Aufgabe

In der Stückliste wird unter anderem die Schraube ISO 4762 – M6x25 – 8.8 (Pos. 14) genannt. Worauf bezieht sich die Angabe ISO 4762?

- [ ] Gehärtet nach ISO 4762
- [ ] Mindeststreckgrenze der Schraube $R_M = 47{,}62\ \frac{N}{mm^2}$
- [x] Zylinderschraube mit Innensechskant und Regelgewinde
- [ ] Sechskantschraube mit großen Schlüsselweiten
- [ ] Zylinderschraube mit Innensechskant und Feingewinde

Punkte /1

4. Aufgabe

Welche technische Zeichnung enthält alle für die Fertigung wichtigen Benennungen und Maße?

- [ ] Skizze
- [x] Teilzeichnung
- [ ] Gesamtzeichnung
- [ ] Anordnungszeichnung
- [ ] Gruppenzeichnung

Punkte /1

5. Aufgabe

In welcher Zeichnung ist der Schnitt A–A des Magazinhalters (Pos. 8) richtig dargestellt?

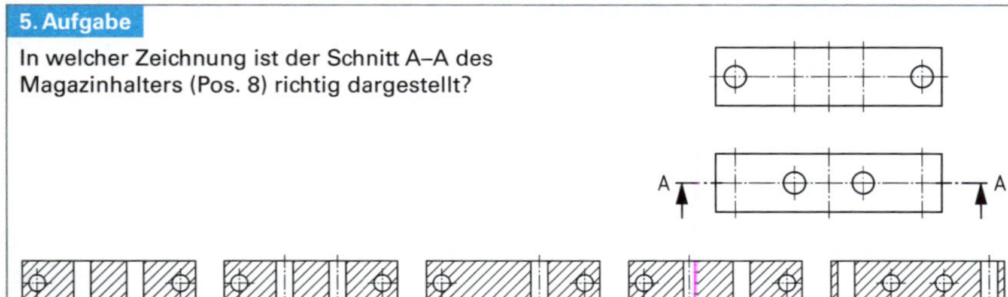

[ ] [x] [ ] [ ] [ ]

Punkte /1

6. Aufgabe

In die Trägerplatte (Pos. 1) wird für das Gewinde mit einem HSS-Spiralbohrer Ø 4,2 mm vorgebohrt. Welche Drehzahl n in $\frac{1}{min}$ stellen Sie ein, wenn die Schnittgeschwindigkeit v_c = 14 m/min beträgt?

- [ ] $n = 300\ \frac{1}{min}$
- [ ] $n = 100\ \frac{1}{min}$
- [ ] $n = 2000\ \frac{1}{min}$
- [x] $n = 900\ \frac{1}{min}$
- [ ] $n = 1100\ \frac{1}{min}$

$v_c = n \cdot \pi \cdot d \Rightarrow$

$n = \frac{v_c}{\pi \cdot d} = \frac{14\ \frac{m}{min}}{\pi \cdot 4{,}2\ mm}$

$n = \frac{14\ \frac{m}{min} \cdot 1000\ \frac{mm}{m}}{\pi \cdot 4{,}2\ mm}$

$n = 1061{,}03\ \frac{1}{min}$

Punkte /3

7. Aufgabe

Welches der aufgeführten Bauteile wird aus warmgewalztem Einsatzstahl hergestellt?

- [ ] Trägerplatte (Pos. 1)
- [x] Schieber (Pos. 3)
- [ ] Magazin (Pos. 9)
- [ ] Zylinderhalter (Pos. 5)
- [ ] Drehstift (Pos. 4)

Punkte /1

8. Aufgabe

Wie werden Stähle **nicht** eingeteilt?

- [x] Nach dem Sauerstoffgehalt
- [ ] Nach dem Verwendungszweck
- [ ] Nach Werkstoffnummern
- [ ] Nach der chemischen Zusammensetzung
- [ ] In legierte und unlegierte Stähle

Punkte /1

9. Aufgabe

Um eine glatte Oberfläche der Bohrung Ø 10 der Pendelstange (Pos. 6) zu erhalten, muss eine Reibahle verwendet werden. Geben Sie den Ablauf beim Herstellen der Bohrung Ø 10H7 an.

- [ ] Körnen, Anreißen, Bohren, Anreißen, Senken
- [ ] Anreißen, Bohren, Körnen, Senken, Reiben
- [ ] Bohren, Anreißen, Körnen, Senken, Reiben
- [x] Anreißen, Körnen, Bohren, Senken, Reiben
- [ ] Senken, Reiben, Körnen, Anreißen, Bohren

Punkte /1

10. Aufgabe

Zum Reiben der Bohrung Ø 10 der Pendelstange (Pos. 6) kommt eine Reibahle zum Einsatz. Welche Aussage bezüglich dieses Werkzeugs ist richtig?

- [ ] Die Schnittgeschwindigkeit beim Reiben ist doppelt so groß wie beim Bohren.
- [ ] Die Bearbeitungszugabe beträgt mindestens 1 mm.
- [ ] Reibahlen werden meist mit einer ungeraden Zähnezahl ausgeführt.
- [ ] Reibahlen werden nur geradegenutet ausgeführt.
- [X] Sie besitzen eine ungleiche Zahnteilung.

Punkte /1

11. Aufgabe

Welches Werkstück wurde zum Fräsen richtig eingespannt?

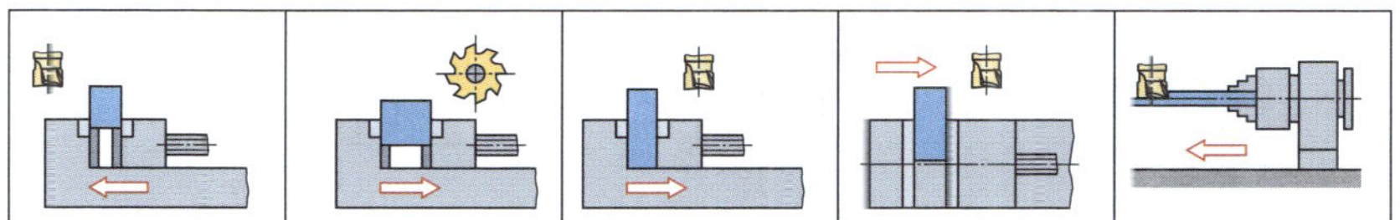

1	2	3	4	5
☐	☒	☐	☐	☐

Punkte /1

12. Aufgabe

Die Klaue (Pos. 7) soll durch maschinelles Sägen abgelängt werden. Welche Aussage ist richtig?

- [X] Für hoch zugfeste Stähle wird eine feine Zahnteilung (32 Zähne je Inch) verwendet.
- [ ] Bei einem maschinellen Ablängen muss sich das Sägeblatt nicht freischneiden.
- [ ] Kreissägemaschinen werden für große Durchmesser ab 200 mm verwendet.
- [ ] Bei Bandsägen wird ein glatter Schnitt bei großen Durchmessern durch ein dünnes Sägeblatt erreicht.
- [ ] Bügelsägemaschinen sind erst ab großen Stückzahlen rentabel.

Punkte /1

13. Aufgabe

Welcher Bohrungsdurchmesser muss zur Herstellung des Regelgewindes M8 in der Trägerplatte (Pos. 1) verwendet werden?

- [ ] Ø 8 mm
- [X] Ø 6,8 mm
- [ ] Ø 7 mm
- [ ] Ø 6,5 mm
- [ ] Ø 7,9 mm

Punkte /1

Punkte 10 bis 13: /4

14. Aufgabe

Die Bohrung Ø 12H7 wird auf Toleranz überprüft. Welches Toleranzfeld ist richtig?

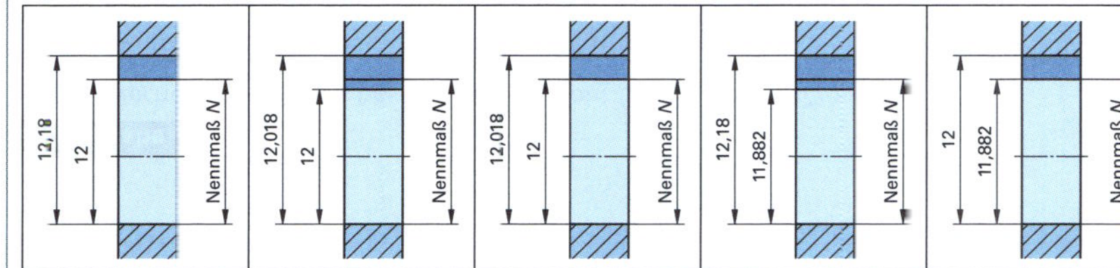

1	2	3	4	5
☐	☐	☒	☐	☐

Punkte /1

15. Aufgabe

Auf der Zeichnung ist die Angabe ISO 2768-m zu finden. Welche Aussage ist richtig?

- [ ] Diese Angabe bezieht sich auf die Allgemeintoleranzen für Form und Lage.
- [ ] Für alle Maße in der Zeichnung gelten diese Allgemeintoleranzen für Längenmaße.
- [ ] Mit dieser Angabe wird die zulässige Rauigkeit des Bauteils benannt.
- [ ] Soweit nichts anderes angegeben, ist jeder Werkstoff laut dieser Aussage aus Automatenstahl.
- [X] Soweit nicht anders angegeben, gelten für die Längen- und Winkelmaße sowie Radien die Allgemeintoleranzen.

Punkte /1

16. Aufgabe

Nach der Fertigung werden die Bauteile mit Messwerkzeugen und Lehren geprüft. Welcher Name ist richtig zugeordnet?

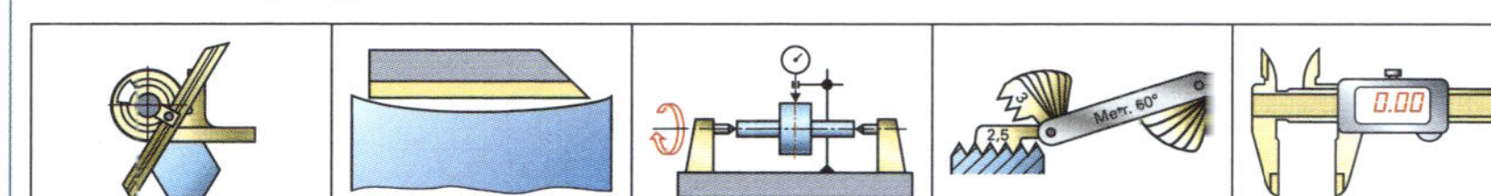

Winkellehre	Haarlineal	Zentrierdorn	Messchieber	Grenzlehrdorn
☐	☒	☐	☐	☐

Punkte /1

17. Aufgabe

Welches Sinnbild passt zur richtig tolerierten Eigenschaft?

//	⊥	∠	⌯	◎
Rundlauf	Parallelität	Ebenheit	Symmetrie	Rundheit
☐	☐	☐	☒	☐

Punkte /1

Punkte 14 bis 17: /4

18. Aufgabe

In welcher Zeile sind nur lösbare Fügeverfahren dargestellt?

		Punkte
☐	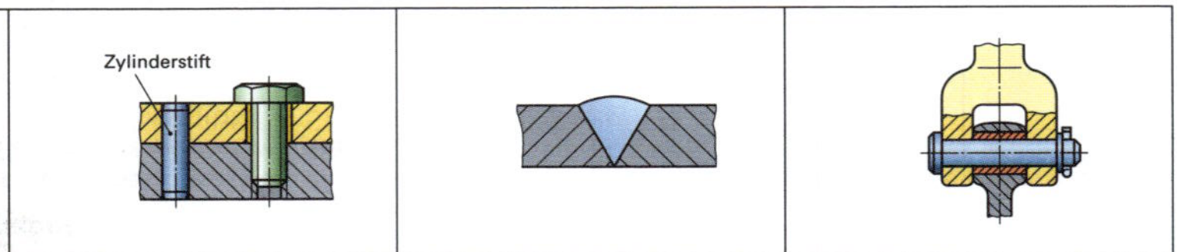	
☐	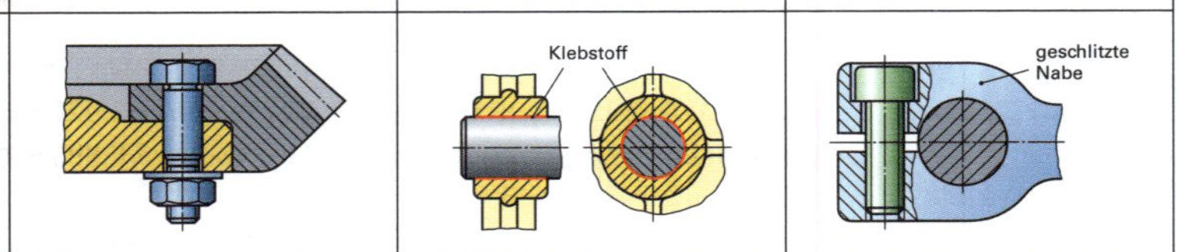	
☐	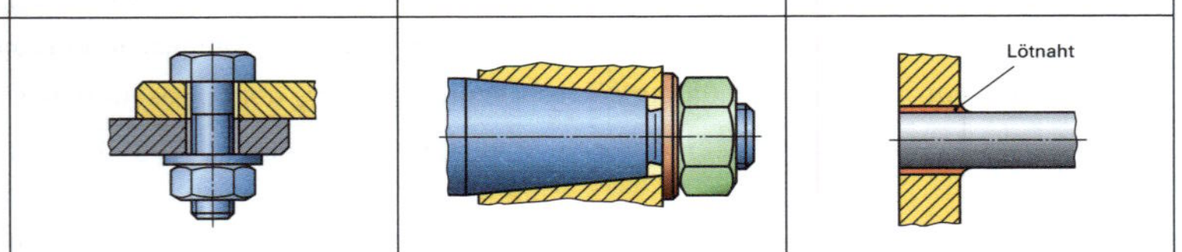	
☐	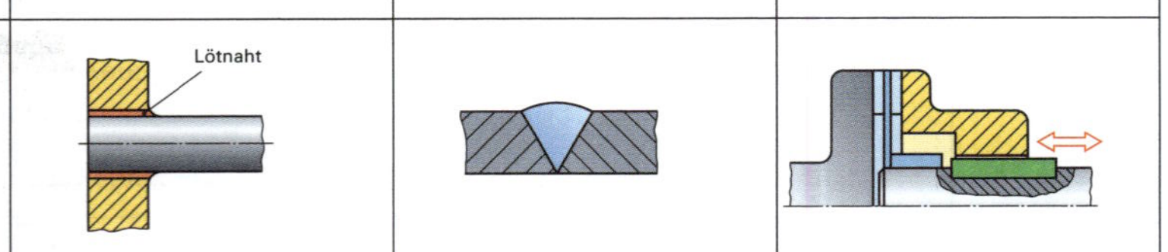	
☒	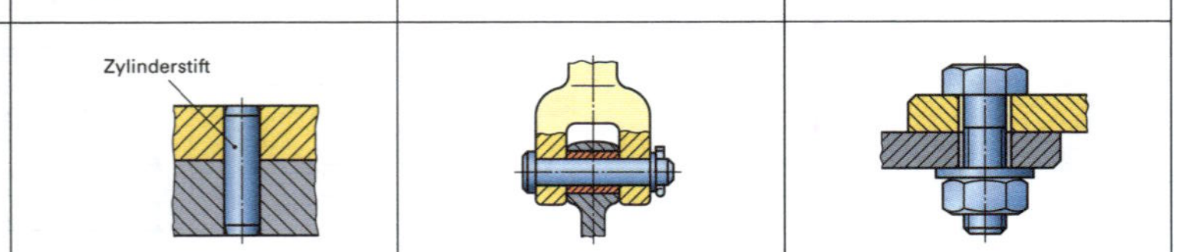	/1

19. Aufgabe

Neben dem in der Baugruppe verbauten Gleitlager (Pos. 11) gibt es noch Wälzlager. Welches Wälzlager ist richtig zugeordnet?

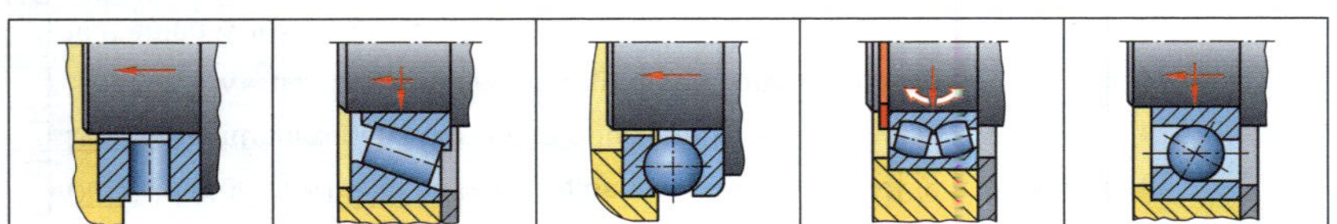

Radial-Nadellager	Axial-Tonnenlager	Radial-Rillenkugellager	Pendel-Rollenlager	Zylinder-Rollenlager
☐	☐	☐	☒	☐

Punkte /1

20. Aufgabe

Der Schieber (Pos. 3) klemmt. Welche Kraft (in N) wirkt deshalb auf die Schraube (Pos. 14), wenn auf den Kolben eine Kraft von F_1 = 200 N wirken? Der Abstand vom Klauenbolzen (Pos. 10) zum Drehstift (Pos. 4) beträgt l_1 = 100 mm, der Abstand vom Drehstift zur Schraube l_2 = 120 mm.

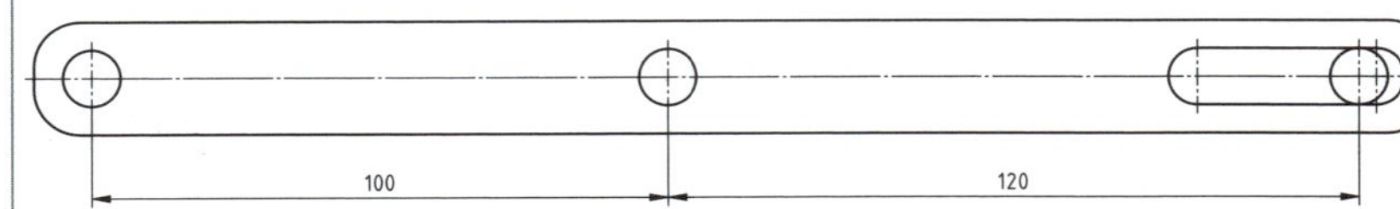

$M_L = M_R$

$F_1 \cdot l_1 = F_2 \cdot l_2$

$F_2 = \frac{F_1 \cdot l_1}{l_2} = \frac{200\,N \cdot 100\,mm}{120\,mm} = \underline{\underline{166{,}67\,N}}$

Punkte /5

21. Aufgabe

Warum sollte es vermieden werden, dass Wasser zwischen der Pendelstange (Pos. 6) und dem Gleitstück kommt?

- ☐ Wasser würde das Gleitstück sofort auflösen.
- ☐ Dadurch käme es zum Austritt einer ätzenden Lösung.
- ☐ Es muss nicht vermieden werden.
- ☒ Durch das Wasser würde es zu Kontaktkorrosion kommen.
- ☐ Wasser würde die Gleiteigenschaft zu stark verbessern.

Punkte /1

22. Aufgabe

Welche Aussage über die Wartung ist richtig?

- ☐ Die Wartung findet immer nach einem Schaden statt.
- ☐ Ohne Wartung können größere Nutzungsdauern erreicht werden als mit.
- ☒ Übliche Wartungsarbeiten sind unter anderem Reinigen, Schmieren und Konservieren.
- ☐ Drehmaschinen müssen im Gegensatz zu Fräsmaschinen öfter gewartet werden.
- ☐ Wartungsarbeiten dürfen nicht protokolliert werden.

Punkte /1

23. Aufgabe

Unter welchen Umständen besteht akute Gefahr für die Umwelt?

- ☐ Ein Automatenstahl beginnt im Lager zu korrodieren.
- ☐ Ein Druckluftschlauch ist gerissen.
- ☐ Späne und Werkzeugschneiden werden gemeinsam entsorgt.
- ☐ Ein Fenster ist dauerhaft gekippt.
- ☒ 50 l Altöl laufen in die Kanalisation.

Punkte /1

24. Aufgabe Punkte

In dieser Baugruppe treten verschiedene Beanspruchungsarten auf. Nennen Sie zwei davon.

Druck (z. B. Kolbenstange des Pneumatikzylinders),

Biegung (z. B. Verbindungsstange)

/2

25. Aufgabe Punkte

Berechnen Sie die Masse (in g) des Gleitstücks (Pos. 11), wenn das Material eine Dichte von $\rho = 8{,}4\ \frac{kg}{dm^3}$ hat.

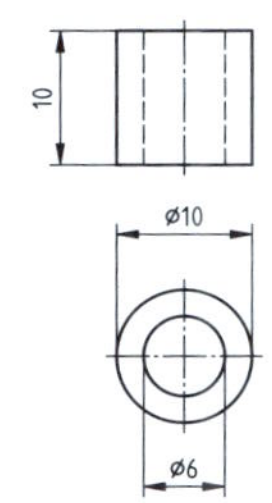

$V = \frac{(D_a^2 - D_i^2) \cdot \pi \cdot h}{4}$

$V = \frac{((10\ mm)^2 - (6\ mm)^2) \cdot \pi \cdot 10\ mm}{4}$

$V = 502{,}65\ mm^3$

$m = \rho \cdot V = 8{,}4\ \frac{g}{cm^3} \cdot 0{,}502\ cm^3 = \underline{4{,}22\ g}$

/4

26. Aufgabe Punkte

Um welches Ventil handelt es sich bei der nachfolgenden Zeichnung?

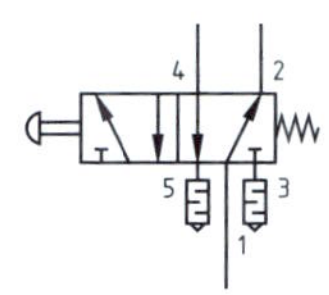

- [ ] 2/2-Wegeventil, druckknopfbetätigt, mit Rückstellfeder
- [ ] 3/2-Wegeventil, hebelbetätigt, mit Raste
- [ ] 5/2-Wegeventil, hebelbetätigt
- [ ] 5/3-Wegeventil, beidseitig druckbetätigt, mit Raste
- [x] 5/2-Wegeventil, druckknopfbetätigt, mit Rückstellfeder

/1

27. Aufgabe Punkte

Welche Aussage bezüglich des Pneumatikschaltplans ist richtig?
Die Kolbenstange fährt zurück, wenn ...

- [ ] keines der drei 3/2-Wegeventile –BG3, –BG4 und –BG5 gleichzeitig betätigt sind.
- [ ] die beiden 3/2-Wegeventile –SJ1 und –BG1 gleichzeitig betätigt sind.
- [ ] die beiden 3/2-Wegeventile –SJ1 und –BG2 gleichzeitig betätigt sind.
- [ ] das Wegeventil –SJ1 betätigt ist.
- [x] eines der 3/2-Wegeventile –BG3, –BG4 oder –BG5 betätigt wird.

/1

28. Aufgabe Punkte

Welches Wegeventil gibt das Signal, dass das Magazin leer ist?

- [ ] –SJ1
- [ ] –BG1
- [x] –BG2
- [ ] –BG3
- [ ] –BG4

/1

Punkte 24 bis 28: /9

29. Aufgabe Punkte

Wie lange braucht die Zylinderstange für eine Strecke von $s = 15$ cm und einer Durchschnittgeschwindigkeit von $v_k = 0{,}075\ \frac{m}{s}$?

$v_k = \frac{s}{t}$

$t = \frac{s}{v_k} = \frac{15\ cm}{0{,}075\ \frac{m}{s}} = \frac{0{,}15\ m}{0{,}075\ \frac{m}{s}} = \underline{2\ s}$

/3

30. Aufgabe Punkte

Geben Sie die richtige Reihenfolge der Bauteile einer Pneumatikanlage an.

- [x] Verdichter, Druckluftbehälter, Filter, Regelventil, Öler
- [ ] Öler, Verdichter, Filter, Druckluftbehälter, Filter
- [ ] Druckluftbehälter, Filter, Öler, Verdichter, Filter
- [ ] Filter, Öler, Druckluftbehälter, Regelventil, Verdichter
- [ ] Öler, Druckluftbehälter, Verdichter, Filter, Regelventil

/1

31. Aufgabe Punkte

Durch einen anderen Zulieferer können 3 % beim Einkauf eines Sensors gespart werden. Wieviel Geld wird gespart, wenn das Bauteil 33,55 € kostet?

$K_N = K_{alt} \cdot 0{,}97 = 33{,}55\ € \cdot 0{,}97 = 32{,}54\ €$

$K_{spar} = K_{alt} - K_N = 33{,}55\ € - 32{,}54\ € = \underline{1{,}01\ €}$

/4

32. Aufgabe Punkte

Die Pneumatikanlage hängt am Stromnetz. Welches Bauteil ist **keine** Schutzmaßnahme?

- [ ] FI-Schalter
- [ ] Schutztrennung
- [ ] Isolierung
- [x] Widerstand
- [ ] Rundsteckverbindung nach CEE-Norm

/1

Notizen

Punkte 29 bis 32: /9

Notizen

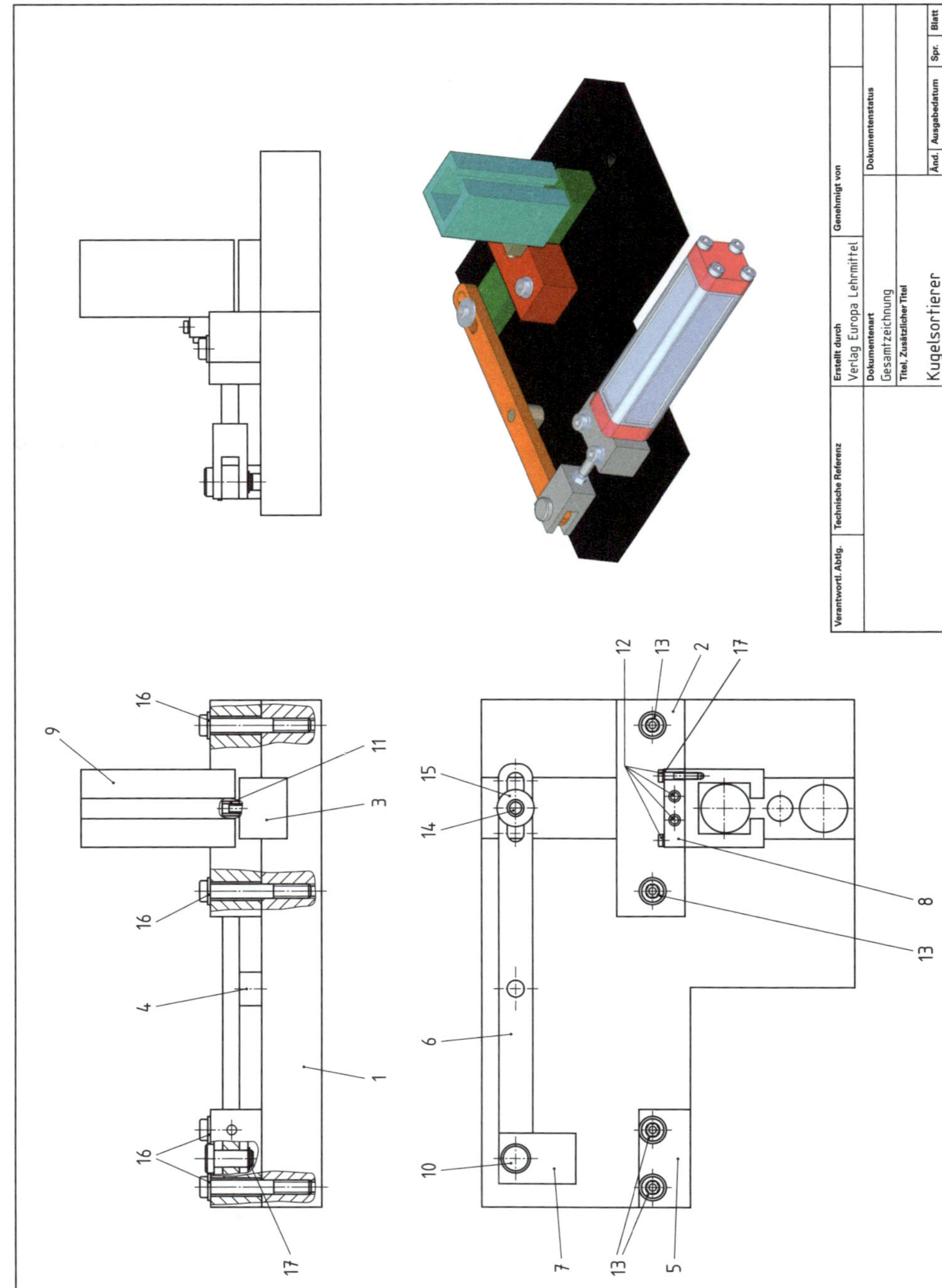
16
9
11
3
16
4
1
16
17
15
14
6
10
7
13
5
12
13
2
17
8
13
Verantwortl. Abtlg.
Technische Referenz
Erstellt durch
Verlag Europa Lehrmittel
Genehmigt von
Dokumentenart
Gesamtzeichnung
Dokumentenstatus
Titel, Zusätzlicher Titel
Kugelsortierer
Änd.
Ausgabedatum
2015
Spr.
de
Blatt
1/6

Pos.-Nr.	Stück	Benennung	Sachnr./Norm/Kurzbezeichnung	Werkstoff	Bemerkung
18	1	Sicherungsring	DIN 471 – 10x1		
17	4	Scheibe	ISO 7092-4-200HV		
16	4	Scheibe	ISO 7092-8-200HV		
15	1	Scheibe	ISO 7092-6-200HV		
14	1	Schraube	ISO 4762 – M6x25 – 8.8		
13	4	Schraube	ISO 4762 – M8x60 – 8.8		
12	4	Schraube	ISO 4762 – M4x20 – 8.8		
11	1	Gleitstück		CuZn31Si	
10	1	Klauenbolzen		C45E	
9	1	Magazin		S235JRC+C	
8	1	Magazinhalter		S235JRC+C	
7	1	Klaue		S235JRC+C	
6	1	Pendelstange		C45E	
5	1	Zylinderhalter		S235JRC+C	
4	1	Drehstift		11SMnPb37	
3	1	Schieber		C45E	
2	1	Schiebehalter		S235JRC+C	
1	1	Trägerplatte		S235JRC+C	

Verantwortl. Abtlg.	Technische Referenz	Erstellt durch	Genehmigt von
		Verlag Europa Lehrmittel	
		Dokumentenart: Stückliste	Dokumentenstatus
		Titel, Zusätzlicher Titel: Kugelsortierer	Änd. / Ausgabedatum 2015 / Spr. de / Blatt 2/6

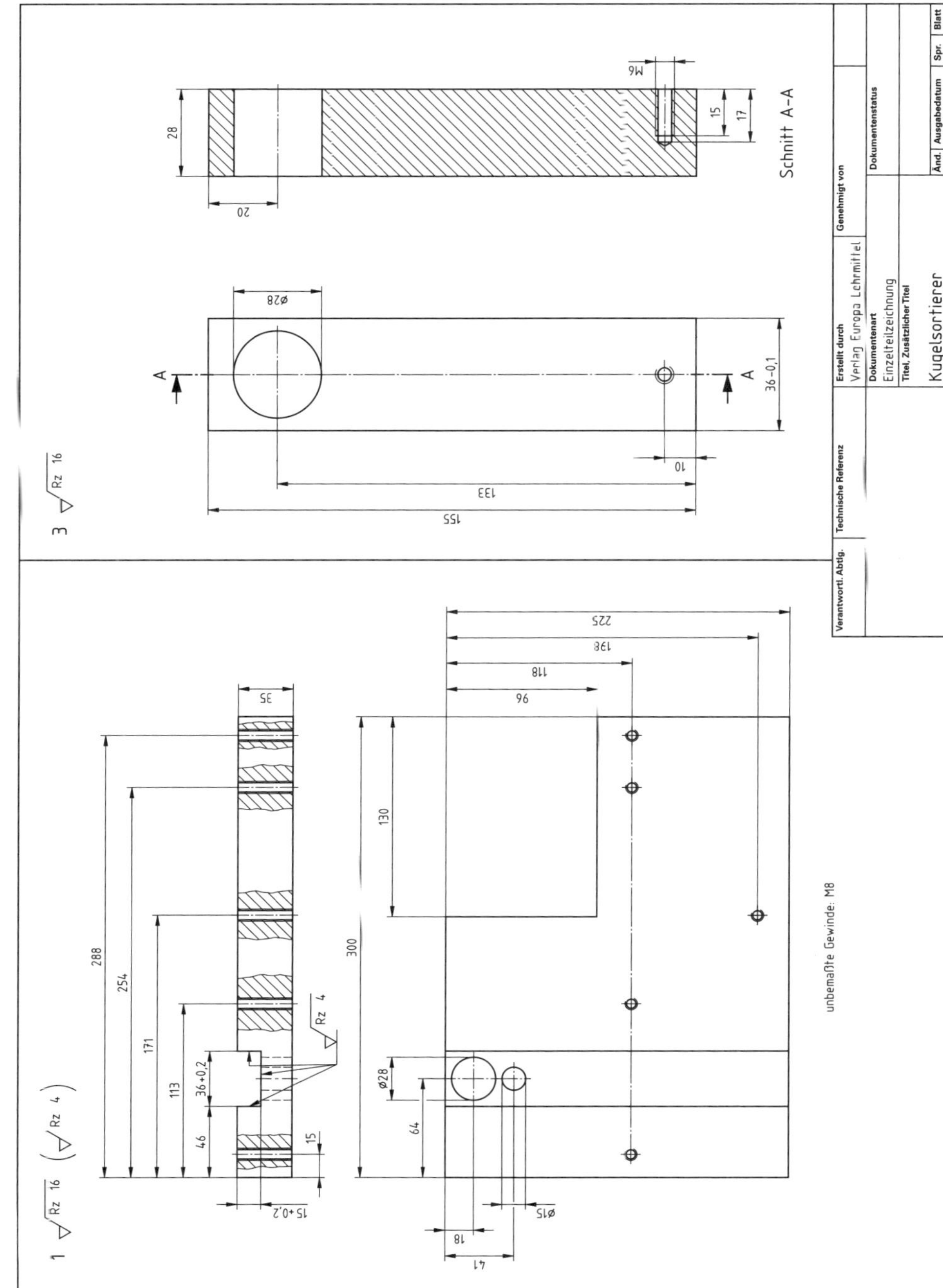

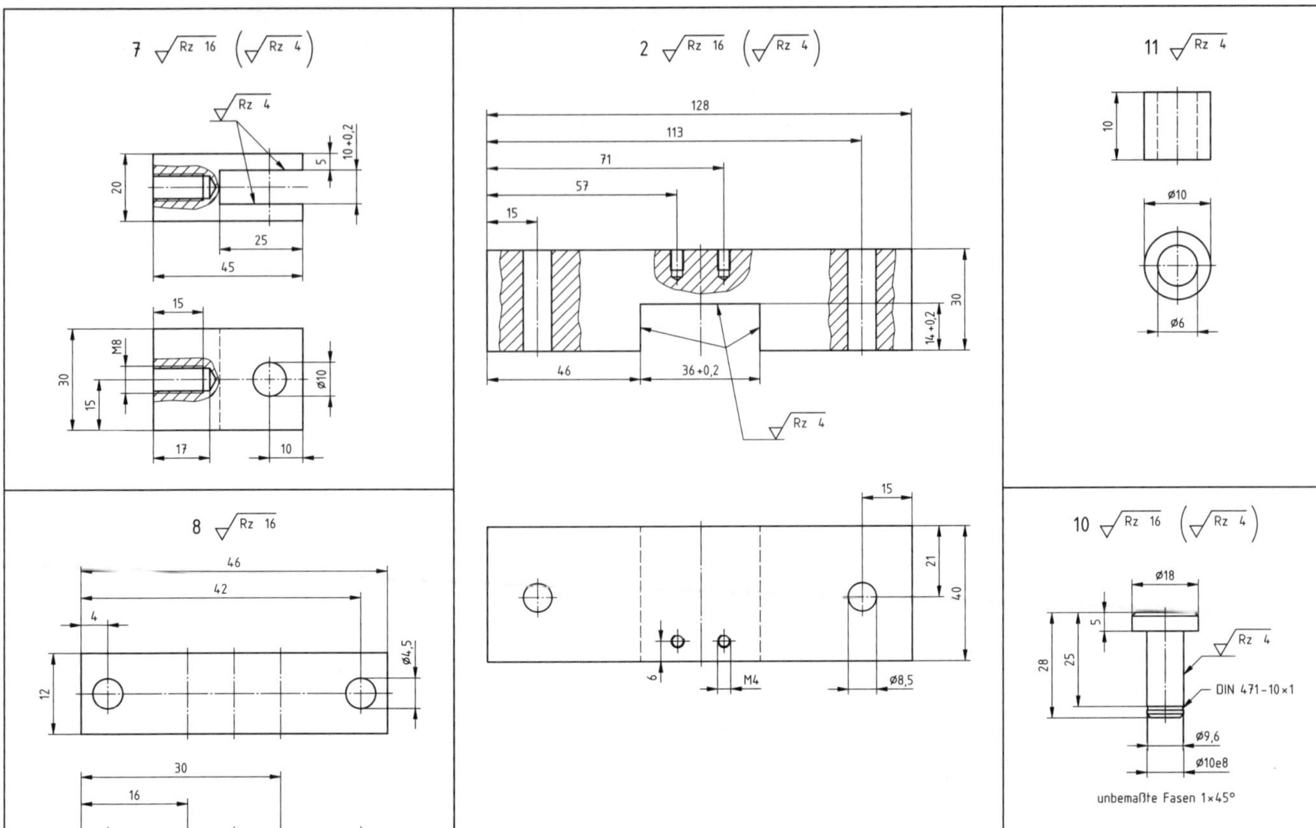

Verantwortl. Abtlg.	Technische Referenz	Erstellt durch	Genehmigt von	
		Verlag Europa Lehrmittel		
		Dokumentenart: Einzelteilzeichnung	Dokumentenstatus	
		Titel, Zusätzlicher Titel: Kugelsortierer	Änd. / Ausgabedatum: 2015	Spr.: de / Blatt: 4/6

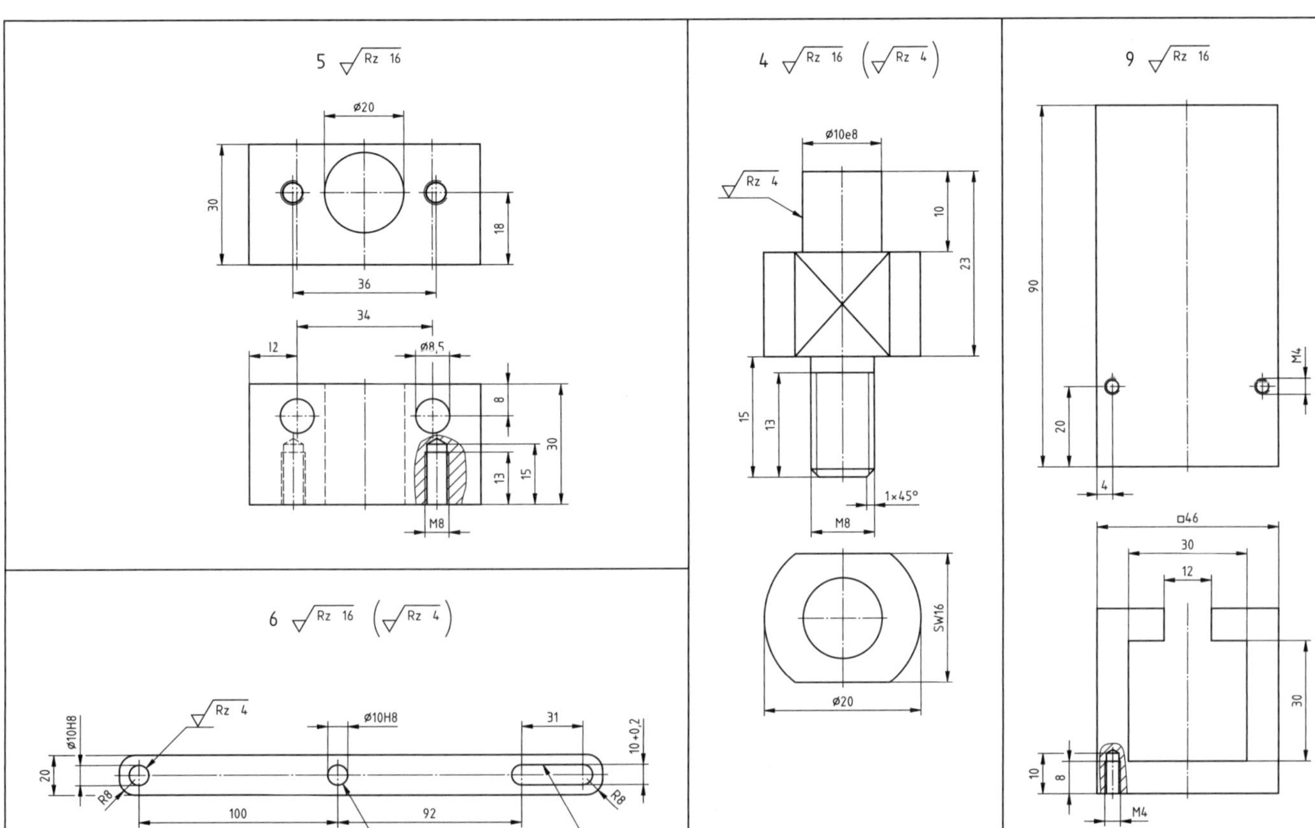

Verantwortl. Abtlg.	Technische Referenz	Erstellt durch	Genehmigt von	
		Verlag Europa Lehrmittel		
		Dokumentenart: Einzelteilzeichnung	Dokumentenstatus	
		Titel, Zusätzlicher Titel: Kugelsortierer	Änd. / Ausgabedatum: 2015	Spr.: de / Blatt: 5/6

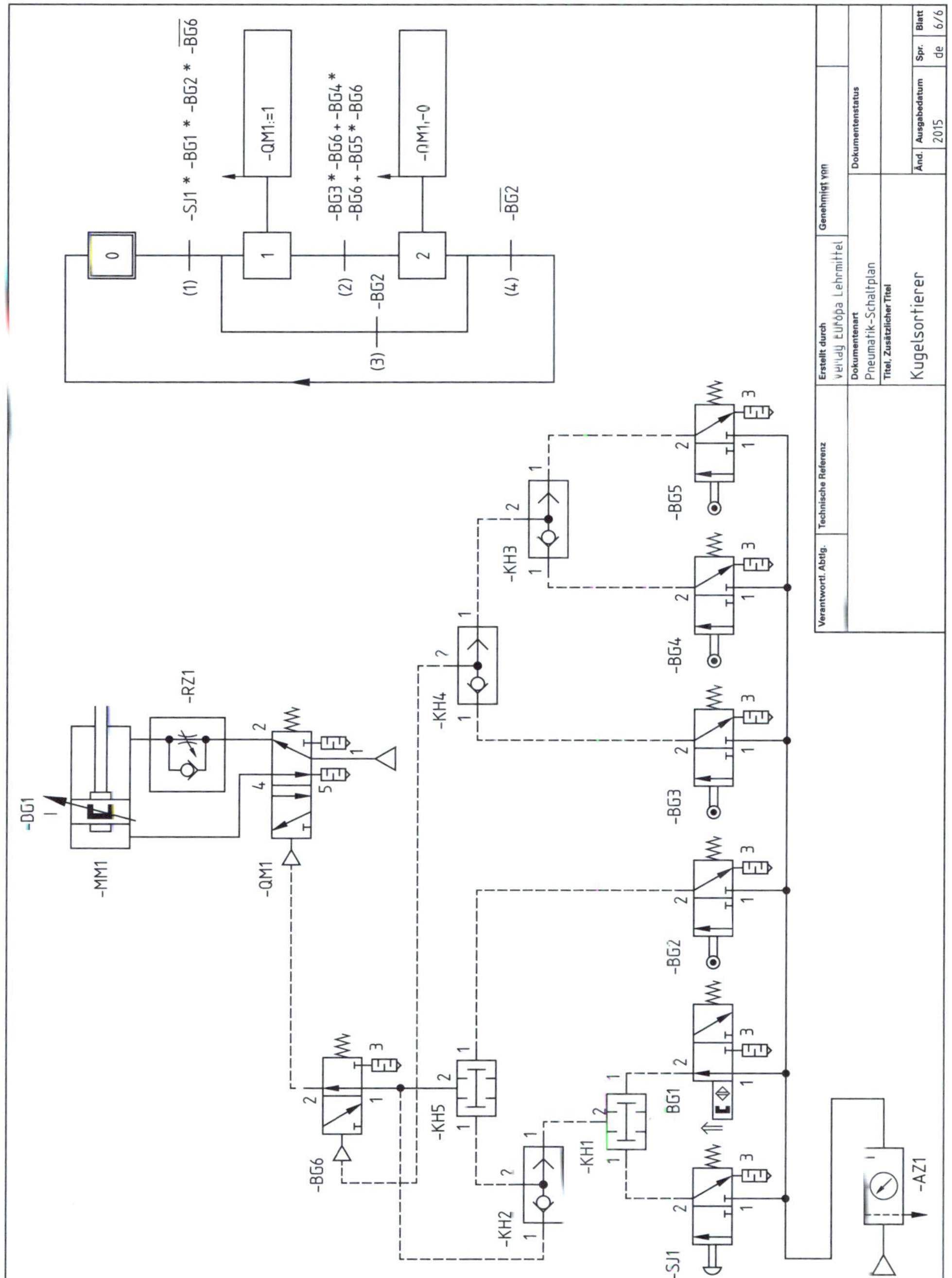

Schiebevorrichtung Schwalb=nschwanz

Name: ______________________ Datum: ______________

Zeit: 90 Minuten

Arbeitsmittel: Tabellenbuch, TR, Zeichengeräte

9 offene Aufgaben

21 gebundene Aufgaben (nur eine Lösung ist richtig)

Punkteschlüssel:

53	–	49	=	Note 1
48	–	42	=	Note 2
41	–	36	=	Note 3
35	–	27	=	Note 4
26	–	17	=	Note 5
16	–	0	=	Note 6

Die in der Gesamtzeichnung dargestellte Schiebevorrichtung Schwalb=nschwanz soll angefertig:, optimiert und betriebsbereit gemacht werden. Die nachfolgenden Aufgab=n beziehen sich hauptsächlich auf diese Baugruppe.

Den Zeich=nsatz zur abgebildeten Schiebevorrichtung finden Sie im A=hang.

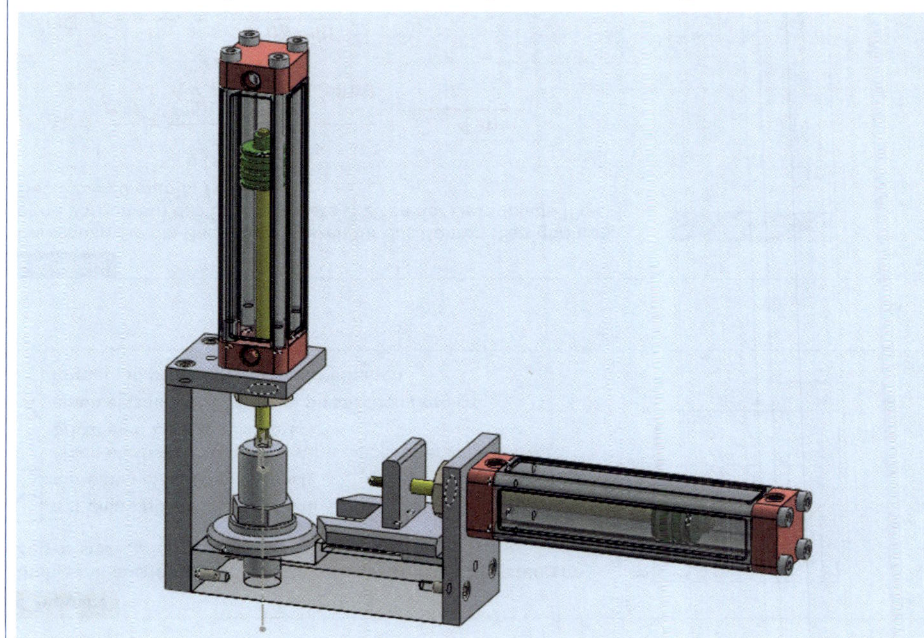

1. Aufgabe — Punkte

Beschreiben Sie die Funktion der Vorrichtung (Benennung der Bauteile inkl. Pos.).

Die Vorrichtung arretiert (pneumatisch betätigt) den Fixierbolzen (Pos. 2). Der Fixierbolzen wird vertikal (pneumatisch betätigt) angehoben und kann dann (per Hand) in die neue Position gedreht werden.

/6

2. Aufgabe — Punkte

Der Fixierbolzen (Pos. 2) wurde aus dem Material 35SPb20 gefertigt.

a) Erklären Sie die Werkstoffzusammensetzung.

b) Begründen Sie warum dieses Material dafür verwendet wurde.

a) 0,35 % Kohlenstoff, 0,2 % Schwefel, geringe Bestandteile von Blei

b) Schwefelgehalt begünstigt Kurzbrüchigkeit der Späne – optimal für Zerspanung am CNC-Automat.

/4

3. Aufgabe — Punkte

Welche Antwort zur Schraubenbezeichnung M16x12 – 8.8 DIN EN ISO 1440 ist richtig?

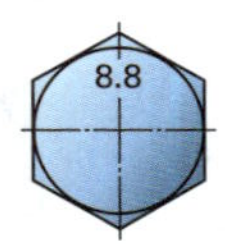

Die Schraube besitzt

- [ ] ein metrisches Feingewinde.
- [ ] ein Rohrgewinde.
- [ ] 880 N/mm² Streckgrenze.
- [ ] 880 N/mm² Mindestzugfestigkeit.
- [x] 640 N/mm² Streckgrenze.

/1

4. Aufgabe — Punkte

An der Grundplatte (Pos. 1) sind Gewinde bemaßt. Die Maßangabe bedeutet:

- [ ] Bohrung mit metrischem Gewinde M6, Gewindetiefe 12 mm oder wahlweise 16 mm
- [ ] Metrisches Feingewinde M6
- [ ] Metrisches Rohrgewinde
- [ ] Metrisches Gewinde M6 auf 16 mm gerieben
- [x] Bohrung mit metrischem Gewinde M6, Gewindetiefe 12 mm

/1

5. Aufgabe — Punkte

Zu welcher Gruppe gehört der Stahl des Fixierbolzens (Pos. 2)?

- [ ] Vergütungsstähle
- [ ] Nitrierstähle
- [ ] Einsatzstähle
- [x] Automatenstähle
- [ ] Allgemeine Baustähle

/1

Punkte 1 bis 5: /13

6. Aufgabe — Punkte

Stähle mit ausgeprägter Streckgrenze besitzen bei Belastung im Zugversuch ...

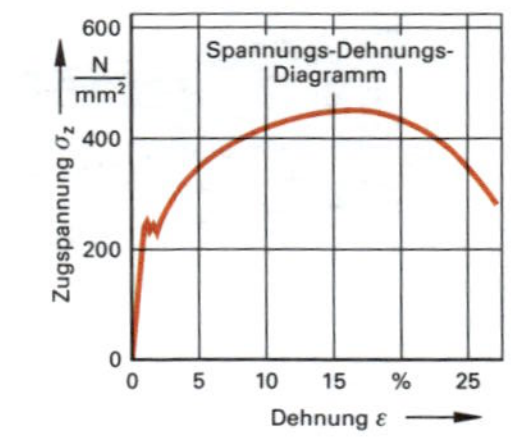

- [ ] nur einen plastischen Bereich.
- [ ] nur einen elastischen Bereich.
- [ ] einen elastischen Bereich. Wenn dieser überschritten wird, bricht eine Zugprobe sofort.
- [x] einen elastischen und einen plastischen Bereich.
- [ ] immer ein progressives Federverhalten.

/1

7. Aufgabe — Punkte

Berechnen Sie die Hauptnutzungszeit für das Bohren (Fertigbohren, ohne Vorbohren) des Durchmessers Ø 20 an der Grundplatte (Pos.1).

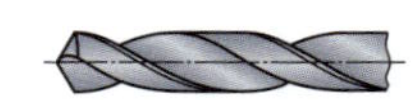

Geg.: v_c = 30 m/min, f = 0,3 mm

$$t_h = \frac{L \cdot i}{n \cdot f} = \frac{20\,\text{mm} \cdot 1}{477\,\frac{1}{\text{min}} \cdot 0{,}3\,\text{mm}} = \underline{0{,}14\,\text{min}}$$

$$\text{NR: } n = \frac{v_c}{d \cdot \pi} = \frac{30\,\text{m/min}}{0{,}02\,\text{m} \cdot \pi}$$

$$= 477{,}46\,\frac{1}{\text{min}}$$

/4

8. Aufgabe — Punkte

Nennen Sie zwei Werkzeugmaterialien, die zum Drehen des Durchmessers ∅ 26 am Fixierbolzen (Pos. 2) geeignet sind.
Begründen Sie Ihre Entscheidung.

- Drehmeißel mit Hartmetallschneidplatte (gut für hohes v_c)
- Drehmeißel aus Oxidkeramik (sehr gut für hohes v_c und hohe Temperatur)

/4

9. Aufgabe — Punkte

Welche Bedeutung hat die Bezeichnung DIN 509 – F 0,6x0,3?

- [ ] Einstich nach DIN 509
- [ ] Freistich mit den Maßen 509 und den Fasen 0,6 x 0,3
- [ ] Freistich nach DIN 509
- [ ] Einstich mit der Fasentiefe 0,6 bis 0,3
- [x] Freistich nach DIN 509 mit der Fasenbreite 0,3 bis 0,6

/1

Punkte 6 bis 9: /10

10. Aufgabe

Eine Aussage zur Materialangabe der Grundplatte (Pos. 1) ist richtig?
Die Grundplatte besteht aus

- [ ] niedrig legiertem Stahl.
- [ ] Einsatzstahl.
- [ ] unlegierten Werkzeugstahl.
- [x] Allgemeinem Baustahl.
- [ ] Vergütungsstah.

Punkte /1

11. Aufgabe

Die dargestellten Prüfzylinder ∅ 6m6 in der Schwalbenschwanzführung (Pos. 1) des Schiebers (Pos. 3) haben eine besondere Funktion:

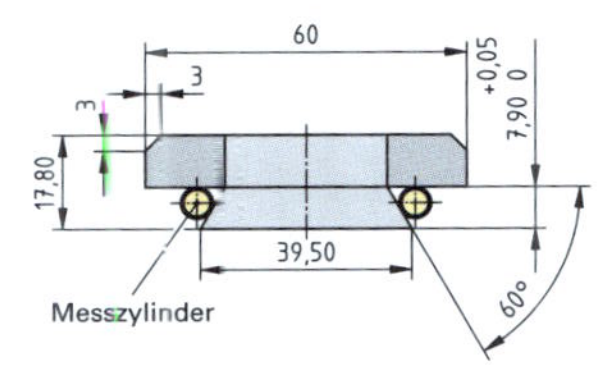

- [ ] Sie dienen zur fachgerechten Darstellung der Schwalbenschwanznut.
- [x] Sie dienen der Messung der Führungsbreite.
- [ ] Sie sind für die Funktion der Vorrichtung wichtig.
- [ ] Sie werden zum Fertigen der Führung benötigt.
- [ ] Sie müssen nach der Fertigung eingesetzt werden, um die Flächen vor Beschädigung zu schützen.

Punkte /1

12. Aufgabe

Benennen Sie die
a) Art der Führung des Schiebers (Pos. 3) und
b) erläutern Sie zwei wesentliche Vorteile der Ausführung.

a) Schwalbenschwanzführung

b) • stabile formschlüssige/bewegliche Verbindung
• einfache Herstellung (kostengünstig)

Punkte /6

13. Aufgabe

In welcher Antwort ist die Gewindesteigung P (in mm) für die Zylinderschraube (Pos. 5) richtig angegeben?

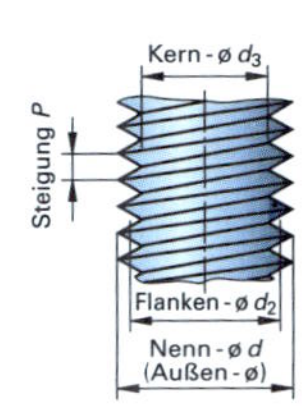

- [ ] P 1,25 mm
- [x] P 1 mm
- [ ] P 0,8 mm
- [ ] P 0,75 mm
- [ ] P 0,7 mm

Punkte /1

Punkte 10 bis 13: /9

14. Aufgabe

Die Einzelteile der Baugruppe werden aus verschiedenen Stählen hergestellt, deren Eigenschaften vom Kohlenstoffgehalt abhängig sind. Welche Eigenschaft nimmt bei steigendem Kohlenstoffgehalt zu?

- [x] Die Härte
- [ ] Die Festigkeit
- [ ] Die Zähigkeit
- [ ] Die elektrische Leitfähigkeit
- [ ] Die Wärmeleitfähigkeit

Punkte /1

15. Aufgabe

Welche Eigenschaft steigt grundsätzlich bei einer Zulegierung von Wolfram und Kobalt?

- [ ] Die Härte
- [x] Die Warmfestigkeit
- [ ] Die Druckfestigkeit
- [ ] Die Zähigkeit
- [ ] Die Gießbarkeit

Punkte /1

16. Aufgabe

Der Fixierbolzen (Pos. 2) lässt sich nicht bewegen. Nennen Sie drei mögliche Ursachen.

- Er wurde nicht pneumatisch angehoben
- Flugrost (Korrosion)
- Arretierung kann nicht pneumatisch gelöst werden

Punkte /3

17. Aufgabe

Wie kann Korrosion der Bauteile verhindert werden?

- [ ] Sie kann gar nicht verhindert werden.
- [ ] Durch eine Wärmebehandlung der Bauteile.
- [ ] Durch die sogenannte Sekundärmetallurgie.
- [x] Durch regelmäßiges Warten der Vorrichtung, inkl. Fetten bzw. Ölen.
- [ ] Durch Abschirmung der Vorrichtung vor Spritzwasser.

Punkte /1

18. Aufgabe

In der Einzelteilzeichnung Fixierbolzen (Seite 95) muss die Lagetoleranz eingezeichnet werden.
Bezeichnen Sie diese Lagetoleranz korrekt.

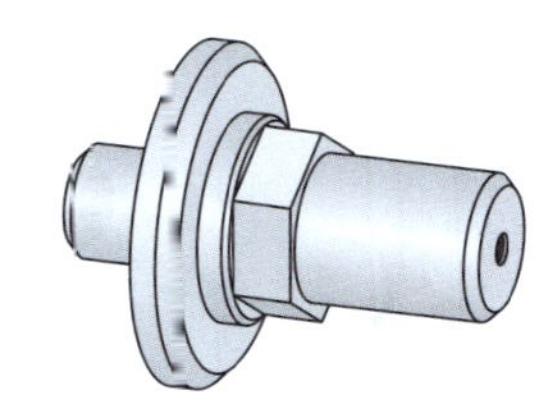

- [ ] Koaxialität
- [ ] Parallelität
- [ ] Symmetrie
- [ ] Mittigkeit
- [x] Rundlauf

Punkte /1

Punkte 14 bis 18: /7

19. Aufgabe

Beschreiben Sie die Aufgabe, die die Arretierung erfüllt (Pos. 4).

Sie verhindert ein Herausfallen des Schiebers (Pos. 3).

Punkte /1

20. Aufgabe

Mit welchem Prüfmittel ermitteln Sie das Istmaß des ∅ 20 am Fixierbolzen (Pos. 2)?

- [ ] Messschieber
- [ ] Messuhr
- [X] Bügelmessschraube
- [ ] Grenzrachenlehre
- [ ] Feinzeiger

Punkte /1

21. Aufgabe

Welche besondere Aufgabe erfüllt ein Prüfprotokoll?

Ident-Nr.: 18012 Zeichnungs-Nr.: 241074
Benennung: **Buchse für Gleitlager** Prüfplan-Nr.: 81

lfd. Nr.	Prüfmerkmal	Prüfmittel	Prüfumfang
1	Länge l_1 20 h11 = 20 0/–0,13 mm	Mess-schieber	$n = 1$
2	Innendurchmesser d_1	selbstzent-	$n = 5$

- [ ] Das Prüfprotokoll dient der Evaluierung der Montage.
- [X] Das Prüfprotokoll dient der Dokumentation.
- [ ] Mit dem Prüfprotokoll werden die Ergebnisse des Tastschnittverfahrens dokumentiert.
- [ ] Mit dem Prüfprotokoll wird die Stichprobengröße dokumentiert.
- [ ] Das Prüfprotokoll dient dem Ermitteln der Standzeit.

Punkte /1

22. Aufgabe

Der Näherungsschalter –BG1 schließt den Strom am Strompfad 6 nicht richtig.
Welche Auswirkung hat dies auf die Funktion?

- [ ] Gar keine Auswirkung
- [ ] Der Zylinder –MM1 fährt aus.
- [X] Der Zylinder –MM2 bleibt ausgefahren.
- [ ] Das Relais –KF3 wird mit Strom versorgt.
- [ ] Das Relais –KF2 wird mit Strom versorgt.

Punkte /1

23. Aufgabe

Skizzieren Sie das Schaltsymbol eines kapazitiven Näherungsschalters.

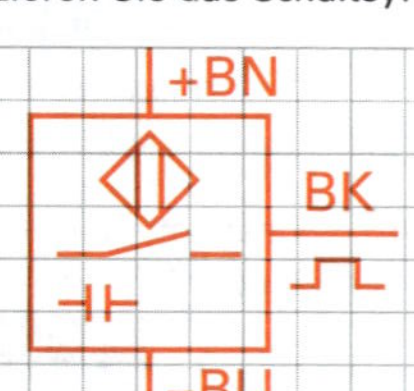

Punkte /2

24. Aufgabe

In welcher Antwort sind ausschließlich Sensortypen genannt?

- [ ] induktiv, kapazitiv, regenerativ
- [X] induktiv, fotoelektrisch, magnetisch
- [ ] kapazitiv, induktiv, deduktiv
- [ ] deduktiv, fotoelektrisch, mechanisch
- [ ] rezessiv, induktiv, kapazitiv

Punkte /1

25. Aufgabe

Der Zylinder –MM1 fährt gedrosselt ein und aus.
Was bedeutet das jeweils für die Zylinderkraft?

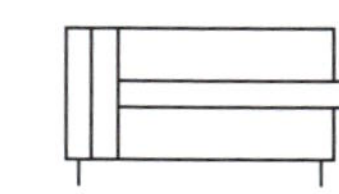

- [ ] Beim Aus- und Einfahren ist die Kraft jeweils gleich groß.
- [ ] Beim Einfahren ist die Kraft größer als beim Ausfahren.
- [X] Beim Ausfahren ist die Kraft größer als beim Einfahren.
- [ ] Beim Ausfahren ist die Kraft immer doppelt so groß als beim Einfahren.
- [ ] Beim Einfahren ist die Kraft direkt proportional zur Drosselung.

Punkte /1

26. Aufgabe

Erklären Sie, warum im Stromlaufplan in der Regel der Steuerstrom und der Arbeitsstrom getrennt dargestellt wird.

- Steuerströme können so deutlich geringer sein als die höheren Arbeitsströme (höhere Leistung)
- Für eine getrennte Absicherung ist dies die beste Lösung

Punkte /2

27. Aufgabe

Automatisierte pneumatische Anlagen zeichnen sich durch folgende Eigenschaften aus.

- [ ] geräuscharm, kostengünstig
- [ ] geringer Wartungsaufwand, hohe Kräfte
- [X] robust im Einsatz, geringe Kosten der Instandhaltung
- [ ] keine elektronische Betätigung möglich, hohe Kosten
- [ ] geringe Kräfte, geräuscharm

Punkte /1

28. Aufgabe

Welche Arbeitssicherheitsmaßnahmen sind bei pneumatisch automatisierten Anlagen in der Regel zu beachten?

- [ ] Helmpflicht
- [ ] Sicherheitsschuhe
- [ ] Schutzbrille
- [X] Gehörschutz
- [ ] Arbeitshandschuhe

Punkte /1

29. Aufgabe

Punkte

Warum kann bei pneumatischen Anlagen nicht mit höheren Drücken gearbeitet werden?

- [ ] Durch die hohe Viskosität der Luft
- [ ] Wegen der geringen Leistungsfähigkeit der Verdichter
- [ ] Wegen der Problematik der Abdichtung der Leitungen
- [x] Wegen der Kompressibilität der Luft
- [ ] Wegen der Unfallgefahr durch hohe Drücke

/1

30. Aufgabe

Punkte

Welche folgenden Antwortmöglichkeiten entspricht der Einheit 1 bar?

- [ ] 100 N/mm²
- [ ] 1 kN/mm²
- [x] 10 N/cm²
- [ ] 100 N/cm²
- [ ] 10 kN/cm²

/1

Notizen

Punkte 29 bis 30: /2

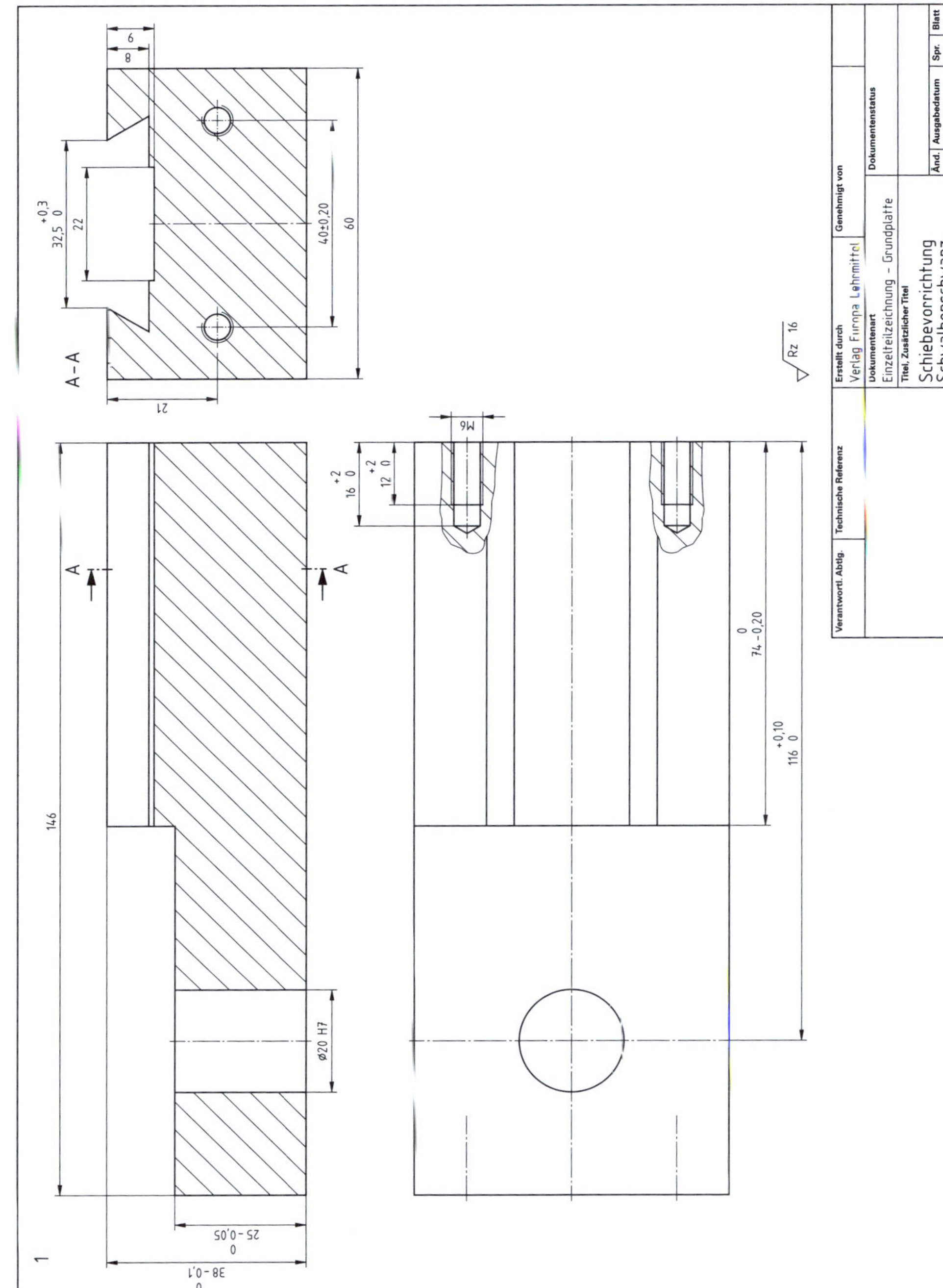

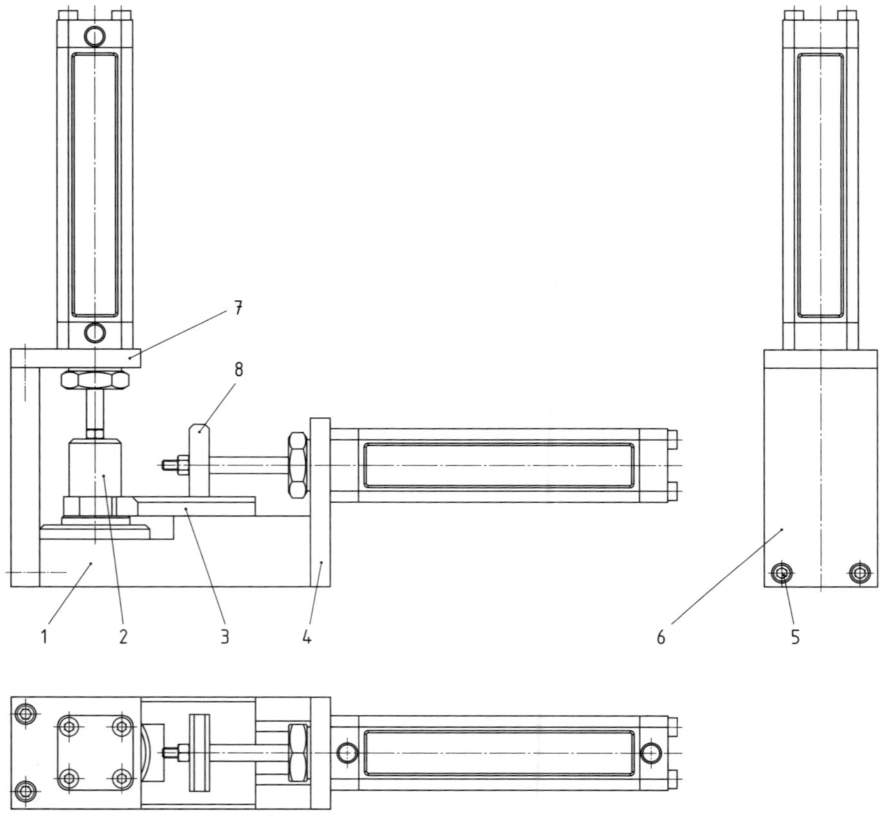

8	1	Druckplatte		S235	
7	1	Zylinderplatte		S235	
6	1	Halteplatte		S235	
5	2	Zylinderschraube M6x12–8.8			
4	1	Arretierung		S235	
3	1	Schieber		S235	
2	1	Fixierbolzen		35SPb20	
1	1	Grundplatte		S235	
Pos.-Nr.	***Stück***	***Benennung***	***Sachnr./Norm-/Kurzbezeichnung***	***Werkstoff***	***Bemerkung***

Verantwortl. Abtlg.	Technische Referenz	Erstellt durch	Genehmigt von			
		Verlag Europa Lehrmittel				
		Dokumentenart: Gesamtzeichnung	Dokumentenstatus			
		Titel, Zusätzlicher Titel: Schiebevorrichtung Schwalbenschwanz	Änd.	Ausgabedatum: 2015	Spr.: de	Blatt: 2/6

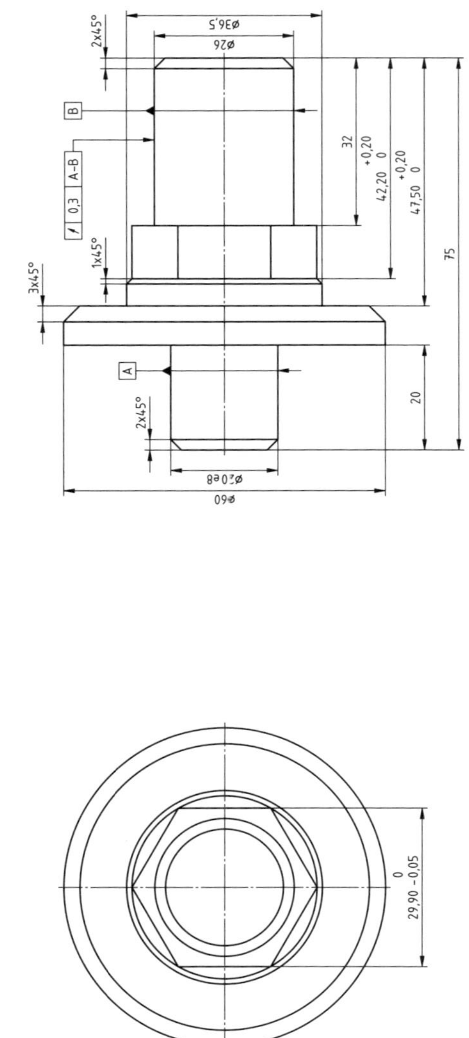

Verantwortl. Abtlg.	Technische Referenz	Erstellt durch	Genehmigt von			
		Verlag Europa Lehrmittel				
		Dokumentenart: Einzelteilzeichnung – Fixierbolzen	Dokumentenstatus			
		Titel, Zusätzlicher Titel: Schiebevorrichtung Schwalbenschwanz	Änd.	Ausgabedatum: 2015	Spr.: de	Blatt: 3/6

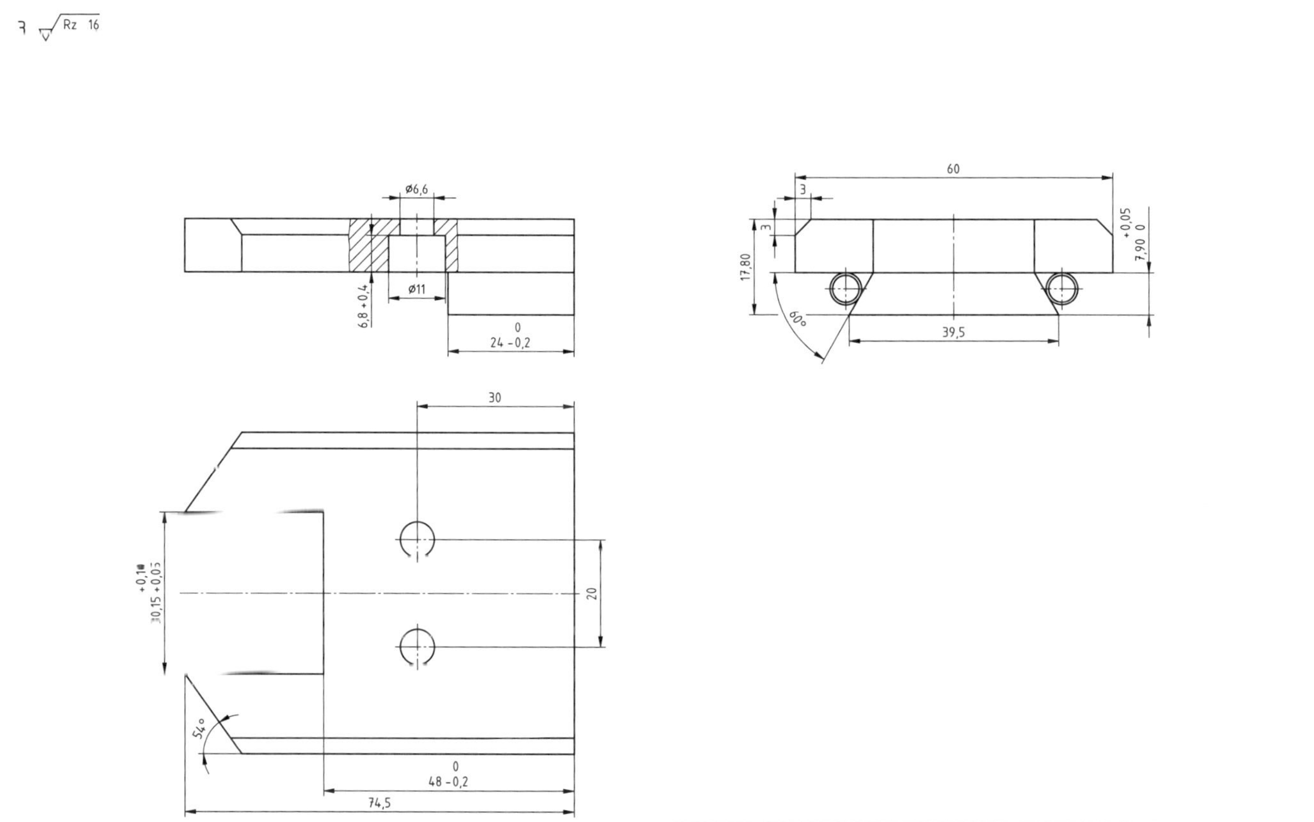

Verantwortl. Abtlg.	Technische Referenz	Erstellt durch	Genehmigt von
		Verlag Europa Lehrmittel	
		Dokumentenart: Einzelteilzeichnung - Schieber	Dokumentenstatus
		Titel, Zusätzlicher Titel: Schiebevorrichtung Schwalbenschwanz	Änd. / Ausgabedatum: 2015 / Spr.: de / Blatt: 4/6

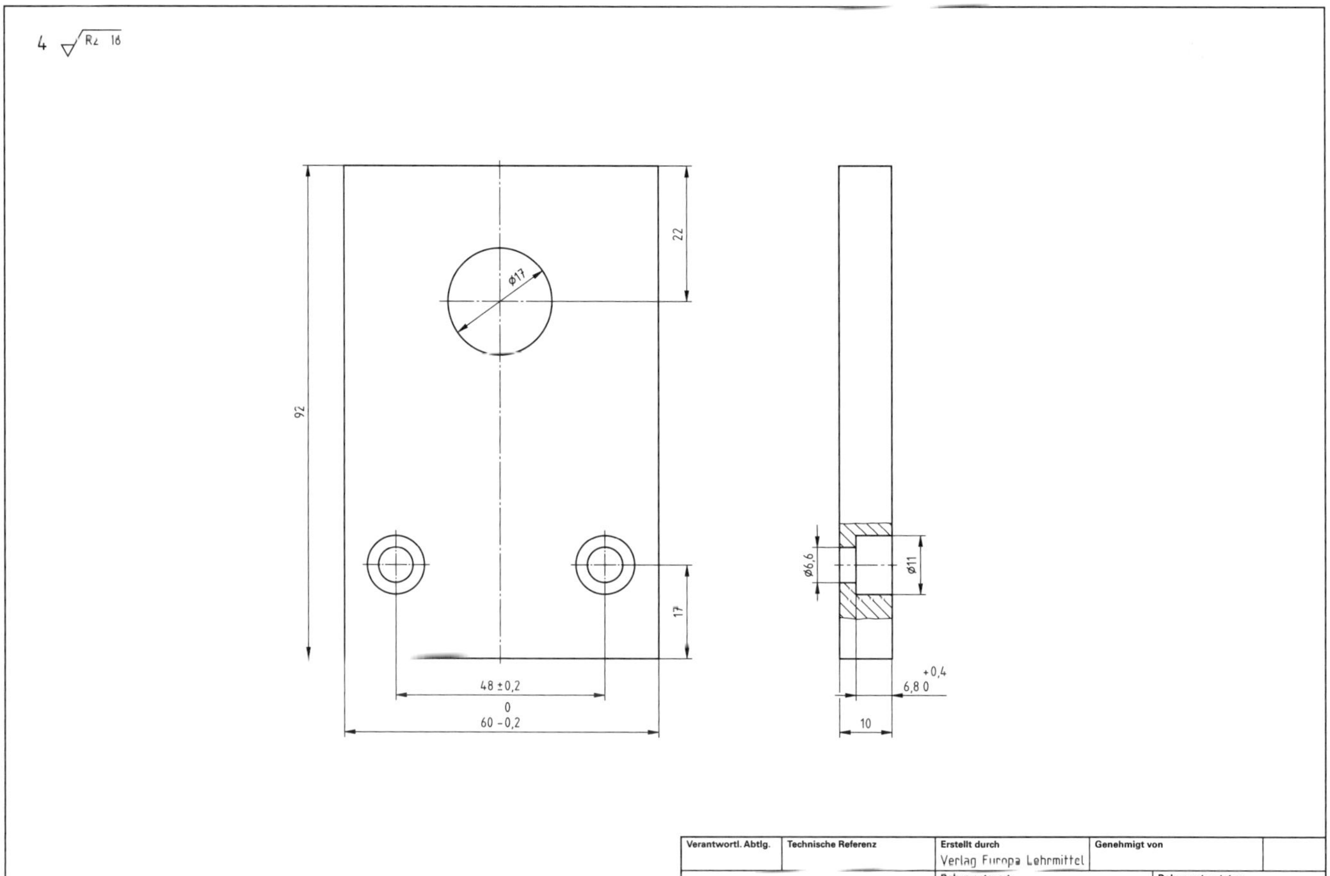

Verantwortl. Abtlg.	Technische Referenz	Erstellt durch	Genehmigt von
		Verlag Europa Lehrmittel	
		Dokumentenart: Einzelteilzeichnung - Arretierung	Dokumentenstatus
		Titel, Zusätzlicher Titel: Schiebevorrichtung Schwalbenschwanz	Änd. / Ausgabedatum: 2015 / Spr.: de / Blatt: 5/6

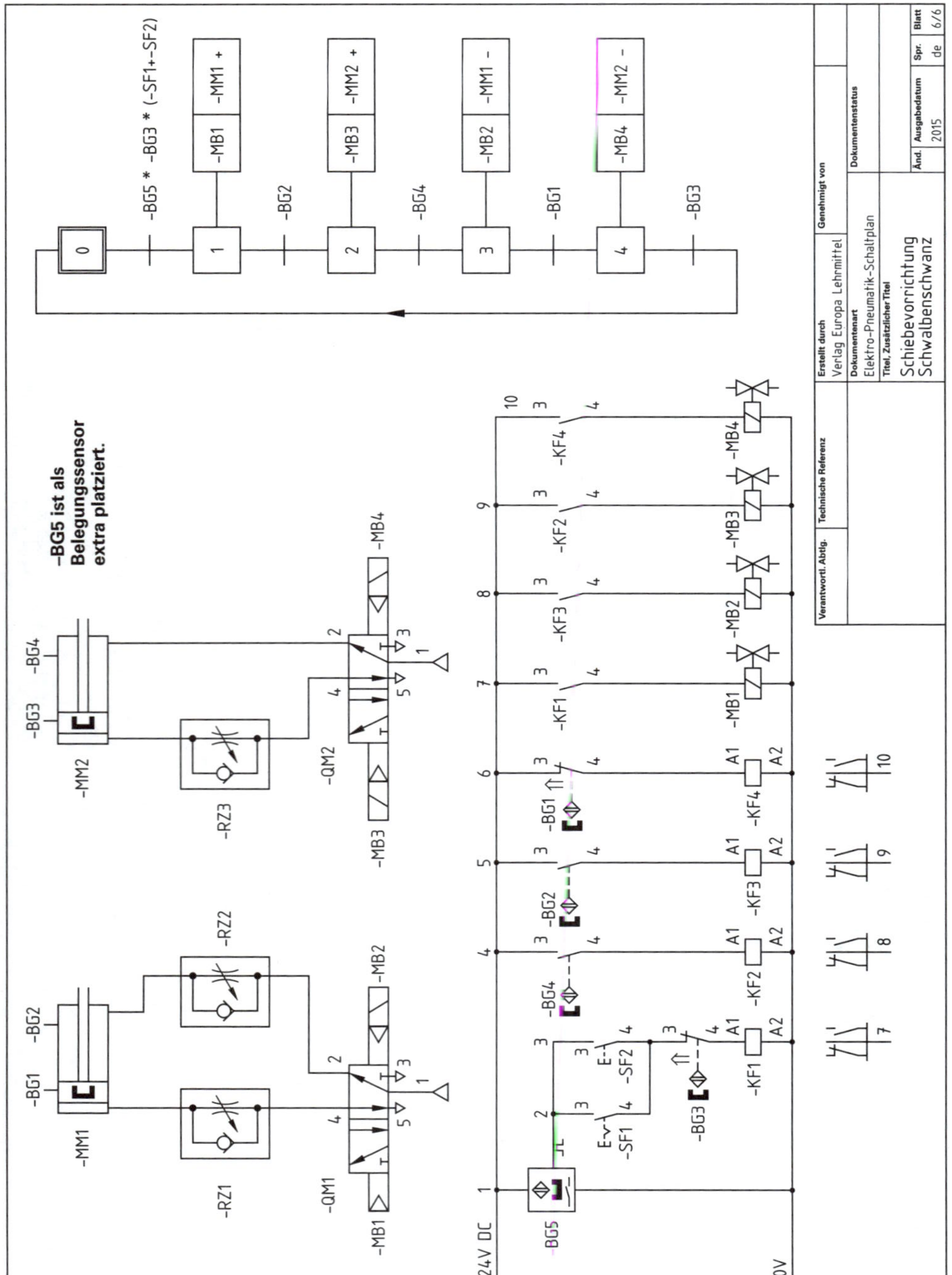

Multiple-Choice-Aufgaben

Die Multiple-Choice-Aufgaben dienen sowohl der Vorbereitung auf die Abschlussprüfung als auch der Vorbereitung auf Klassenarbeiten und andere Prüfungen.

Damit eine effektive Vorbereitung gewährleistet ist, wurden die Aufgben durch Farbkennung entsprechenden Themenbereichen zugeordnet. Somit können gezielt einzelne Kapitel (z. B. Instandhaltung → braune Farbe) zur Prüfungsvorbereitung herausgefiltert werden.

Die Themenbereiche

- **Fertigungstechnik**
- **Verbindungstechnik**
- **Maschinen- und Gerätetechnik**
- **Auftrags- und Funktionsanalyse**
- **Werkstofftechnik**
- **Instandhaltung**
- **Prüftechnik**
- **Automatisierungstechnik**
- **Elektrotechnik**
- **Qualitätsmanagement**

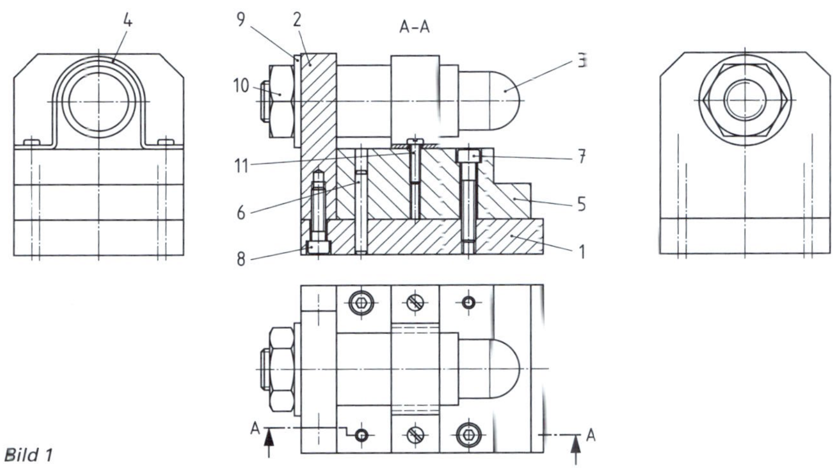

Bild 1

1. Aufgabe

Punkte

Bild 1. Welche Aussage über die Vorrichtung ist richtig?

- [ ] Teil 3 kann durch Drehen von Teil 10 vor und zurückbewegt werden.
- [ ] Teil 2 ist mit 2 Zylinderschrauben an Teil 5 befestigt.
- [ ] Die Teile 6, 7, 8 und 11 haben alle den gleichen Abstand von der Mitte der Vorrichtung.
- [ ] Teil 2 ist mit 2 Zylinderschrauben und 1 Zylinderstift auf Teil 1 befestigt.
- [x] Teil 5 ist mit 2 Zylinderstiften auf Teil 1 fixiert.

/1

2. Aufgabe

Punkte

Bild 1. Welche Teile müssen mindestens demontiert werden, damit die Teile 2 und 3 ausgebaut werden können?

- [ ] Die Teile 4, 5, 7, 11 und 10
- [x] Die Teile 8, 9 und 10
- [ ] Die Teile 5, 6, 7, 8, 9 und 10
- [ ] Die Teile 3, 9, 10 und 11
- [ ] Nur die Teile 9 und 10

/1

3. Aufgabe

Punkte

Bild 1. Wie viele Zylinderschrauben und Zylinderstifte enthält die Vorrichtung?

	Zylinderschrauben	Zylinderstifte
[ ]	3 Stück	1 Stück
[ ]	4 Stück	2 Stück
[x]	6 Stück	2 Stück
[ ]	6 Stück	3 Stück
[ ]	8 Stück	4 Stück

/1

4. Aufgabe

Punkte

Bild 1. In welchem Bild ist das Einzelteil entsprechend der Gesamtzeichnung **falsch** dargestellt?

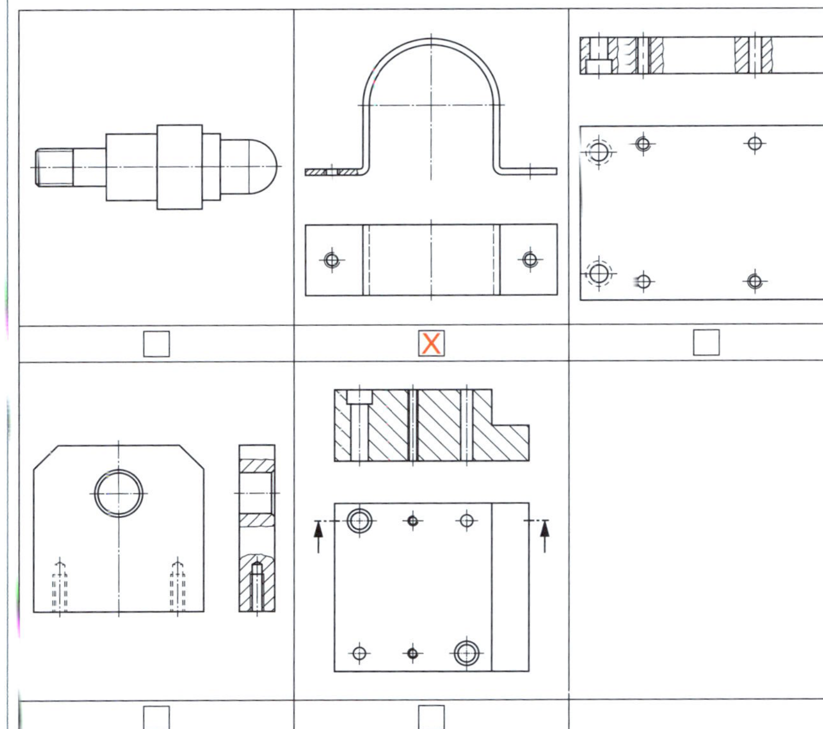

/1

5. Aufgabe

Punkte

Wie wird das Bauteil am wirtschaftlichsten und sinnvollsten hergestellt?

- [ ] Aus einem vollen Stück fräsen.
- [ ] In eine Sandform gießen.
- [ ] Mit einem 3D-Drucker herstellen.
- [ ] Aus einem Vollmaterial CNC-drehen.
- [x] Aus einem Blech ausschneiden und biegen.

/1

6. Aufgabe

Punkte

Welches Maß ist **falsch** oder **fehlerhaft?**

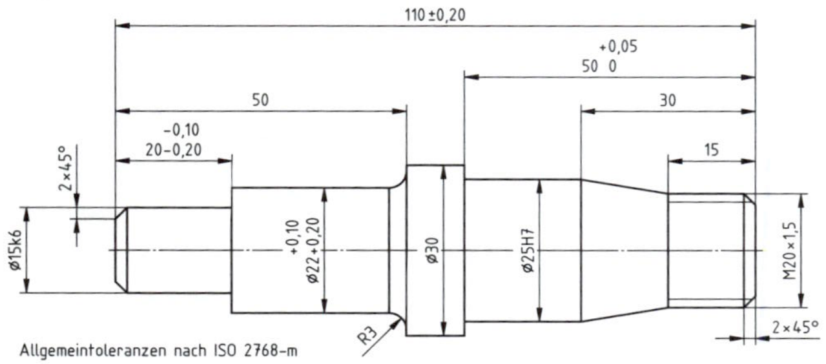

Allgemeintoleranzen nach ISO 2768-m

- [ ] Bei M20x1,5 darf die Steigung nicht angegeben werden.
- [ ] Die Fase 2 x 45° muss horizontal angebracht werden.
- [ ] Beim Maß 50 fehlt die Toleranz.
- [X] Beim Maß ∅ 25H7 muss der Buchstabe klein (für Wellen) sein.
- [ ] Bei Anwendung von Allgemeintoleranzen dürfen keine symmetrischen Abmaße verwendet werden.

/1

7. Aufgabe

Punkte

Bei der Kontrolle von fünf nach Zeichnung gefertigten Werkstücken wurden von dem Winkel 50° die Istmaße ermittelt.
Bei welchem Werkstück liegt das Istmaß **außerhalb** der Toleranz?

- [X] Werkstück 1: 51°10′
- [ ] Werkstück 2: 50°25′
- [ ] Werkstück 3: 49°50′
- [ ] Werkstück 4: 49°40′
- [ ] Werkstück 5: 49°30′

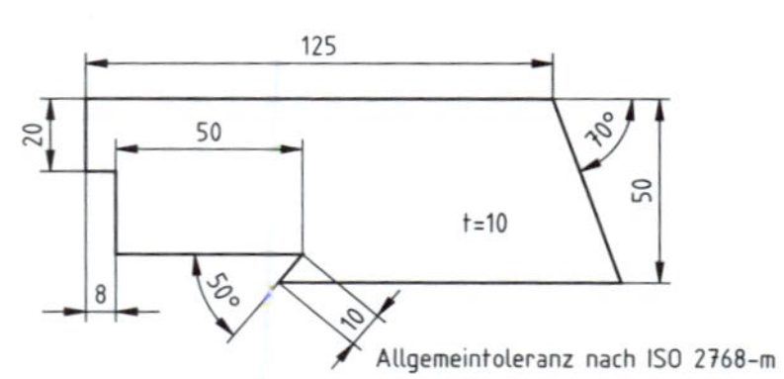

Allgemeintoleranz nach ISO 2768-m

/1

8. Aufgabe

Punkte

Welcher der genannten Werkstoffe enthält als Legierungsbestandteil Kohlenstoff?

- [ ] Aluminium
- [ ] Kupfer-Zink-Legierung
- [ ] Grafit
- [X] Stahl
- [ ] Silberlot

/1

9. Aufgabe

Punkte

Wodurch zeichnen sich Stähle ohne ausgeprägte Streckgrenze aus?

- [ ] Durch sehr hohe Elastizität.
- [ ] Durch die sehr hohe Streckgrenze.
- [ ] Durch hohe Warmfestigkeit.
- [ ] Durch sehr hohe Standzeit.
- [X] Durch die $R_{p0,2}$-Grenze.

/1

Punkte 6 bis 9: /4

10. Aufgabe

Punkte

Welche Eigenschaften besitzt schwefelhaltiger Stahl?

- [ ] Hohe Warmfestigkeit
- [ ] Hohe elektr. Leitfähigkeit
- [ ] Geringere Dichte
- [X] Kurze Späne beim Zerspanen
- [ ] Hohe Härte

/1

11. Aufgabe

Punkte

Welcher der genannten Stähle ist ein Automatenstahl?

- [ ] C15E
- [ ] X5CrNi18-10
- [X] 11SMn37
- [ ] EN-GJL-200
- [ ] E335

/1

12. Aufgabe

Punkte

Aus welchem Punkt des abgebildeten Spannungs-Dehnungs-Diagramms wird die Streckgrenze eines Werkstoffs bestimmt?

- [ ] Punkt 1
- [ ] Punkt 2
- [X] Punkt 3
- [ ] Punkt 4
- [ ] Punkt 5

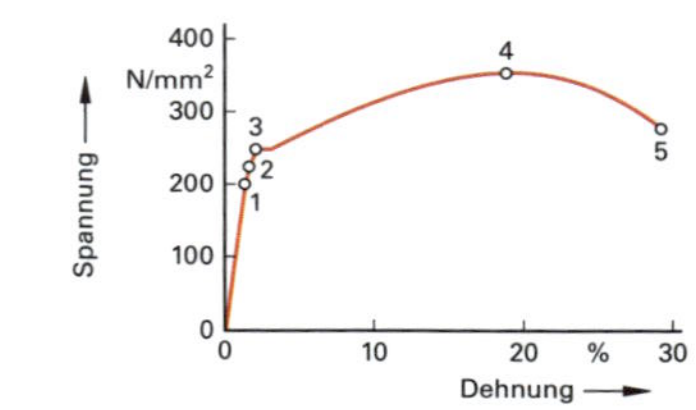

/1

13. Aufgabe

Punkte

Elastisches Verhalten bedeutet:

- [ ] Bleibende Verformung nach Entlastung.
- [X] Nach Entlastung ist der Prüfkörper in der Ausgangsform.
- [ ] Maximal 10 % Verformung nach Entlastung.
- [ ] Die Mindestzugfestigkeit des Werkstoffes wurde überschritten.
- [ ] Die Streckgrenze des Werkstoffes wurde noch nicht erreicht.

/1

14. Aufgabe

Punkte

Kreuzen Sie die richtige Bezeichnung für den Stahl X1NiCrMoCu25-20-5 an.

	Bezeichnung	Kohlenstoff [%]	Nickel [%]	Chrom [%]	Molybdän [%]	Kupfer
[ ]	Korrosionsbeständiger Stahl	1	0,25	0,20	0,5	Geringer Anteil
[ ]	Schnellarbeitsstahl	1	25	20	5	Geringer Anteil
[ ]	Nitrierstahl	0,01	25	20	5	Geringer Anteil
[X]	Korrosionsbeständiger Stahl	0,01	25	20	5	Geringer Anteil
[ ]	Kaltarbeitsstahl	0,01	25	20	5	49,99

/1

Punkte 10 bis 14: /5

15. Aufgabe

Welchen Einfluss hat eine Erhöhung der Temperatur auf die Eigenschaften eines Schmieröls?

- [x] Die Viskosität des Öls wird kleiner.
- [ ] Die Dichte des Schmieröls wird größer.
- [ ] Die Alterungsbeständigkeit des Schmieröls wird größer.
- [ ] Das Schmieröl bildet auf der Oberfläche einen Schmierfilm.
- [ ] Die Korrosionsbeständigkeit wird herabgesetzt.

Punkte /1

16. Aufgabe

Welche Aussage trifft auf das Schmieröl CPG 1000 zu?

- [ ] Umlaufschmieröl auf Syntheseölbasis, Polyglykolöl mit hoher Alterungsbeständigkeit, ISO-Viskositätsklasse VG 1000
- [ ] Normalschmieröl auf Mineralölbasis, Polyglykolöl mit hoher Alterungsbeständigkeit, ISO-Viskositätsklasse VG 1000
- [ ] Umlaufschmieröl auf Mineralölbasis, Polyglykolöl mit Wirkstoffen zur Verschleißminderung, ISO-Viskositätsklasse VG 1000
- [ ] Umlaufschmieröl auf Mineralölbasis, Polyglykolöl mit hoher Alterungsbeständigkeit, ISO-Viskositätsklasse VG 1500
- [x] Umlaufschmieröl auf Mineralölbasis, Polyglykolöl mit hoher Alterungsbeständigkeit, ISO-Viskositätsklasse VG 1000

Punkte /1

17. Aufgabe

Welche Aufgaben haben Kühlschmierstoffe?

- [ ] Schmieren, Fetten, Ölen
- [x] Späne abtransportieren, Kühlen, Schmieren
- [ ] Herabsetzung der Standzeit, Schmieren, Kühlen
- [ ] Verlängern der Standzeit, Schmieren, Ölen
- [ ] Schmieren, Herabsetzung der Standzeit

Punkte /1

18. Aufgabe

Wie wird der mit α gekennzeichnete Winkel bezeichnet?

- [ ] Schnittwinkel
- [x] Freiwinkel
- [ ] Keilwinkel
- [ ] Einstellwinkel
- [ ] Spanwinkel

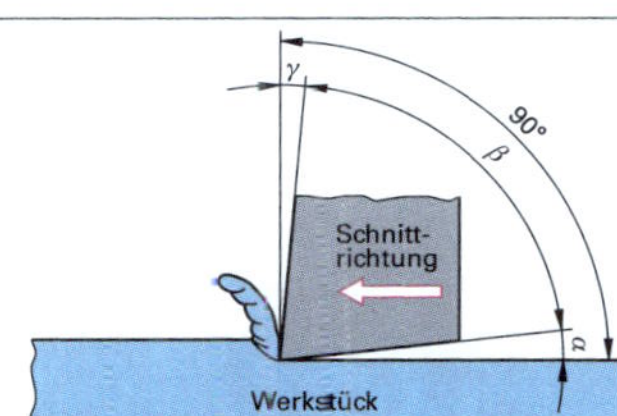

Punkte /1

19. Aufgabe

Wie kann die Vorschubkraft eines Bohrers verringert werden?

- [x] Ausspitzen der Querschneide
- [ ] Querschneidenwinkel erhöhen
- [ ] Freiwinkel verkleinern
- [ ] Hauptschneiden stumpf schleifen
- [ ] Führungsfase wegschleifen

Punkte /1

Punkte 15 bis 19: /5

20. Aufgabe

Sie haben einen Bohrer nachgeschliffen. Bei der Verwendung stellen Sie fest, dass die Bohrung zu groß geworden ist. Was ist die Ursache?

- [ ] Sie haben den Freiwinkel zu klein geschliffen.
- [ ] Der Spitzenwinkel des Bohrers ist ungleich geschliffen.
- [ ] Sie haben den Freiwinkel zu klein geschliffen.
- [x] Die Schneiden sind beim Nachschleifen ungleich lang geworden
- [ ] Ihre Vorschubkraft hat die Bohrungsgröße beeinflusst.

Punkte /1

21. Aufgabe

Welche Behauptung über den Spitzenwinkel eines HSS-Bohrers für allg. Baustahl ist richtig?

- [ ] Der Winkel beträgt 100°.
- [ ] Der Winkel beträgt 85°.
- [ ] Der Winkel beträgt 90°.
- [x] Der Winkel beträgt 118°.
- [ ] Der Winkel beträgt 125°.

Punkte /1

22. Aufgabe

Was versteht man unter der Standzeit eines Drehmeißels aus HSS?

- [ ] Die Zeit, in der der Drehmeißel in der Maschine eingespannt ist, aber nicht im Eingriff ist.
- [ ] Die Zeit zwischen dem ersten und zweiten Anschliff des Drehmeißels.
- [ ] Die Zeit, in der sich der Drehmeißel beim Drehen auf 400 °C erwärmt.
- [x] Die Zeit, in der der Drehmeißel zwischen Schleifen und Nachschleifen im Eingriff ist.
- [ ] Die Zeit, in der der Drehmeißel auf 20 °C abkühlt.

Punkte /1

23. Aufgabe

Mit einem Spiralbohrer ∅ 20 soll eine Bohrung gefertigt werden. Welche Umdrehungsfrequenz müssen Sie bei einer Schnittgeschwindigkeit von 30 m/min an einer stufenlos einstellbaren Bohrmaschine einstellen?

- [ ] 95 min^{-1}
- [ ] 170 min^{-1}
- [ ] 260 min^{-1}
- [x] 475 min^{-1}
- [ ] 630 min^{-1}

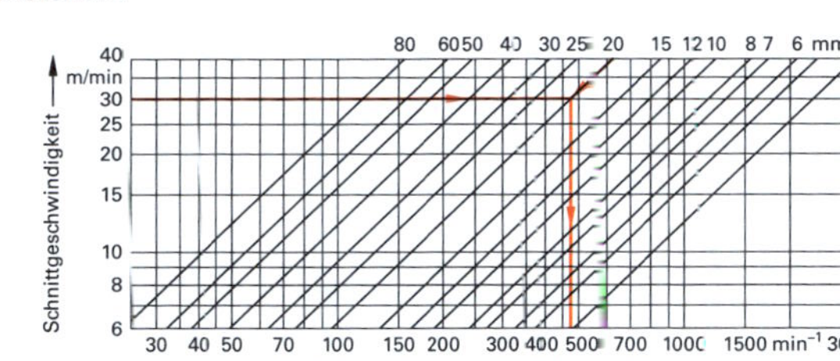

Punkte /1

Punkte 20 bis 23: /4

24. Aufgabe

Eine Welle aus C15E wird längsrund gedreht. Welche Schnittkraft F_c ergibt sich bei der Zerspanung?
(Schnitttiefe a_p = 3 mm, Vorschub f = 0,15 mm, Hartmetallmeißel mit $v_c = 150\ \frac{m}{min}$; Einstellwinkel κ = 75°)

- [ ] F_c = 1730,75 N
- [ ] F_c = 1800 N
- [x] F_c = 1615,5 N
- [ ] F_c = 1,75 N
- [ ] F_c = 2315,45 N

$A = a_p \cdot f = 3\ mm \cdot 0{,}15\ mm = 0{,}45\ mm^2$

$h = f \cdot \sin \kappa = 0{,}15\ mm \cdot \sin 75° = 0{,}14\ mm$

k_c aus Tabelle interpoliert: $k_c = 3590\ \frac{N}{mm^2}$

Korrekturfaktor: $c = 1$

$F_c = A \cdot k_c \cdot c = 0{,}45\ mm^2 \cdot 3590\ \frac{N}{mm^2}$

$F_c = 1615{,}5\ N$

Punkte /1

25. Aufgabe

Beim Fertigen eines Gewindes M4 ist Ihnen der Gewindebohrer abgebrochen.
Welche Behauptung über die Ursache kann **nicht** stimmen?

- [ ] Der Gewindebohrer wurde schief angesetzt.
- [ ] Das Gewinde wurde ohne Kühlschmierstoff geschnitten.
- [ ] Der Druck auf das Windeisen war stark einseitig.
- [ ] Es wurde zu klein vorgebohrt.
- [x] Die Steigung des Gewindebohrers war zu groß.

Punkte /1

26. Aufgabe

Welchen der nachfolgenden Drehmeißel verwenden Sie zum Schlichten einer Außenkontur?

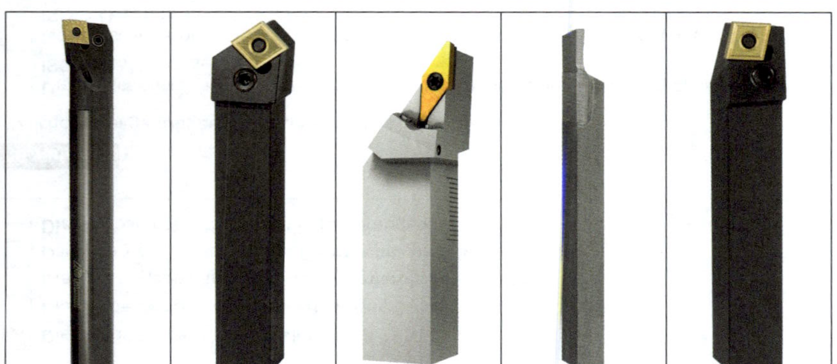

[ ]	[ ]	[x]	[ ]	[ ]

Punkte /1

27. Aufgabe

Berechnen Sie die Hauptnutzungszeit t_h (v_c = 175 m/min; l = 70 mm; l_a = 2 mm; d = 70 mm; f = 0,15 mm; i = 3).

- [ ] t_h = 1,81 s
- [ ] t_h = 18,1 s
- [x] t_h = 1,81 min
- [ ] t_h = 18,1 min
- [ ] t_h = 181 min

$n = \frac{v_c}{\pi \cdot d} = \frac{175\ \frac{m}{min} \cdot 1000\ \frac{mm}{m}}{\pi \cdot 70\ mm} = 795{,}77\ \frac{1}{min}$

$L = l + l_a = 70\ mm + 2\ mm = 72\ mm$

$t_h = \frac{L \cdot i}{n \cdot f} = \frac{72\ mm \cdot 3}{795{,}77\ \frac{1}{min} \cdot 0{,}15\ mm} = 1{,}81\ min$

Punkte /1

28. Aufgabe

Welche Aussage trifft auf Hartmetalle zu?

- [ ] Hartmetalle werden durch Schweißen hergestellt.
- [ ] Hartmetalle werden durch Gießen hergestellt.
- [ ] Hartmetalle werden durch Fügen hergestellt.
- [x] Hartmetalle werden durch Sintern hergestellt.
- [ ] Hartmetalle werden durch Erodieren hergestellt.

Punkte /1

29. Aufgabe

Wozu wird dieses Werkzeug in der Regel verwendet?

- [ ] Zum Reiben vorgebohrter Bohrungen.
- [x] Zum Fertigen kegeliger Senkungen und zum Entgraten von Bohrungen.
- [ ] Zum Aufbohren vorgegossener Bohrungen.
- [ ] Zum Fertigen von Senkungen für Zylinderschrauben.
- [ ] Zum Vorbohren von sehr großen Bohrungen.

Punkte /1

30. Aufgabe

Zu welchem Zweck werden Reibahlen mit Drall eingesetzt?

- [ ] Um Rattermarken zu vermeiden.
- [ ] Um den Durchmesser bestimmen zu können.
- [ ] Um beim Herausziehen die Drehrichtung der Reibahle ändern zu können.
- [ ] Um die Reibahle im Durchmesser verstellen zu können.
- [x] Um Bohrungen mit unterbrochenem Schnitt (z. B. Längsnut) zu fertigen.

Punkte /1

31. Aufgabe — Punkte

Worauf muss beim Reiben von Passungen bei Bauteilen, die miteinander verstiftet werden, geachtet werden?

- [ ] Es dürfen nur Reibahlen mit Linksdrall verwendet werden.
- [ ] Es dürfen nur Reibahlen mit Rechtsdrall verwendet werden.
- [ ] Es dürfen nur Reibahlen mit gerader Zahnteilung verwendet werden.
- [ ] Es dürfen nur Reibahlen mit ungerader Zahnteilung verwendet werden.
- [x] Die beiden Bauteile müssen zusammen gebohrt und gerieben werden.

/1

32. Aufgabe — Punkte

In welcher Auswahlantwort ist die Gewindesteigung P (in mm) für eine Schraube M12x25 – 8.8 richtig angegeben?

- [ ] $P = 1{,}25$ mm
- [x] $P = 1{,}75$ mm
- [ ] $P = 2{,}0$ mm
- [ ] $P = 12$ mm
- [ ] $P = 25$ mm

/1

33. Aufgabe — Punkte

Welches Gewinde findet Anwendung als Bewegungsgewinde?

- [ ] Kegeliges Rohrgewinde
- [x] Metrisches ISO-Trapezgewinde
- [ ] ISO-Gewinde
- [ ] Blechschraubengewinde
- [ ] Zylindrisches Rohrgewinde

/1

34. Aufgabe — Punkte

Welche Aussage über die Angabe 8.8 einer Schraube ist richtig?

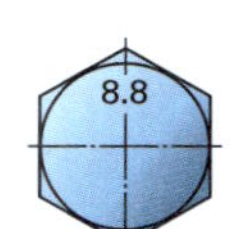

- [ ] Durchmesser $d = 8$ mm, Gewindesteigung $P = 0{,}8$ mm
- [ ] Zugfestigkeit: $R_e = 480 \frac{N}{mm^2}$
- [ ] Streckgrenze: $R_e = 480 \frac{N}{mm^2}$
- [ ] Zugfestigkeit: $R_e = 640 \frac{N}{mm^2}$
- [x] Streckgrenze $R_e = 640 \frac{N}{mm^2}$

/1

Punkte 31 bis 34: /4

35. Aufgabe — Punkte

Wie sollen bei der Konstruktion von Werkstücken die ISO-Toleranzen gewählt werden?

- [ ] Sie sollen so klein wie möglich gewählt werden.
- [ ] Sie sollen so groß gewählt werden, dass bei der Fertigung kein Ausschuss entsteht.
- [x] Sie sollen so groß wie möglich gewählt werden, ohne den Verwendungszweck der Werkstücke zu beeinträchtigen.
- [ ] Sie sollen so groß wie möglich gewählt werden, dass keine Kontrollen durchgeführt werden müssen.
- [ ] Sie sollen so groß wie möglich gewählt werden, dass keine Prüfmittel für die Qualitätsprüfung erforderlich sind.

/1

36. Aufgabe — Punkte

Durch welches Gewinde wird der Querschnitt einer Welle am wenigsten geschädigt?

- [x] Metrisches ISO-Feingewinde
- [ ] Metrisches ISO-Trapezgewinde
- [ ] Metrisches ISO-Regelgewinde
- [ ] Metrisches Sägengewinde
- [ ] Whitworth-Zollgewinde

/1

37. Aufgabe — Punkte

Welchen wesentlichen Vorteil haben Wälzlager im Vergleich zu Gleitlagern?

- [ ] Wälzlager lassen sich einfacher montieren.
- [ ] Wälzlager verursachen kaum Geräusche.
- [ ] Wälzlager können höhere Belastungen aufnehmen.
- [x] Wälzlager haben eine geringere Reibung und Wärmeentwicklung.
- [ ] Wälzlager sind unempfindlich gegen Schmutz und Fremdkörper.

/1

38. Aufgabe — Punkte

Welche Eigenschaft(en) hat das abgebildete Wälzlager?

- [ ] Geeignet für hohe Drehzahlen bei gleichzeitig geräuscharmen Lauf.
- [x] Geeignet für hohe axiale und radiale Belastbarkeit.
- [ ] Gleicht Fluchtfehler aus und ist hoch belastbar.
- [ ] Kann ohne Innenring direkt auf der Welle montiert werden.
- [ ] Nur ein geringer Einbauraum wird benötigt.

/1

Punkte 35 bis 38: /4

39. Aufgabe

Wozu eignet sich dieses Prüfmittel?

- [ ] Zum Prüfen von Innenradien.
- [x] Zum Prüfen des Spiels von Wälzlagern.
- [ ] Zum Messen von Blechdicken.
- [ ] Zum Prüfen von Gewindesteigungen bei Rundgewinden.
- [ ] Zum Prüfen der Teilung bei Zahnrädern.

Punkte /1

40. Aufgabe

Welche der genannten Prüfmittel ist kein Messmittel?

- [ ] Stahlmaßstab
- [ ] Messschieber
- [ ] Winkelmesser
- [ ] Bügelmessschraube
- [x] Haarlineal

Punkte /1

41. Aufgabe

Welche Durchschnittsgeschwindigkeit v in (m/s) erreicht ein Transportband, das 30 m in 20 s zurücklegt?

- [ ] v = 0,05 m/s
- [ ] v = 0,5 m/s
- [ ] v = 1 m/s
- [x] v = 1,5 m/s
- [ ] v = 10 m/s

$v = \frac{s}{t}$

$v = \frac{30\text{ m}}{20\text{ s}} = 1{,}5\ \frac{\text{m}}{\text{s}}$

Punkte /1

42. Aufgabe

Wie groß ist die Kraft F_2' in kN, mit der das Werkstück geklemmt wird?

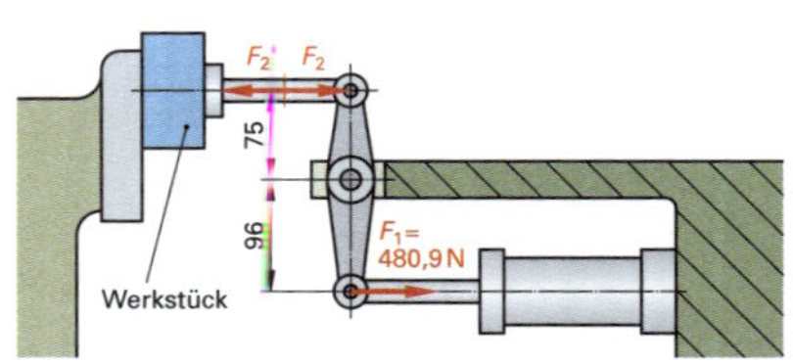

- [x] F_2' = 0,616 kN
- [ ] F_2' = 61,46 N
- [ ] F_2' = 375,7 N
- [ ] F_2' = 715,2 N
- [ ] F_2' = 825,3 N

$\sum M_R = \sum M_L$

$F_2 \cdot l_2 = F_1 \cdot l_1$

$F_2 = \frac{F_1 \cdot l_1}{l_2} = \frac{480{,}9\text{ N} \cdot 96\text{ mm}}{75\text{ mm}}$

$F_2 = 615{,}6\text{ N} = 0{,}616\text{ kN}$

Punkte /1

43. Aufgabe

Welche Masse hat das nachfolgende Bauteil aus S235JR?

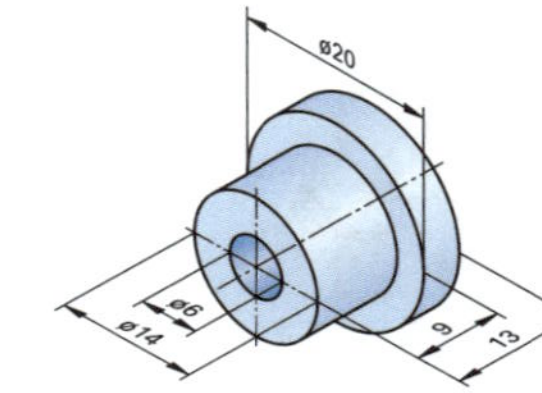

- [ ] m = 1782 g
- [x] m = 17,82 g
- [ ] m = 17820 g
- [ ] m = 1,782 g
- [ ] m = 178,2 g

Volumenberechnung

$V_1 = \frac{d_1^2 \cdot \pi}{4} \cdot h_1$

$V_1 = \frac{(20\text{ mm})^2 \cdot \pi}{4} \cdot (13\text{ mm} - 9\text{ mm})$

$V_1 = \frac{(20\text{ mm})^2 \cdot \pi}{4} \cdot 4\text{ mm}$

$V_1 = 1256{,}64\text{ mm}^3$

$V_2 = \frac{d_2^2 \cdot \pi}{4} \cdot h_2 = \frac{(14\text{ mm})^2 \cdot \pi}{4} \cdot 9\text{ mm}$

$V_2 = 1385{,}44\text{ mm}^3$

$V_3 = \frac{d_3^2 \cdot \pi}{4} \cdot h_3 = \frac{(6\text{ mm})^2 \cdot \pi}{4} \cdot 13\text{ mm}$

$V_3 = 367{,}57\text{ mm}^3$

$V_{ges} = V1 + V2 - V3$

$V_{ges} = (1256{,}64 + 1385{,}44 - 367{,}57)\text{ mm}^3$

$V_{ges} = 2274{,}51\text{ mm}^3$

Masseberechnung

$m = \rho \cdot V = 7{,}85\ \frac{\text{kg}}{\text{dm}^3} \cdot 2274{,}51\text{ mm}^3$

$m = 7{,}85\ \frac{\text{g}}{\text{cm}^3} \cdot 2{,}27\text{ cm}^3 = 17{,}82\text{ g}$

Punkte /1

44. Aufgabe

Punkte

Wie groß ist die Länge des Bauteils vor dem Biegen?

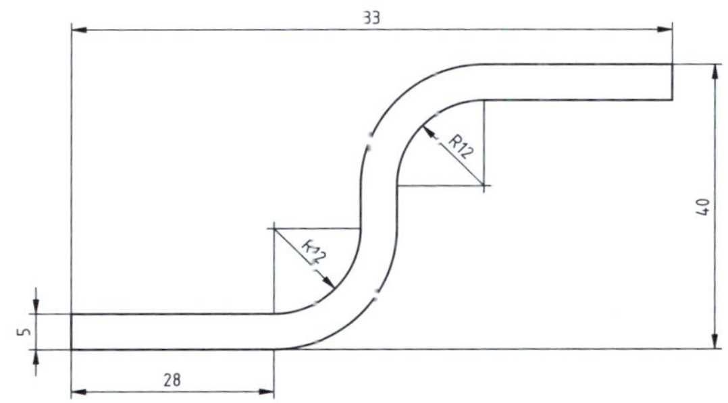

- [ ] L_{ges} = 109 mm
- [ ] L_{ges} = 10,71 mm
- [ ] L_{ges} = 207,02 mm
- [x] L_{ges} = 105,56 mm
- [ ] L_{ges} = 1,07 mm

Gerade Abschnitte:

$L_1 = 28$ mm;

$L_3 = (40 - 5 - 12 - 12 - 5)$ mm = 6 mm

$L_5 = (83 - 28 - 12 - 5 - 12)$ mm = 26 mm

Gebogene Abschnitte:

Berechnung des mittleren Durchmessers:

$d_{m2} = d_{m4} = 2 \cdot \left(R_i + \frac{d_m}{2}\right)$

$= 2 \cdot \left(12 \text{ mm} + \frac{5 \text{ mm}}{2}\right)$

$= 29$ mm

$L_2 = L_4 = \frac{d_m \cdot \pi \cdot \alpha}{360°} = \frac{29 \text{ mm} \cdot \pi \cdot 90°}{360°}$

$= \frac{29 \text{ mm} \cdot \pi}{4}$

$= 22,78$ mm

Berechnung der Gesamtlänge:

$L_{ges} = L_1 + L_2 + L_3 + L_4 + L_5$

$L_{ges} = (28 + 22,78 + 6 + 22,78 + 26)$ mm

$L_{ges} = 105,56$ mm

/1

45. Aufgabe

Punkte

Welche Zuordnung von elektrischer Größe und möglicher Einheit ist richtig?

	Elektrische Größe	Einheit
☐	Stromstärke	kΩ
☐	Spannung	MW
☒	Arbeit	kwh
☐	Leistung	A
☐	Widerstand	mV

/1

46. Aufgabe

Punkte

Wie groß ist die Spannung an R_3?

- [ ] 0,5 V
- [ ] 0,66 V
- [x] 0,83 V
- [ ] 1,33 V
- [ ] 2 V

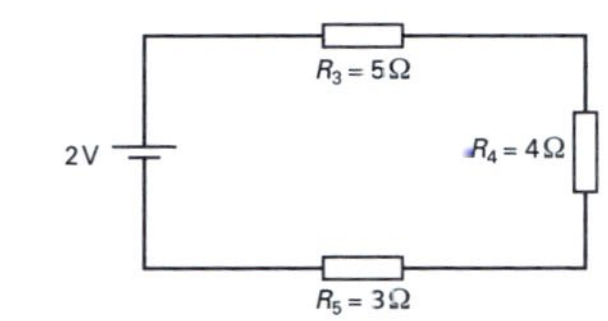

$R_{ges} = R_3 + R_4 + R_5 \Rightarrow 12\ \Omega$

$I = \frac{U}{R_{ges}}; \quad I = \frac{2 \text{ V}}{12\ \Omega} = \frac{1}{6}$ A

$U_3 = R_3 \cdot I; \quad U_3 = 5\ \Omega \cdot \frac{1}{6} \text{ A} = \frac{5}{6} \text{ V} = 0,83$ V

$U_4 = R_4 \cdot I; \quad U_4 = 4\ \Omega \cdot \frac{1}{6} \text{ A} = \frac{4}{6} \text{ V} = 0,66$ V

$U_5 = R_5 \cdot I; \quad U_5 = 3\ \Omega \cdot \frac{1}{6} \text{ A} = \frac{3}{6} \text{ V} = 0,5$ V

/1

47. Aufgabe

Punkte

Wie müssen Spannungsmessgeräte in einem Stromkreis angeschlossen werden?

- [ ] In Reihe
- [x] parallel
- [ ] In Reihe zum Verbraucher
- [ ] In Reihe zur Spannungsquelle
- [ ] Immer mit einem Vorwiderstand

/1

48. Aufgabe

Punkte

Aus welchen drei Baugruppen besteht eine komplette Pneumatikanlage?

- [ ] Druckluftspeicher, Aufbereitungseinheit, Signalglieder
- [ ] Verdichter, Steuerung, Antriebsglieder
- [ ] Druckerzeugeranlage, Aufbereitungseinheit, Steuerung
- [x] Aufbereitungseinheit, Steuerglieder, Antriebsglieder
- [ ] Druckerzeugeranlage, Steuerung, Antriebsglieder

/1

49. Aufgabe

Punkte

Unter welchem Schaltzeichen steht die richtige Bezeichnung?

E1, E2 – & – A	E1, E2 – ≥1 – A	E – 1 – A	E1, E2 – & – A	E1, E2 – ≥1 – A
ODER	ODER-NICHT	UND	UND-NICHT	NICHT
[ ]	[ ]	[ ]	[x]	[ ]

/1

50. Aufgabe

Punkte

Beim Ausfahren eines Zylinders tritt der „Stick-Slip-Effekt" auf.
Wie können Sie diesen vermeiden, wenn beim Ausfahren die Kraft gleich bleiben soll?

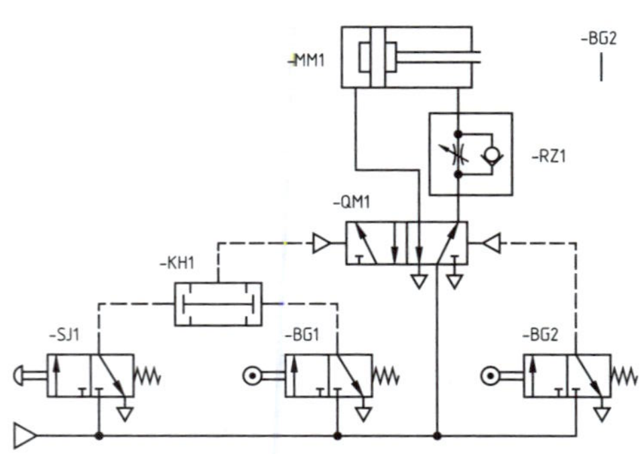

- [ ] Arbeitsdruck des Kolbens –MM1 erhöhen.
- [ ] Arbeitsdruck des Kolbens –MM1 verringern.
- [ ] Drosselrückschlagventil –RZ1 öffnen.
- [x] Drosselrückschlagventil –RZ1 stärker drosseln.
- [ ] Drosselrückschlagventil –RZ2 auf der Zuluftseite einbauen.

/1

Punkte 48 bis 50: /3

51. Aufgabe

Punkte

Wie groß ist die Kraft F, die der Kolben mit einem Kolbendurchmesser $D = 30$ mm und einem Kolbenstangendurchmesser $d = 5$ mm beim Einfahren bei einem Druck $p = 7$ bar erzeugt?

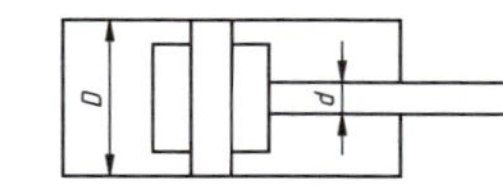

- [ ] $F = 48{,}09$ N
- [x] $F = 480{,}9$ N
- [ ] $F = 4809$ N
- [ ] $F = 510{,}9$ N
- [ ] $F = 6{,}87$ N

Flächenberechnung:

$A = \frac{\pi}{4}(D^2 - d^2)$

$A = \frac{\pi}{4}((30\text{ mm})^2 - (5\text{ mm})^2)$

$A = 687{,}22\text{ mm}^2$
$A = 6{,}87\text{ cm}^2$

Druckberechnung

$F = p \cdot A$

$F = 70\,\frac{N}{cm^2} \cdot 6{,}87\text{ cm}^2$

$F = 480{,}9$ N

/1

52. Aufgabe

Punkte

In welcher Antwort sind ausschließlich Sensortypen genannt?

- [ ] induktiv, kapazitiv, regenerativ
- [x] induktiv, fotoelektrisch, magnetisch
- [ ] kapazitiv, induktiv, deduktiv
- [ ] deduktiv, fotoelektrisch, mechanisch
- [ ] rezessiv, induktiv, kapazitiv

/1

53. Aufgabe

Punkte

Warum sind im Stromlaufplan Steuerstrom und Arbeitsstrom in der Regel getrennt?

- [ ] Um bei großen Steuerströmen geringe Arbeitsströme zu realisieren.
- [ ] Um bei Ansteuerung über Drehstrom einen hohen Arbeitsstrom zu erhalten.
- [x] Um mit geringen Steuerströmen hohe Leistungen schalten zu können.
- [ ] Diese Trennung wird nur aufgrund übersichtlicher Leitungsführung realisiert.
- [ ] Diese Trennung wird nur aufgrund Arbeitssicherheitsaspekten realisiert.

/1

Punkte 51 bis 53: /3

54. Aufgabe

Punkte

Welche Inspektions- und Wartungsarbeiten müssen bei Dauerbetrieb der Hydraulikanlage laufend bzw. täglich durchgeführt werden?

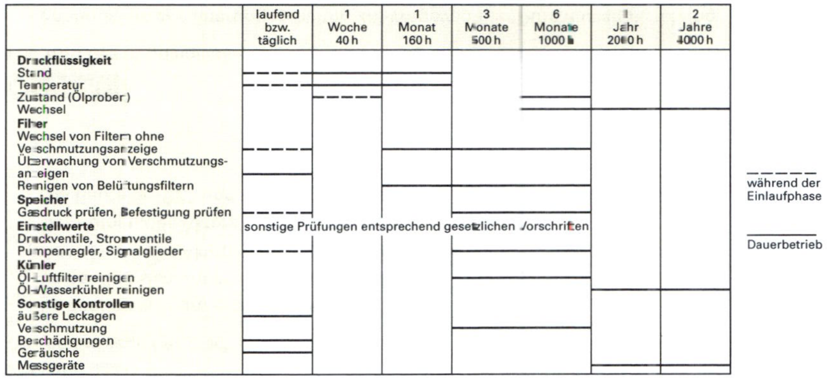

- ☐ Stand und Temperatur der Druckflüssigkeit prüfen, Wechsel von Filtern ohne Verschmutzungsanzeige, Gasdruck von Speichern prüfen
- ☒ Überwachung von Verschmutzungsanzeigen bei Filtern, Kontrolle auf äußere Leckagen, Beschädigungen und Geräusche
- ☐ Reinigen von Belüftungsfiltern, Gasdruck von Speichern prüfen, Öl-Wasserkühler reinigen
- ☐ Wechsel von Filtern ohne Verschmutzungsanzeige, Öl-Wasserkühler reinigen
- ☐ Zustand der Druckflüssigkeit prüfen, Einstellwerte der Bauteile prüfen

/1

55. Aufgabe

Punkte

Welche wirtschaftlichen Ziele werden durch die Instandhaltung verfolgt?

- ☒ Steigerung der Wirtschaftlichkeit des Betriebes
- ☐ Humanitäre Ausrichtung der Produktion
- ☐ Rationalisierung innerhalb des Betriebes
- ☐ Lagerkosten und Lohnkosten senken
- ☐ Einsparen von Dokumentation und Protokollierung

/1

56. Aufgabe

Punkte

Mit der Zehnerregel wird festgehalten, dass der Zeitpunkt der Fehlerentdeckung entscheidend ist für die Kosten je Fehler. Was ist die richtige Reihenfolge für die Kostensteigerung je Produktionsschritt?

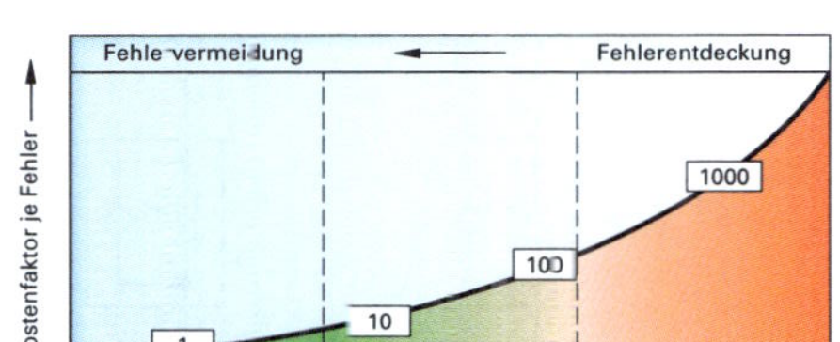

- ☐ Planung, Entwicklung, Endprüfung, Fertigung, Kunde
- ☐ Planung, Entwicklung, Fertigung, Kunde, Endprüfung
- ☐ Planung, Kunde, Entwicklung, Fertigung, Endprüfung
- ☐ Entwicklung, Planung, Fertigung, Endprüfung, Kunde
- ☒ Planung, Entwicklung, Fertigung, Endprüfung, Kunde

/1

Punkte 54 bis 56: /3

57. Aufgabe

Punkte

Welche Merkmale in der Fertigung sind verantwortlich für die Streuung der Qualität?

- ☒ Mensch, Maschine, Material, Methode, Mitwelt
- ☐ Meersalz, Maschine, Material, Methode, Mitwelt
- ☐ Mengendurchsatz, Maschine, Material, Methode, Mitwelt
- ☐ Messverarbeitung, Maschine, Material, Methode, Mitwelt
- ☐ Methodenfehler, Maschine, Material, Methode, Mitwelt

/1

58. Aufgabe

Punkte

Worauf ist beim Arbeiten beim Bohren zu achten?

- ☐ Immer Handschuhe verwenden.
- ☐ Immer alle Bauteile einölen.
- ☒ Haarnetz, Schutzbrille und Kappe verwenden.
- ☐ Sicherheitsschuhe und Handschuhe sind anzuziehen.
- ☐ Eine getönte Brille ist immer notwendig.

/1

59. Aufgabe

Punkte

Worauf weist die abgebildete Sicherheitskennung hin?

- ☐ Auf den Weg zu einem Aufzug.
- ☐ Auf den Weg zu einer Erste-Hilfe-Station.
- ☒ Auf einen Rettungsweg mit Richtungsangabe.
- ☐ Auf die südliche Himmelsrichtung.
- ☐ Auf den Weg zu einem Defibrillator.

/1

60. Aufgabe

Punkte

Unter welcher Sicherheitsfarbe steht die richtige Bedeutung?

Halt, Verbot	Gebotszeichen Hinweis	Vorsicht! Mögliche Gefahr	Warnung Feuerwehr	Gefahrlosigkeit Erste Hilfe
☐	☒	☐	☐	☐

/1

61. Aufgabe

Punkte

Wovon hängt es ab, ob durch Lärm am Arbeitsplatz das Gehör geschädigt wird?

- ☐ Vom körperlichen Gesundheitszustand.
- ☒ Von der Höhe des Schallpegels und der Dauer der Einwirkung.
- ☐ Nur von der Höhe des Schallpegels.
- ☐ Von der Regelmäßigkeit der Vorsorgeuntersuchungen.
- ☐ Nur von der Dauer der Einwirkung.

/1

Punkte 57 bis 61: /5

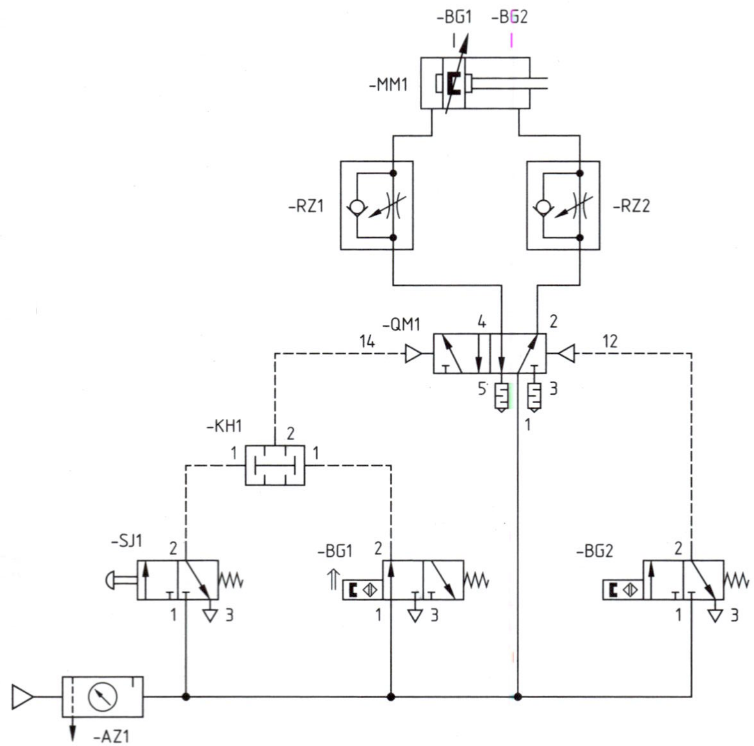

Bild 1

62. Aufgabe

Welche Aussage bezüglich der Anordnung der Bauteile –RZ1 und –RZ2 in Bild 1 ist richtig?

- [ ] Es handelt sich um eine Zuluftdrosselung.
- [x] Es handelt sich um eine Abluftdrosselung.
- [ ] Der Kolben des Aktors –MM1 fährt schneller aus.
- [ ] Der Kolben des Aktors –MM1 fährt schneller ein.
- [ ] Die Bauteile –RZ1 und –RZ2 haben keinen Einfluss auf die Kolbengeschwindigkeit.

Punkte /1

63. Aufgabe

Wie wird das Signalglied –BG1 in Bild 1 bezeichnet?

- [ ] Pneumatischer Näherungsschalter; 2/2-Wegeventil in Durchflussnullstellung.
- [ ] Elektrischer Näherungsschalter; 3/2-Wegeventil in Sperrnullstellung.
- [ ] Pneumatischer Näherungsschalter; 3/2-Wegeventil in Durchflussnullstellung.
- [ ] Elektrischer Näherungsschalter; 3/2-Wegeventil in Durchflussnullstellung.
- [x] Pneumatischer Näherungsschalter; 3/2-Wegeventil in Sperrnullstellung.

Punkte /1

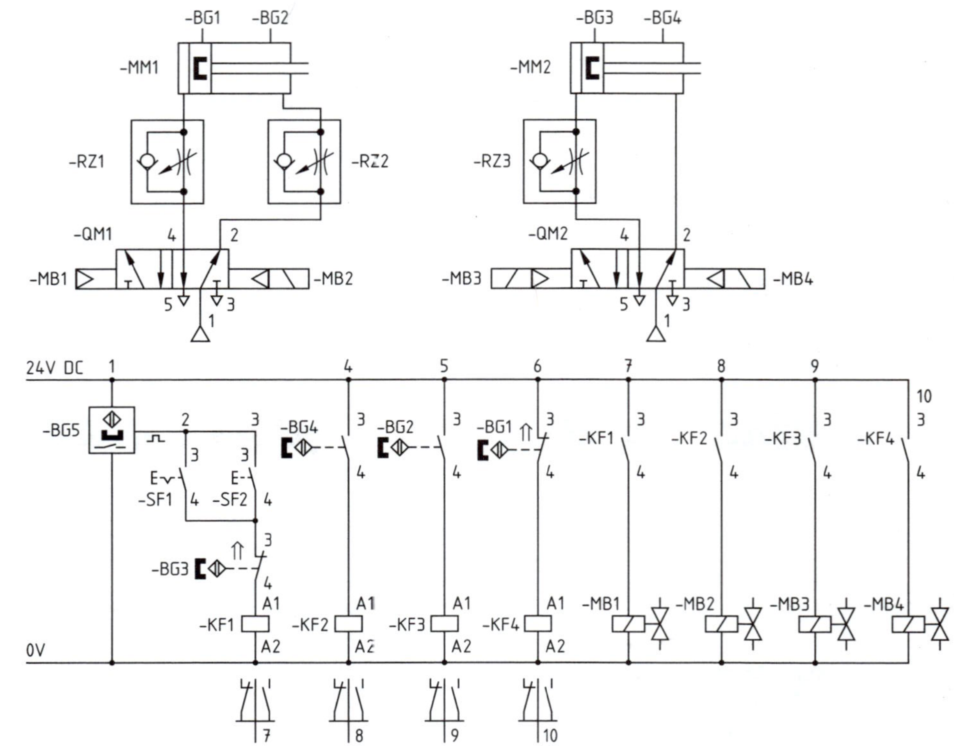

Bild 1

64. Aufgabe

Welche Aussage über das Stellglied –QM1 im Leistungsteil in Bild 1 ist korrekt?

- [ ] Monostabiles 4/2-Wegeventil, impulsbetätigt.
- [ ] Bistabiles 4/2-Wegeventil, impulsbetätigt.
- [ ] Monostabiles 5/2-Wegeventil, Schaltung mittels Magnetspule.
- [x] Bistabiles 5/2-Wegeventil, Schaltung mittels Magnetspule.
- [ ] Bistabiles 5/3-Wegeventil, Schaltung mittels Magnetspule.

Punkte /1

65. Aufgabe

Wie lautet der Schaltalgebraische Ausdruck für das Relais –KF1 im Steuerteil in Bild 1?

- [ ] –SF1 UND –SF2 UND –BG3 = –KF1.
- [ ] –SF1 UND –SF2 UND –BG3NICHT = –KF1.
- [ ] (–SF1 ODER –SF2) UND –BG3NICHT = –KF1.
- [x] (–SF1 ODER –SF2) UND –BG3 = –KF1.
- [ ] –SF1 ODER –SF2 ODER –BG3NICHT = –KF1.

Punkte /1